中国医学装备协会医学装备计量测试专业委员会推荐教材

快速核酸检测仪质量控制指南

主　编　刘　洁　徐　恒

副主编　赵　蕾　孙灵利　马越云　赵丹丹　刘秀丽

参　编（按姓氏笔画排序）

于　洋	马　亮	王　驰	王　喆	王　雷	王纪东	王海涛	毛亚杰	孔　毅
石进平	成　华	刘　丹	刘文敏	刘红彦	刘秀卿	刘银锋	汤尧旭	安映红
孙绍权	李　明	李　鹏	李　霞	李艾橘	李阳冰	李姣姣	杨江南	吴明岳
何飞飞	宋衍燕	张　帅	张　娟	张　锦	张　耀	张文媛	张相山	张俊斌
张惠众	陈怡安	金　鑫	周选超	单庆顺	胡　彪	柳　青	段晋燕	侯雪新
姜文灿	祝天宇	姚　鹏	贺会超	袁淑芳	原　霖	顾立公	徐　建	高　芃
郭　军	郭继强	黄　磊	黄雨平	曹　峥	曹宇星			

主　审　张　辰

机械工业出版社

本书系统地介绍了快速核酸检测仪的原理、使用及质量控制相关技术。其主要内容包括核酸检测技术概论、快速核酸检测仪简介、快速核酸检测仪的使用与管理、快速核酸检测流程及报告解读、快速核酸检测仪的质量控制。本书将快速核酸检测仪的分类与系统组成、管理与使用、保养与维护、检测流程与报告解读、计量校准与期间核查等内容进行了有机融合，还对多个实验室使用中出现的异常案例进行了介绍，并结合实际案例对工作中遇到的难点和常见问题进行讲解，便于读者学习掌握。本书内容全面，图文并茂，针对性、指导性和可操作性强，具有较高的实用价值。

本书可供医疗卫生、计量检测机构的管理人员和一线操作人员使用，也可供相关领域的科研人员和相关专业的在校师生参考。

图书在版编目（CIP）数据

快速核酸检测仪质量控制指南/刘洁，徐恒主编 . —北京：机械工业出版社，2022. 6

ISBN 978-7-111-70569-7

Ⅰ.①快… Ⅱ.①刘… ②徐… Ⅲ.①医用分析仪器 – 质量控制 – 指南 Ⅳ.①TH776-62

中国版本图书馆 CIP 数据核字（2022）第 069953 号

机械工业出版社（北京市百万庄大街 22 号　邮政编码 100037）
策划编辑：陈保华　　　　责任编辑：陈保华　贺　怡
责任校对：陈　越　张　薇　封面设计：马精明
责任印制：邸　敏
三河市宏达印刷有限公司印刷
2022 年 6 月第 1 版第 1 次印刷
184mm×260mm・13. 75 印张・304 千字
标准书号：ISBN 978-7-111-70569-7
定价：69. 00 元

电话服务　　　　　　　　　网络服务
客服电话：010-88361066　　机 工 官 网：www. cmpbook. com
　　　　　010-88379833　　机 工 官 博：weibo. com/cmp1952
　　　　　010-68326294　　金 书 网：www. golden-book. com
封底无防伪标均为盗版　机工教育服务网：www. cmpedu. com

《快速核酸检测仪控制指南》编委会

主　任　刘　洁　　北京市朝阳区疾病预防控制中心
　　　　徐　恒　　北京大学第三医院
副主任　赵　蕾　　首都医科大学附属北京天坛医院
　　　　孙灵利　　北京市朝阳区疾病预防控制中心
　　　　马越云　　空军特色医学中心
　　　　赵丹丹　　绍兴市质量技术监督检测院
　　　　刘秀丽　　泰州市计量测试院
委　员　（按姓氏笔画排序）
　　　　于　洋　　空军特色医学中心
　　　　万全寿　　开封市质量技术监督检验测试中心
　　　　马　亮　　中日友好医院
　　　　马江华　　塔城地区质量与计量检测所
　　　　王　驰　　中国人民解放军总医院
　　　　王　喆　　天津市计量监督检测科学研究院
　　　　王　雷　　北京市朝阳区疾病预防控制中心
　　　　王书安　　武警北京市总队医院
　　　　王吉玲　　绍兴市疾病预防控制中心
　　　　王纪东　　华中科技大学协和深圳医院
　　　　王春伟　　青岛斯坦德计量研究院有限公司
　　　　王海涛　　辽宁省计量科学研究院
　　　　王馨梓　　甘肃省计量研究院
　　　　王鑫卫　　绍兴市中医院
　　　　毛亚杰　　山西白求恩医院
　　　　孔　毅　　中国人民解放军总医院
　　　　石进平　　山西省检验检测中心
　　　　卢德玮　　云南大学附属医院
　　　　田欣欣　　北京市东城区计量检测所
　　　　成　华　　宁波市计量测试研究院
　　　　朱健军　　广东省中山市质量计量监督检测所
　　　　刘　丹　　长春市计量检定测试技术研究院
　　　　刘　延　　中国计量科学研究院

原　霖	北京中科基因技术股份有限公司
顾大勇	深圳市第二人民医院（深圳大学第一附属医院）
顾立公	南京市鼓楼区疾病预防控制中心
徐　阳	重庆市计量质量检测研究院
徐　建	北京市计量检测科学研究院
徐菲莉	新疆医科大学附属中医医院
高　芃	中日友好医院
高志良	北京东方计量测试研究所
郭　军	山西医科大学第二医院
郭继强	山西白求恩医院
郭铮蕾	中国海关科学技术研究中心
黄　磊	北京大学第一医院
黄希发	国家体育总局体育科学研究所体育服务检验中心
黄雨平	广州广电计量检测股份有限公司
曹　峥	北京市东城区计量检测所
曹宇星	贵州医科大学附属医院
崔晓明	中国人民解放军总医院
章洪建	圣湘生物科技股份有限公司
阎少多	中国人民解放军军事科学院军事医学研究院
蒋　静	天津市计量监督检测科学研究院
韩呈武	中日友好医院
夏　航	广东省汕尾市质量计量监督检测所
焦小杰	中国人民解放军总医院
曾宪化	广西壮族自治区计量检测研究院
温换英	广东省计量科学研究院东莞计量院
霍丽静	河北省人民医院检验科
主　审　张　辰	中国人民解放军军事科学院军事医学研究院
顾　问　宋德伟	中国计量科学研究院

本书合作企业（按首字笔画排序）

广州达安基因股份有限公司

卡尤迪生物科技（北京）有限公司

圣湘生物科技股份有限公司

杭州优思达生物技术有限公司

序 Preface

　　核酸检测技术的发展对人类重大传染病的防控发挥着不可替代的作用。集核酸提取、核酸扩增及产物分析于一体的快速核酸检测仪以更快的检测速度、更低的检出限、更便携等特点，很好地弥补了传统核酸检测技术对实验室条件和人员技术要求较高、检测周期较长等不足，被更加广泛地应用于核酸检测领域。因此，通过规范化管理、正确操作、有效质量控制、定期维护保养等手段，确保快速核酸检测仪技术性能良好、运行安全稳定、出具的数据准确可靠，具有十分重要的意义。

　　《快速核酸检测仪质量控制指南》的内容系统全面，对核酸检测技术概论，快速核酸检测仪的原理、结构，以及规范化的管理与操作，快速核酸检测报告的正确解读，快速核酸检测仪的质量控制方法等方面进行了详细阐述；通过对使用过程中出现过的异常案例进行分析，介绍了使用过程中的难点和常见问题的解决方案，极具指导性、参考性和可借鉴性。

　　该书编写工作由多专业、多单位的技术专家共同参与完成。它汇集了编写人员的丰富管理经验、专业知识和技术操作方法，可为一线管理人员、操作人员提供帮助，具有较高的参考价值。这本书的问世恰逢其时，将对促进行业内学术交流、提高行业整体水平起到极大的推动作用。

中国人民解放军军事科学院军事医学研究院
科研保障中心实验仪器室主任

前 言
Preface

聚合酶链式反应（polymerase chain reaction，PCR）技术面世以来，分子检测和分子诊断在多领域发挥了重要作用，尤其在新型冠状病毒肺炎（corona virus disease 2019，COVID - 19）疫情防控工作中，高灵敏度的 PCR 方法对疾病诊断起到了决定性作用。但是传统的 PCR 平台对实验室条件和人员技术要求较高，操作较为复杂，大多数检验的报告周期都在 6h 以上。因此，向现场即时检测（point - of - care testing，POCT）方向发展的快速核酸检测系统凭借其检测周转时间短、操作简单和使用方便、有助于缩短治疗周期以提高医疗效率的优势，逐步成为传统 PCR 方法的有益补充，并随着技术的发展占据越来越重要的地位。在疫情防控过程中，开始出现向 POCT 发展的新型冠状病毒核酸检测方法，实现了取样后直接在同一封闭的便携式、一体化的快速核酸检测仪上完成检测，操作简便，且样本检测全过程所需时间明显短于常规新型冠状病毒核酸检测，成了常规核酸检测的有益补充。随着快速核酸检测技术的发展，在后疫情时代，除了新型冠状病毒的快速检测，快速核酸检测技术在其他传染病分子诊断中的应用也是卫生健康领域日益关注的热点。同时，在食品安全、出入境口岸卫生检疫、动物防病、生物应急（突发疫情处置、灾害医学救援、生物反恐应急）、军事管理（生化排险、阵地医疗）等领域，快速核酸检测技术也是未来的发展方向之一。

快速核酸检测仪作为发挥应急作用的重要设备，对其相关的质量控制研究还很不充分，并且目前可获取的指导性资料较少，缺乏设备使用及质量控制的相关培训材料。为了避免出现由于快速核酸检测仪使用不当或质量控制不到位造成的不良事件，由中国医学装备协会医学装备计量测试专业委员会牵头，多位技术专家在对快速核酸检测仪的质量控制研究后编写了本书。

本书从核酸检测技术的发展讲起，首先，系统阐述了快速核酸检测技术的起源、发展、应用及未来的趋势；然后，主要介绍了快速核酸检测仪的技术原理，设备的软硬件构成、操作及相关的防护措施，日常及应急状况下的管理、维修和保养，设备的计量与期间核查等内容；最后，介绍了在使用过程中出现过的异常案例，并结合实际案例对工作中遇到的难点和常见问题进行讲解，便于读者学习掌握。

　　本书编写团队由多专业、多领域的专家组成，这些专家长期从事疾病预防控制、食品药品安全检测、海关防疫检测、病原微生物研究、医学计量等工作，具有扎实的专业理论基础和丰富的工作经验。

　　在本书编写的过程中，得到了来自行业相关专家和仪器生产厂家，如北京林电伟业计量科技有限公司、广州达安基因股份有限公司、卡尤迪生物科技（北京）有限公司、圣湘生物科技股份有限公司、杭州优思达生物技术有限公司的大力支持，在此对各位专家及相关单位表示诚挚的感谢。

　　由于编者知识水平有限，书中难免存在不足，恳请读者和同行给予批评指正！

北京市朝阳区疾病预防控制中心

目录
Contents

1

核酸检测技术概论

第一节 常规核酸检测技术概论

一、核酸检测的基本概念

（一）核酸检测技术的发展

1953 年，著名学者 Waston 和 Crick 共同提出了脱氧核糖核酸（DNA）双螺旋结构模型的理论，标志着分子生物学的诞生。20 世纪 60 年代初期，科学家在破译遗传密码的基础上建立了中心法则，为核酸检测技术的发展奠定了基础。随着限制性内切酶、DNA 连接酶和载体质粒的发现和应用，核酸检测技术进入了深入发展阶段，并相继出现了各种核酸分子杂交技术。20 世纪 80 年代，美国化学家 Kary B. Mullis 发明了核酸的体外扩增法——聚合酶链式反应（polymerase chain reaction，PCR）。PCR 技术具有灵敏度高、特异性好、反应速度快等特点，使微量核酸的检测成为现实，成为核酸检测理论发展的一个重要里程碑。在此基础上，后续相继出现了实时荧光定量 PCR 技术、恒温扩增技术、数字 PCR 技术，大大提升了核酸检测的理论和技术水平。

核酸检测相关理论、技术和方法不断地与生物医药、农林畜牧、环境监测、食品化工等科学领域相互渗透，不断催生各种前沿学科方向。特别是各种核酸检测技术和方法在医疗卫生中的应用，大大提升了医院对疾病的诊断和对病原微生物检测的准确性，极大地推动了临床医学的发展。同时，核酸检测技术的发展在人类重大传染病的防控方面也发挥着不可替代的作用，例如对于新型冠状病毒（简称新冠病毒）肺炎，核酸检测已经成为全世界各个国家进行疫情防控的重要措施。

（二）核酸检测技术的定义

核酸是由核苷酸或脱氧核苷酸通过 3′、5′磷酸二酯键连接而成的一类生物大分子，该分子主要的作用是储存和传递遗传信息。根据组成的不同，核酸可分为脱氧核糖核酸（DNA）和核糖核酸（RNA），二者在蛋白质的合成过程中起着关键作用，在生长、遗传、变异等重大生命现象中起着决定性的作用。

核酸检测技术是一类能够从分子水平分析某段基因或某个基因位点序列特性的技术。传统核酸检测技术主要通过使用核酸探针完成核酸的原位杂交；现代核酸检测技术则借助扩增手段，对微量的核酸完成高倍扩增，结合电泳、荧光、芯片、传感器等实时监测手段实现核酸的定性或定量检测以及序列分析。核酸检测技术在临床微生物学、遗传学、血液病学、传染病学、法医学等领域都有着广泛的应用。

二、核酸分子杂交技术

（一）核酸分子杂交技术概述

传统核酸检测技术主要是核酸分子杂交技术（nucleic acid molecular hybridization），该技术是指具有互补序列的两条单链核酸分子在 DNA 变性和复性的基础上，两条同源或异源性的核酸单链在一定条件下按照碱基互补配对原则退火形成双链的过程。杂交双方分别是待测核酸和已知核酸序列，而已知的核酸序列成为核酸探针。核酸变性（nucleic acid denaturation）是指核酸双链在特定条件作用下，维系核酸二级结构的氢键和碱基堆积力受到破坏，DNA 双链解螺旋变成单链的过程。引起核酸变性的理化因素包括酸、碱、热及变性剂等，其中加热是目前实验室最常用的 DNA 变性方法。核酸复性（nucleic acid renaturation）是指变性的核酸单链，在适当的温度、酸碱度等条件下，两条互补的单链恢复到 DNA 双链结构的过程。该过程既可发生在两条长链之间，也可发生在寡核苷酸片段和长链之间。DNA 复性受到 DNA 片段大小、DNA 浓度、DNA 分子结构和溶液离子强度的影响。核酸探针（nucleic acid probe）是指使用同位素、发光基团、酶或放射性元素标记的短片段核酸分子，其能与特定靶核酸分子发生特异性的相互结合，从而在核酸分子杂交过程中起到信号物质的作用。根据其来源和性质不同，核酸探针可分为 DNA 探针、RNA 探针、cDNA（互补脱氧核糖核酸）探针和寡核苷酸探针等类型。对于不同检测靶标和检测目的，应依据高特异性、制备方便、信号稳定等原则选择不同种类的探针。

核酸分子杂交技术最早出现于 20 世纪 60 年代初期，Hall 等学者使用探针与靶序列在溶液中杂交，并通过平衡密度梯度离心的方法完成了对结果的分析。在此之后，Bolton 等学者实现了核酸固相杂交，他们将变性的单链 DNA 分子固定在琼脂中，使用放射性物质标记的短 DNA 分子与其孵育过夜，通过漂洗去除未结合探针，并在特定条件下将结合的探针洗脱，最终结果显示待测 DNA 含量与洗脱液中的放射活性成正比。与其不同，20 世纪 60 年代中期，Nygaard 等学者将变性的 DNA 单链固定于硝酸纤维素膜上，进而使用标记的 DNA 探针完成了核酸的检测。20 世纪 70 年代早期，寡（dT）-纤维素、mRNA（信使核糖核酸）纯化等技术的发现大大促进了核酸杂交技术的发展。以上时期，虽然核酸分子杂交技术有了长足的发展，但一直存在杂交探针制备困难的瓶颈。直到 20 世纪 70—80 年代，分子克隆技术的出现和应用使得特异性 DNA 探针的来源变得丰富和广泛，从而提升了核酸分子杂交技术的应用范围。

随着分子生物学相关技术的发展，现阶段已经可以人工合成不同长度的寡核苷酸探针，基本上可以完成自然界所有已知核酸序列的杂交分析。同时，PCR 技术和基因芯片的出现，使得核酸分子杂交技术的灵敏度进一步得到了提升，该技术在基因突变检测、多态性分析等方面有了更广泛的应用。

（二）核酸分子杂交技术分类

核酸分子杂交技术根据其反应介质不同可以分为液相核酸分子杂交、固相核酸分子杂交和原位核酸分子杂交三种类型。液相核酸分子杂交又可以分为吸附杂交、发光液相杂交和液相夹心杂交等类型。固相核酸分子杂交又可以进一步分为 Southern 印迹杂交、Northern 印迹杂交、斑点杂交、菌落杂交等类型。

1. 液相核酸分子杂交

液相核酸分子杂交是最早使用的核酸杂交方法，其基本原理是将待测核酸分子与标记核酸探针在液相中进行杂交，然后通过相应信号检测手段完成待测核酸分析，目前该方法使用较少。

1）吸附杂交是在特定溶液中，待测核酸分子与探针完成杂交之后，将杂交体吸附于特定的固相物质上，如磁珠、酰化亲和素的固相载体或羟基磷灰石，再使用适当的方法洗脱去除未结合的探针，杂交探针的信号强度与待测核酸的含量成正比，从而实现核酸的检测。

2）发光液相杂交是使用发光物质标记探针进行检测，反应过程中标记了发光物质的探针与待测核酸结合之后，去除未结合的探针，再借助激发光使发光物质产生信号，信号强度与待测核酸含量成一定比例关系。

3）液相夹心杂交技术使用两个探针分别与待测核酸杂交，形成夹心结构。两个探针中，一个标记信号基团，另一个可与固相支持物发生吸附反应。探针与靶核酸反应结束之后，可通过洗涤去除未结合到固相支持物上的游离标记核酸，而支持物上的杂交结构可发出信号，信号强度与待测核酸含量成正比。

液相杂交的应用很广，特别是在病原体核酸的定性和定量检测上，如 HBV（乙型肝炎病毒）、HCV（丙型肝炎病毒）。液相芯片技术是该类技术的领先者，在多种病原体核酸联合检测、细胞因子联合检测上发挥了巨大的优势，具有敏感性高、特异性强、快速、准确的优点。

2. 固相核酸分子杂交

1）Southern 印迹杂交（Southern blot）是 1975 年由英国学者 E. M. Southern 建立的一种经典的膜上 DNA 杂交技术。该方法首先使用特定的核酸内切酶对待测 DNA 进行酶切，然后使用凝胶电泳分离不同的核酸片段，再使 DNA 原位变性；随后将 DNA 片段转移到特定固体支持物上。在待测 DNA 与探针杂交前，使用预杂交的方法封闭固相膜上的非特异性结合位点；再使用特异性的单链核酸探针与待测核酸分子中的序列进行特异性杂交集合，孵育 1h～20h 之后，使用洗液将未结合的探针洗掉；最后借助光片曝光机器检测杂交信号，从而实现核酸的定性检测。其中将 DNA 片段转移到固相膜的过程被称为印迹，该步骤是 Southern 印迹杂交中的关键步骤，常用的方法包括电转移法、毛细管转移法和真空转移法。

2）Northern 印迹杂交（Northern blot）是由 Alwine 等学者于 1977 年建立的一种 RNA 检测技术。该方法检测步骤与 Southern 印迹杂交相似，不同之处在于核酸提取方法主要针对 RNA。检测过程中，应特别注意 RNA 酶的干扰，及时添加适当的 RNA 酶抑制剂；同时，应注意 RNA 变性剂中不应含有氢氧化钠，以防止 RNA 的基团被水解；此外，RNA 与膜结合不够牢固，不可使用低盐溶液进行洗脱。

3）斑点杂交（dot blot）按照膜上的固定物的不同可以分为正向斑点杂交和反向斑点杂交，前者固定物质为待测样品，后者固定物质为标记探针。正向斑点杂交将待测样品（DNA、RNA）直接点到膜上，高温烘烤固定后再用探针加入孔中，孵育结合之后，洗去未结合物质，经过显色反应之后就能出现杂交信号，从而完成待测物质的检测。反向斑点杂交相比正向斑点杂交具有操作简便、快速、成本低的特点，现已被广泛应用于基因突变检测、微生物检测等方面。

4）菌落杂交（colony hybridization）是从培养基中分离菌落中的细菌，将其从平皿转移到硝酸纤维素膜上，然后将原位细菌裂解使其释放出基因组 DNA，烘干固定之后加入特异性标记探针进行杂交，洗涤后放射显影的信号与平板上的菌落位置相对应。与之类似，细胞斑点杂交可以完成细胞的检测，但由于其 DNA 纯度不够，仅仅适用于放射性核素标记探针。

3. 原位核酸分子杂交

原位核酸分子杂交（in situ hybridization）是利用核酸分子之间互补的碱基序列，将具有放射性或非放射性物质标记的核酸分子作为探针，与组织、细胞或染色体上的待测 DNA 或 RNA 互补配对，经过一定的检测手段将待测核酸在组织、细胞或染色体上显示出来。该方法的基本步骤包括杂交前准备（玻片和组织的处理、固定、取材等）、预杂交（封闭非特异性杂交位点）、杂交（需优化调整探针浓度及长度、反应温度和时间）、杂交后处理（漂洗）和结果检测（定性或半定量分析）五个步骤。

荧光原位杂交（fluorescence in situ hybridization，FISH）是将荧光素［或生物素、地高辛、二硝基苯基（dinitrophenyl，DNP）］、乙酰氨基氟（amino acetyl AAF fluorine，AAF）等直接或间接标记的核酸探针与待测样本中的核酸序列按照碱基互补配对的原则进行杂交，经洗涤后直接在荧光显微镜下显影观察。其基本流程包括探针标记、探针变性、样本变性、杂交和荧光信号采集。该方法目前常常使用的技术包括多色荧光原位杂交技术、原位杂交显带技术、DNA 纤维荧光原位杂交技术等。

荧光原位杂交技术在基因定性、定量、整合、表达等方面的研究中颇具优势。该技术作为一种可视化特定 DNA 序列的分子细胞遗传学技术，目前被广泛应用于遗传病诊断、病毒感染分析、产前诊断、肿瘤遗传学和基因组研究等许多领域，可以直观地检测出染色体畸变（如非整倍体、染色体重组），在临床检验、教学和研究等方面扮演着重要的角色。

三、聚合酶链式反应技术

（一）PCR 技术概述

聚合酶链式反应（polymerase chain reaction，PCR）是在体外模拟体内核酸复制从而获取大量目的基因拷贝的技术。相比于普通信号叠加的检测方法，其几何级数放大模式的灵敏度提升了上百万倍；同时又因操作简便，PCR 成了分子诊断的核心技术之一。该技术的设想最早由 Korana 于 1971 年提出，1985 年由美国 PE－Cetus 公司的学者 Mullis 发明，其原理类似于体内的 DNA 复制。该技术提出之初，Mullis 所使用的 DNA 聚合酶每加入一次只能实现一次的扩增反应，由于操作烦琐，该技术并没有得到有效的推广。1988 年，Saiki 等学者从温泉分离出的水生嗜热杆菌中提取到了耐热 DNA 聚合酶，该酶的出现完美弥补了传统扩增体系的缺陷，使 PCR 技术得到了迅速的推广。

传统的 PCR 技术在完成扩增之后，需要借助产物电泳的手段完成目的基因的分析，容易出现气溶胶污染的问题，且不能完成定量检测。实时荧光定量 PCR 是在传统 PCR 的基础上加入信号系统达到实时监测 PCR 扩增的目的，继承了传统 PCR 高灵敏度和操作简便的特点，同时实现了对样本的定量检测。根据信号基团的不同，实时荧光定量 PCR 可以分为染料法和探针法。非特异的染料法成本较低，但面临着非特异性扩增产物干扰的假阳性问题。探针法中使用的探针多是 TaqMan 探针（一种检测寡核苷酸的荧光探针），与染料法相比，在一定程度上避免了假阳性问题的出现。

（二）PCR 技术原理

PCR 技术本质上是在模板、引物、dNTP（脱氧核糖核苷三磷酸）、反应底物等存在的条件下产生的酶促反应，其原理如图 1-1 所示。该技术的基本过程包括高温变性、低温退火和适温延伸三个过程。变性（denaturation）是指反应体系加热至 95℃ 左右，双链 DNA 之间的氢键断裂形成两条单链的过程，该过程形成的单链可以作为引物结合和延伸的模板。退火（annealing）是指反应体系温度迅速降至 55℃ 左右时，变性的 DNA 单链与引物或另一条单链迅速按照碱基互补配对原则进行结合重新形成双链。由于引物浓度远远高于模板浓度且引物的碱基数量显著低于模板，故而引物与模板单链的结合会先于模板之间的互补结合。延伸（extension）是指反应体系温度在 72℃ 左右时，与单链核酸模板结合的引物在 DNA 聚合酶的作用下，按照碱基互补配对的原则沿着 $5'-3'$ 方向进行延伸，最终形成与模板互补的双链 DNA。以上过程为一个循环，在完成一个循环之后，体系进入下一个循环，理论上体系每进行一个循环，反应体系中目的基因的产量都增加一倍。如此反复进行，$1h \sim 2h$ 的时间内产物的数量即可增加 2^n 倍（n 为循环数）。理论上，PCR 过程中产物的量是以指数扩增的方式增加的，但 DNA 指数扩增由于引物、底物有限和 DNA 聚合酶活性下降等因素并不能无限期地进行下去。

在 PCR 反应体系中，模板、引物、DNA 聚合酶、dNTP 和 Mg^{2+} 是最关键的五个成

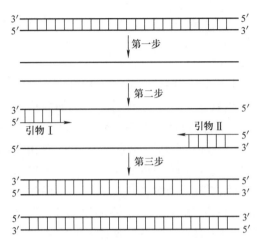

图1-1 PCR技术原理

分。PCR模板（template）可以是来源于任何生物的核酸序列［如基因组DNA、质粒DNA、病毒DNA、总RNA、mRNA、tRNA（转移核糖核酸）、病毒RNA等］，而RNA的检测需要提前反转录为cDNA。无论对于何种核酸扩增技术，模板的制备是整个反应过程中最重要的部分，不同的样本来源，其制备核酸的过程也不尽相同。如组织样本需要首先进行组织破碎和细胞裂解，细菌样本需要首先裂解细胞壁，RNA样本需要加入RNA酶抑制剂从而防止RNA降解。PCR对模板纯度要求不高，样本中含有少量的蛋白和有机物对核酸扩增过程影响不大，但体系中应避免出现影响DNA聚合酶活性的物质，如尿素、乙醇、甲酰胺、SDS（十二烷基硫酸钠）等。对于模板浓度，理论上PCR技术可以检测低至一个拷贝数的核酸分子，但实际检测中模板浓度过低会大大降低体系的扩增效率，因此最佳的检测模板量至少为100拷贝数~1000拷贝数；同时，DNA浓度不宜过高，过量的模板反而会抑制PCR反应进程。

PCR引物是一段人工合成的寡核苷酸片段，一般长度为15bp~30bp，两条引物分别与DNA模板的两条链互补配对。在整个扩增的过程中，引物的特异性占有重要的地位。引物设计时要求两条引物均只能与靶模板特异性结合，不能与其他DNA序列出现非特异性结合的现象；同时应注意引物碱基的均衡性，碱基的种类主要有腺嘌呤A、胸腺嘧啶T、胞嘧啶C和鸟嘌呤G，而CG的含量应在40%~60%之间，CG含量过高易于发生非特异性结合，CG含量过低会降低其退火温度（T_m）值导致特异性降低；在进行引物设计时，还应该避免引物3′端的反向互补现象，从而尽可能地避免反应过程中引物二聚体的出现；引物自身二级结构的存在会导致引物与靶模板结合率降低导致扩增效率下降，在引物设计时应避免其出现；此外，引物3′端第一个碱基的结合是引物延伸的关键，因此3′端第一个碱基应使用结合力更强的C或G碱基，从而增加延伸的引发效率，避免非特异性延伸现象的出现。

DNA聚合酶的使用是PCR技术实现体外扩增的关键。在PCR发明初期，将从大肠埃希菌内分离的不耐热克列诺片段作为聚合酶，操作烦琐且费用昂贵，极大地限制了 PCR 技术的推广和应用。在耐热 Taq DNA 聚合酶被发现后，PCR 技术才得到了迅速的发展。该酶热稳定性强，延伸效率高，最快可每秒延伸 100 个碱基；但其缺乏校正功能，不适用于 PCR 要求忠诚度高的检测体系（基因测序）。对于测序检测，可以使用具有 3′ - 5′外切酶活性的高保真 DNA 聚合酶，如 Vent DNA 聚合酶。

　　dNTP 是引物延伸过程中按照碱基互补配对原则逐一结合的底物，包括 dATP（脱氧腺苷三磷酸）、dTTP（去氧胸腺苷三磷酸）、dCTP（脱氧胞苷三磷酸）和 dGTP（脱氧鸟苷三磷酸）四种类型。PCR 缓冲液的一般组成包括氯化钾、Tris - HCl（三羟甲基氨基甲烷盐酸盐）、氯化镁等。其中氯化钾可以促进引物与模板结合的退火过程，但高浓度的氯化钾会降低 DNA 聚合酶的活性；Tris - HCl 主要用于调节缓冲体系的 pH 至偏碱性，从而促进 DNA 聚合酶的活性；Mg^{2+} 浓度可以影响 Taq DNA 聚合酶的活性、模板和扩增产物的解链温度、PCR 产物的特异性等，DNA 聚合酶的活性对 Mg^{2+} 浓度非常敏感，不同的 PCR 检测体系最好探索不同的最适浓度。此外，牛血清白蛋白、非离子去污剂等物质有助于稳定 DNA 聚合酶，也可用于 PCR 体系；二甲亚砜（DMSO）可以增加反应体系的特异性，但过量则会抑制靶模板的扩增。

（三）实时荧光定量 PCR 技术

1. 原理和分类

　　传统 PCR 技术用于检测已知靶模板时，在扩增结束之后，需要使用琼脂糖凝胶电泳或聚丙烯酰胺凝胶电泳等方法分析扩增产物，操作烦琐，容易产生气溶胶污染的问题，且只能实现样本的定性分析。与其不同，实时荧光定量 PCR 技术在反应体系中加入荧光信号系统，随着扩增反应的进行，信号强度逐渐增加，通过实时记录荧光信号即可获得产物的实时扩增曲线，最终借助荧光阈值和 C_t 值即可完成待测核酸的定量分析。其中，C_t 值是扩增产物的荧光信号达到设定的荧光阈值时所对应的扩增循环数（cycle threshold）。荧光阈值的设定如图 1-2 所示。我们往往以 PCR 反应的第 3 ~ 15 个

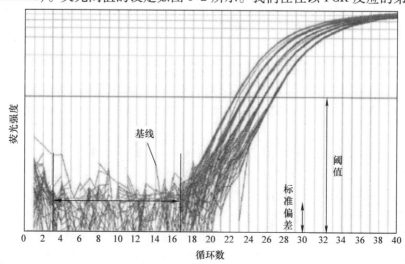

图 1-2　荧光阈值的设定

循环的荧光值作为荧光本底信号，以 3 个循环 ~ 15 个循环的荧光值增加量标准偏差的 10 倍为荧光阈值；初始靶模板浓度越高，荧光信号到达阈值所需要的循环数越少，相应的 C_t 值也会越小。对于待测模板的定量检测结果分析如图 1-3 所示。使用实时荧光定量 PCR 检测体系扩增系列 4 ~ 6 个已知浓度的标准品，即可获得浓度和 C_t 值相关的标准曲线，检测样本根据 C_t 值和标准曲线即可实现样本的定量检测。

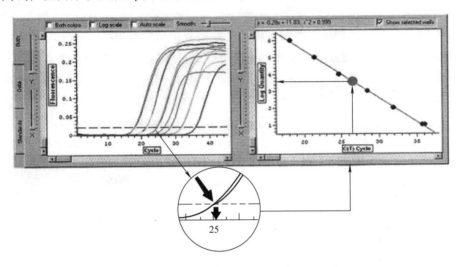

图 1-3　定量检测结果分析

根据反应体系中加入的荧光系统的不同，实时荧光定量 PCR 技术可以分为染料法和探针法。

2. 染料法实时荧光定量 PCR 技术

染料法实时荧光定量 PCR 技术是在 PCR 反应体系中加入过量 SYBR Green I 等荧光染料，该荧光染料特异性地与 DNA 双链结合后会发射荧光信号，而不掺入链中的荧光染料分子不会发射任何信号，从而保证荧光信号的增加与 PCR 产物的增加完全同步。

该方法所使用的荧光染料信号强度比较高，更能真实反映扩增体系的进程；同时，借助荧光染料可以对产物开展熔解曲线分析。然而，荧光染料也可与所有双链 DNA 发生结合发出荧光，非特异性扩增产物（如引物二聚体）的存在极其容易造成检测结果假阳性。

3. 探针法实时荧光定量 PCR 技术

（1）TaqMan 探针法　TaqMan 探针法的基本原理是利用扩增过程中 Taq 酶的 5′核酸外切酶活性切割与靶序列结合的寡核苷酸探针，该探针 5′端标记荧光报告基团，3′端标记荧光猝灭基团并被磷酸化以防止探针在 PCR 过程中延伸，当引物延伸至寡核苷酸探针结合位置时，Taq 酶可以将探针切割成小片段，使报告基团和猝灭基团分开并发出荧光，经过检测伴随扩增产物增加过程中荧光强度的增长对样本进行定量分析。TaqMan 水解探针的作用机理如图 1-4 所示。现阶段使用的荧光报告基团有 HEX、

FAM、ROX、JOE、VIC 等，荧光猝灭基团主要有 TAMRA、BHQ 等。

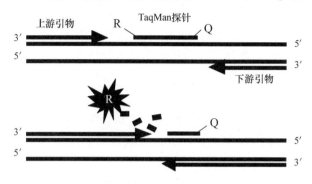

图 1-4　TaqMan 水解探针的作用机理

TaqMan 探针法巧妙地结合了 PCR 对核酸的高效扩增、探针技术的高特异性和光谱技术的高敏感性，克服了常规 PCR 只能实现定性检测的不足。该技术实行完全闭管式操作，不仅避免了传统 PCR 开盖引起的产物污染问题，减少了假阳性现象的出现，还避免了对环境的污染。其操作简便，判断结果直观明了，整个检测过程只需要 2h～3h。相比于传统 PCR 电泳的方法，该技术的检测结果以更客观的数据形式呈现，可对样本进行阳性、阴性和可疑的判定，从而确保结果的准确性。其特异性有引物和探针双重保证，进一步增加了结果的可信度；探针的加入，还降低了体系的检测下限，使其灵敏度比普通 PCR 高 1 个～2 个数量级。此外，TaqMan 探针法还具有自动化程度高、重复性好的特点，特别适用于保存时间长而无法进行病毒分离的大批量样本检测。

（2）其他探针法　TaqMan 探针出现之后，陆续出现了其他水解型探针（TaqMan – MGB、TaqMan – 分子信标）和杂交探针（分子信标、双杂交探针、双链探针）以及探针标记引物［荧光标记（light upon extension，LUX）引物、茎环引物、蝎形引物等］，进一步推动了实时荧光定量 PCR 技术的发展。

TaqMan – MGB 探针是在 TaqMan 探针基础上发展起来的一种水解型探针，在探针的 3′端添加了可与靶模板和探针形成的螺旋结合的小沟结合分子（minor groove binder，MGB），提升了探针的 T_m 值，从而缩短了探针的长度，解决了检测中探针设计的难题。另外，在实时荧光定量 PCR 早期，不能将荧光信号和背景荧光分开，无法判断产物量的变化。对此，MGB 探针 3′端使用的是非荧光猝灭基团，与荧光报告基团距离也更近，降低了非特异性荧光背景，提升了检测的灵敏度。

分子信标（molecular beacon，MB）的概念在 1996 年由 Tyagi 等提出，它是一种有着茎环结构的发夹样探针，两端分别标记荧光报告基团和猝灭基团。其环部与靶模板完全配对，颈部由互补的序列组成，与靶序列无关；茎干部与靶模板杂交后发出荧光。其中，环状区 – 目标分子双链结构之间的热力学关系，使分子信标的杂交特异性明显高于常规的线性探针，靶序列中单个碱基的变化均可检测，适用于 SNP（单核苷酸多态性）分析。在分子信标的基础上，Kuhn 等利用基于肽核酸的分子信标，使双链 DNA 在不变性的条件下也能与 MB 结合，克服了常规分子信标只能与单链靶模板结合发光的问题。

TaqMan – MB 是在分子信标及 TaqMan 探针的基础上设计的一种新型均相荧光探针。该探针保留了分子信标的茎环结构和 TaqMan 探针的 5′端互补序列，使荧光信号有构象变化和探针水解两个来源，降低荧光本底的同时增加了检测过程中信号的强度；此外，这一结构还可避免探针和引物之间的聚合，增加了检测的特异性。

双杂交探针由罗氏公司发明，要结合罗氏公司的 Lightcycler 扩增仪应用，适用于病原体和未知突变点的检测，可进行熔解曲线分析。蝎形探针是在分子信标基础上发展起来的探针，对等位基因检测特异性强，可实现多重分析。引物特异性探针（amplifluor probe）是一种复合探针技术，采用的半套式 PCR 扩增技术提升了其灵敏度，但中间阶段半套式引物的加入环节增加了污染的可能性。二聚体突变引物在引物的 5′端标记荧光基团并使用 3′端标记猝灭基团的带有一个突变位点的互补寡核苷酸，提升了检测的灵敏度并降低了成本，但面临着引物二聚体产生假阳性的问题。

其他探针如双链探针、茎环引物等虽然检测的灵敏度相比于 TaqMan 探针有所提升，但复杂的设计流程和高昂的检测成本限制了其应用范围。双链探针和双杂交探针的发光机理与分子信标相似，在退火过程中与靶模板结合发出荧光；LUX 引物、Sunrise 引物（荧光引物）等是在分子信标的基础上发展起来的探针，在延伸过程中结合到双链内发出荧光。故水解探针和探针标记引物信号的采集应在延伸阶段，而杂交探针信号的采集应在退火阶段。此外，Cycling 探针、Simple 探针和神奇荧光探针也得到了一些应用。

4. 多重 PCR

普通单重 PCR 一次扩增只能检测一种靶模板，用此手段检测存在多个基因改变的疾病或者同时分析多种病原体的效率较低，如筛查多种可能病原体或 HPV（人乳头瘤病毒）分型检测，使用单重 PCR 的方法，需要针对每一个样本扩增二十余次。对此，为了提高检测效率，可以使用多重 PCR（multiple PCR）的方法。该方法是指在同一个检测体系中，分别加入针对不同靶模板的引物对，不同的引物对分别扩增不同的核酸片段，即可实现同时扩增，扩增产物可设置不同的长度。多重 PCR 扩增产物的分析最早借助琼脂糖凝胶电泳，每一种扩增产物分别处在不同条带位置，进而实现核酸的定性检测。目前，多重 PCR 可结合荧光探针法检测体系，通过多色探针或芯片达到检测目的。每一种模板分别使用不同的探针，根据仪器通道设置情况，该策略下最多每管可完成四重 PCR 检测。借助芯片则可以完成十到二十几种目的基因的检测。

多重 PCR 存在引物、模板竞争 DNA 聚合酶和 dNTP 的关系，引物之间也会存在一定程度的相互干扰，从而造成低浓度模板无法实现扩增的情况。现阶段临床上使用最多的是多重实时荧光定量 PCR 检测技术，除检测靶模板外，体系中还应加入内标系统，从而监测整个核酸提取和扩增过程。根据内标模板是否与靶模板共用引物对，可以将其分为竞争性内标系统和非竞争性内标系统。前者与靶模板共用引物对，当二者浓度相差十倍以上时，即可出现明显的低浓度模板扩增抑制现象；后者内标模板使用自己的引物对，二者浓度相差数百倍时才会出现明显的抑制现象。因此，对于各种核酸扩增技术，在设计加入内标系统时，推荐内标模板与靶模板使用不同的引物对。综上所述，多重实时荧光定量 PCR 技术增加了反应的复杂程度，因此其设计要遵循一些原则：①检测的灵敏度应达到或者接近单重 PCR 水平；②避免引物对间的相互干扰；③避免靶模板之间的非特异性扩增；④保证引物对退火温度相近，从而使目的片段有相近的扩增效率；⑤不同荧光基团之间无相互干扰并借助多通道扩增仪完成检测。

5. 巢式 PCR

巢式 PCR（nested PCR）是在普通 PCR 基础上延伸出的一种核酸扩增技术。该方法使用两对特异性 PCR 引物，第一对 PCR 引物设置在第二对 PCR 引物的外侧。检测时，首先使用第一对引物进行扩增，在扩增 10 轮～15 轮之后，再使用第二对 PCR 引物以第一轮的产物为模板扩增。这种检测技术，一方面由于两对引物的使用增加了检测体系的特异性，另一方面经过两次扩增可大大增加检测体系的灵敏度。

除使用两对引物的巢式 PCR 外，还可以设置第二次 PCR 使用的引物沿用第一对引物的一个，另一条引物位于第一次 PCR 产物的内侧，整个反应体系共使用三条引物，称为半巢式 PCR。

6. 反转录 PCR

常规 PCR 检测时需要的模板为变性之后的单链 DNA，而对于 RNA，PCR 技术则不能直接完成检测。对于 RNA 病毒、mRNA 的检测，需要首先将 RNA 单链反转录为 cDNA，原先的 RNA 模板被 RNA 酶降解，留下 cDNA，随后再以反转录产生的 cDNA 作为模板完成后续的核酸扩增检测，该过程称为反转录 PCR，或者称逆转录 PCR（reverse transcription – PCR，RT – PCR），是 PCR 的一种广泛应用的变形，其原理如图 1-5 所示。在进行反转录时，常用的反

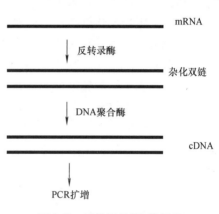

图 1-5　反转录 PCR 的原理

转录酶有禽成髓细胞瘤病毒（AMV）反转录酶和鼠白血病病毒（MoMLV）反转录酶两种，前者最适作用温度为 42℃，后者最适作用温度为 37℃。常用的反转录引物有三种，分别为：

1）随机引物，即使用许多随机的碱基组合的引物（随机组合丰富），一般有 6 个～8 个碱基。许多随机引物组成一套引物组。由于 mRNA 相对较长，随机引物与它结合的位点较多，从而很快反转录形成 cDNA 单链。

2）多聚胸腺嘧啶 ［Ologo（dT）］，适用于 3′端具有多聚 A 尾 ［poly（A）］ 的 mR-NA。

3）特异性引物，适用于反转录目的 RNA 序列。

传统反转录 PCR 需要分两个步骤进行，即将 RNA 反转录为 cDNA 和 PCR 扩增检测。其操作步骤较为烦琐，且容易出现污染和 RNA 降解的问题。现阶段使用的反转录 PCR 技术更多的是将反转录和 PCR 过程合二为一，即在同一个反应体系中同时加入反

转录酶、反转录引物、PCR 引物、dNTP、Taq DNA 聚合酶和缓冲液，在 0.5h 的反转录过程之后直接进行 PCR 循环扩增，称为一步法 RT – PCR。

反转录 PCR 必须注意防止体系中含有 RNA 酶，同时需要防止提取的 RNA 样品中含有与 cDNA 序列相同的微量基因组 DNA 的污染，造成检测结果的假阳性。对此，可以在提取 RNA 时加入 DNA 酶，从而降解体系中存在的基因组 DNA 或线粒体 DNA，在进行 PCR 扩增之前加热灭活 DNA 酶；此外，还可在引物设计时使引物跨两个外显子，这种引物能与模板 RNA 或 cDNA 完全结合，但只能部分结合基因组 DNA，可以避免污染的 DNA 出现扩增现象。

7. 免疫 PCR

免疫 PCR（immuno – PCR）是一种将 PCR 技术的高效扩增特性与抗原、抗体反应的特异性结合的一种技术。类似于 ELISA（酶联免疫吸附剂测定）检测系统中酶显色，该技术使用 PCR 系统代替酶显色系统实现检测，整个体系包含待测抗原、生物素化抗体、亲和素、生物素化 DNA、PCR 扩增体系五个部分。检测时，首先将待测抗原包被至固相载体，再加入生物素化特异性抗体，孵育反应后加入亲和素（连接分子），形成待测抗原 – 生物素化抗体 – 亲和素复合物；随后再加入生物素化的 DNA 分子，洗涤后形成待测抗原 – 生物素化抗体 – 亲和素 – 生物素化 DNA 复合物，再加入 PCR 反应体系进行 DNA 扩增，扩增后检测 PCR 产物，即可实现待测样本的定量检测。

该技术相比于一般免疫检测体系，具有灵敏度高、特异性好的特点，但其由于存在本地信号强和连接分子来源不便的问题，限制了在临床实验室的发展和应用。

8. 数字 PCR

20 世纪末，Vogelstein 等学者提出数字 PCR（digital PCR，dPCR）的概念。数字 PCR 主要是将现有加入信号系统的 PCR 体系分割成几十到几万份，分配后的各个反应单元最多含有一个拷贝的靶模板分子或者不含靶模板分子，在每个反应单元中分别对目标分子进行 PCR 扩增，扩增结束后对各个反应单元的荧光信号进行统计学分析，即可实现初始模板的绝对定量分析。绝对定量是指，数字 PCR 进行定量检测时，并不需要借助扩增曲线，而是直接计数或者借用泊松统计得到样品的原始浓度或含量。数字 PCR 所经历的变性、退火和延伸阶段与普通 PCR 并没有理论上的差异，但微缩体积的反应系统变温速度更快，可以提升反应速度。该方法具有更好的准确度和重现性。

根据分液方式不同，数字 PCR 可以分为微流体数字 PCR（microfluidic digital PCR，mdPCR）、微滴数字 PCR（droplet digital PCR，ddPCR）和芯片数字 PCR（chip digital PCR，cdPCR）三种类型，三者分别通过微流体通道、微液滴或微流体芯片实现分液。其中，mdPCR 主要基于微流控技术对反应体系进行分液，可以实现纳升等级或更小液滴的生成；ddPCR 是利用油包水微滴生成技术的检测平台，该体系可以将原始的核酸检测体系分割成 20000 个微滴，经 PCR 扩增后，微滴分析仪逐个对每个微滴进行信号检测，从而实现靶模板的定量检测；cdPCR 是借助微流控芯片技术将样品的制备、反应、分离和检测过程集成到一块芯片上，芯片的载体可以是硅片或石英玻璃。数字

PCR 的原理如图 1-6 所示。

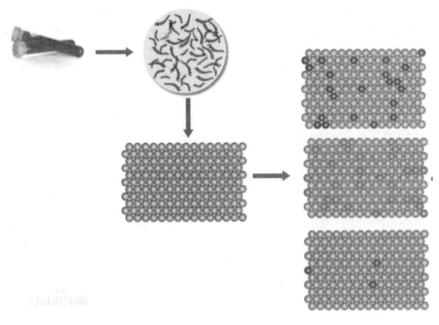

图 1-6　数字 PCR 的原理

数字 PCR 技术现已广泛应用于突变检测、微生物检测、转基因检测等方面，但由于该技术对检测仪器的要求较高，检测成本相较于普通 PCR 也更高，目前其在临床检测上的应用较少。

9. 其他 PCR 相关技术

除常规核酸检测外，PCR 技术还可以用于 DNA 片段的合成、插入以及两个不相邻片段的连接。如重组 PCR 技术（recombinant PCR），对片段基因 X 设计上游引物 A 和下游引物 B，对片段基因 Y 设计上游引物 C 和下游引物 D，其中引物 B 和引物 C 的 5′端设计部分碱基互补序列；在片段基因 X 和 Y 完成扩增之后，去除多余引物，再将二者的扩增产物混合，继续进行变性、退火和延伸的过程；由于引物 B 和引物 C 存在碱基互补序列，新合成的 X 和 Y 产物也存在 3′互补的序列，二者结合后即可互为模板、互为引物进行扩增延伸，进而形成基因 X 和基因 Y 的重组片段。

而对于要获取大量单链 DNA 进行基因测序时，可以使用不对称 PCR 技术（asymmetric PCR）。不同于传统 PCR 使用相同浓度的上下游引物，该技术设置上下游引物的浓度比为（50~100）:1。在扩增的前期，双链 DNA 模板可以同时进行扩增，产生双链 DNA 产物，待后期低浓度引物耗尽之后，高浓度引物介导的 PCR 则会产生大量的单链 DNA。不对称 PCR 技术后期的扩增为线性扩增而非指数扩增，但在前期指数扩增的基础上，后期扩增产物也足以满足应用需求。

此外，对于组织和细胞的核酸分析，除原位分子杂交技术外，原位 PCR（in situ PCR）技术也可以实现这一目的。该技术结合了原位杂交技术的定位能力和 PCR 技术的高敏感特异性，可以在组织或细胞原位检测低拷贝数的 DNA 或 RNA 分子。该技术的基本过程包括组织或细胞固定、蛋白酶 K 消化组织及其自身灭活、PCR 原位扩增、PCR 产物分析、显微镜观察结果五个步骤，其在疾病发病机制研究、病理转归等方面有着重要的应用价值。

除以上技术之外，科研中也根据不同的应用目的而设计了不同的 PCR 技术。锚定PCR（anchored PCR）通过在通用引物反转录 cDNA 序列的 3′末端加上已知序列并以此序列为引物结合文段扩增该 cDNA，主要用于未知 cDNA 的制备和低丰度 cDNA 文库的构建。修饰引物 PCR 是在引物的 5′端加入酶切位点、转录启动子、分析序列结合位点、突变序列等用于开展相关研究。等位基因特异性 PCR（allele specific PCR，AS – PCR）利用引物 3′端一个碱基错配无法进行热稳定扩增的原理，主要用于基因点突变的分析。单链构型多态性 PCR（single strand conformational polymorphism PCR，SSCP – PCR）主要是根据不同构象的等长 DNA 单链电泳迁移率变化完成基因变异的检测。在一段 DNA 序列中，碱基顺序不同或单个碱基差异均会影响单链 DNA 的构象，电泳迁移率也各不相同。随机引物扩增技术（arbitrary primer PCR，AP – PCR）通过随意设计或使用非特异性引物完成扩增，主要用于肿瘤癌基因分离、菌种鉴定、遗传作图等方面。低严格单链特异性引物 PCR（low – stringency single specific primer PCR，LSSP – PCR）是一种用于检测基因突变或遗传鉴定的技术，该技术使用高浓度单链引物（上下游引物均可）、高浓度 Taq DNA 聚合酶、纯化 DNA 片段、低退火温度，形成多种长短不一的扩增产物，最后通过电泳分析完成样本的检测。长片段 PCR 技术（long – PCR）将普通 DNA 聚合酶与具有 3′–5′外切酶活性的 DNA 聚合酶联合使用，主要用于合成几十 kb（千碱基对）的核酸序列。单细胞 PCR（single cell PCR）是以一个细胞所含的 DNA 或 RNA 为模板的 PCR 技术，主要用于单细胞分析。

四、其他核酸检测技术概况

（一）环介导恒温扩增技术

2000 年，日本学者 Notomi 等人首先报道了一种新型核酸扩增技术，该技术在等温条件下即可实现核酸的快速、高效、特异性扩增，即环介导恒温扩增技术（loop mediated isothermal amplication，LAMP）。其反应体系包括扩增模板、底物、dNTP、具有链置换功能的 DNA 聚合酶（如 Blast DNA 聚合酶）、能够识别靶模板六个特异性序列的四条引物（两条内引物和两条外引物）。该技术呈指数级别放大核酸分子，30min 内可将 DNA 放大 $10^9 \sim 10^{10}$ 倍。

LAMP 的反应原理如图 1-7 所示，LAMP 的关键环节是引物设计。两条外引物分别命名为 B3（B3c 的互补序列）和 F3（F3c 的互补序列），两条内引物分别命名为 BIP（包含 B1 互补序列、TTTT 连接子和 B2c 互补序列）和 FIP（包含 F1 互补序列、TTTT 连接子和 F2c 互补序列）。反应开始之后，外引物 FIP 和 BIP 分别与 DNA 双链变性产生的单链结合延伸，形成双链结构；内引物 B3 和 F3 再分别与母链结合开始链置换反应，形成新的双链，同时置换下具有哑铃状结构的合成链；随后，具有自身互补结构的单链很快以自身为模板沿着 5′–3′ 方向合成新的双链结构。然后内引物 FIP 和 BIP 分别结合前面步骤合成的自身双链结构,开始延伸循环反应,自身双链中颈环的数量与链的长度都逐渐增加。由于扩增过程中同时存在起始阶段的积累过程和链延长过程,最后的产物为具有不同长度的 DNA 双链混合物,且不同的 DNA 链均为初始扩增片段的重复序列。

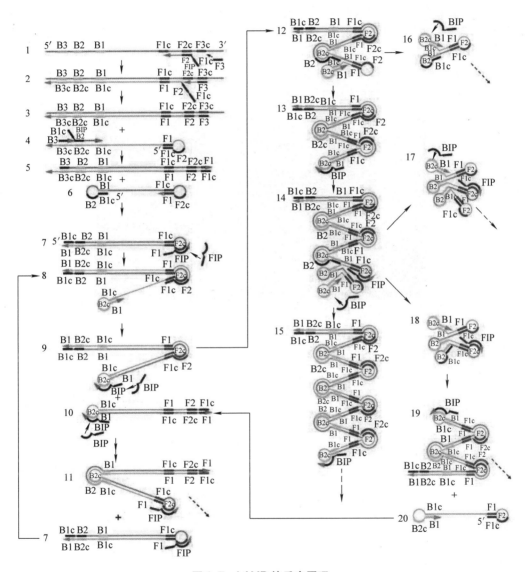

图 1-7　LAMP 的反应原理

对于 LAMP 产物的定量检测,可以通过荧光定量检测、电泳和副产物浊度测定来实现。荧光定量检测的方法包括染料法和探针法。染料法是在反应体系中加入能与 DNA 双链结合并发光的荧光染料,如 SYBR Green I。在 LAMP 进行的过程中,荧光信号值随产物的增加而逐渐增加,该方法同样可以借助荧光阈值和 C_t 值实现初始模板的定量检测。探针法反应的基本原理类似于 TaqMan 探针或双链探针，前者在扩增区域加入一条特异性的探针，随着模板链的延伸，探针发生水解发出荧光；后者在体系中加入与内引物互补的探针，探针 3' 端标记荧光基团，内引物 5' 端标记荧光猝灭基团，未延伸时，荧光基团与猝灭基团紧邻着未发出荧光，当反应体系扩增消耗掉内引物时，加入的探针由于进入游离状态导致内引物猝灭基团的猝灭效应丧失而发出荧光，进而实现核酸定量检测。电泳检测是将反应后的产物进行聚丙烯酰胺凝胶电泳，含有待测模板的样本可以产生连续的 DNA 成像，LAMP 产物的电泳图如图 1-8 所示。而副产物浊度判定则是通过分析核酸大量合成时从 dNTP 析出的焦磷酸根离子与 Mg^{2+} 结合产生的焦磷酸镁沉淀，来完成对靶模板定性分析的。该沉淀呈白色乳状，可以直接肉眼判定，也可以通过检测产物的浊度的变化实现待测样本的分析。

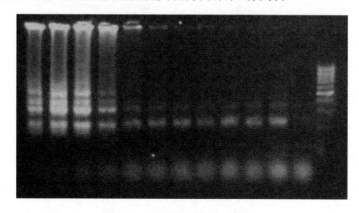

图 1-8　LAMP 产物的电泳图

与传统 PCR 技术相比，LAMP 技术具有等温高效（30min～1h 完成检测）、特异性强（针对模板六个特异性序列部位设计四条引物）、操作简便和易于检测的特点。同时，使用探针法进行检测或者将扩增产物进行酶切分析时，该技术也可以实现多重检测。

（二）交叉引物恒温扩增技术

交叉引物恒温扩增技术（crossing priming isothermal amplification，CPA）是首个由中国的科研团队研发的具有自主知识产权的核酸扩增技术，其反应体系主要包括两条外围引物、一条或两条交叉引物、一条或两条检测探针、链置换 DNA 聚合酶和 dNTP 等成分。对于 CPA 产物的定性或半定量检测，可以通过试纸条法、染料法、探针法和电泳检测来实现。试纸条法主要借助两条经过标记的探针（5' 端分别标记 Biotin 和 Fitc），利用抗原抗体结合原理来实现定性检测。染料法是在反应体系中加入能与 DNA 双链结合并发光的荧光染料（如 SYBR Green I），在 CPA 扩增过程中，荧光信号值随产物的增加而逐渐增加，该方法可以借助荧光阈值和 C_t 值实现初始模板的定性或半定量检测。探针法可以使用分子信标（molecular beacon，MB）等茎环探针，在常态时，发光基团和猝灭基团靠近，探针不发光；当有靶标产物生成时，MB 结合到产物上，茎环结构被打开，发光基团和猝灭基团远离，探针发出荧光，进而实现核酸定性或半定量检测。电泳检测是将反应后的产物进行聚丙烯酰胺凝胶电泳，含有待测模板的样本可以产生连续的 DNA 成像，CPA 产物的电泳图如图 1-9 所示。

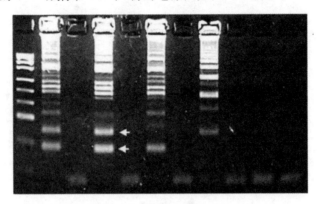

图 1-9　CPA 产物的电泳图

　　根据体系中交叉引物数量的不同，CPA 技术可以分为单交叉扩增（single crossing CPA）和双交叉扩增（double crossing CPA）两种。CPA 反应的原理如图 1-10 所示。

　　步骤 1：交叉引物中的 1s 与模板 DNA 中的 1a 互补，启动 DNA 合成，使得 2a 被引入到所扩增的产物中。外围引物 4s 与 1a 前端 4a 序列互补，通过链置换型 DNA 聚合酶向前延伸，一边置换交叉引物合成的单链产物，一边与模板 DNA 形成双链产物。

　　步骤 2：外围引物 4s 及探针 2a、3a 可与交叉引物合成的单链产物结合，并在 DNA 聚合酶的作用下进行延伸，进而产生两条单链产物。其中，由探针 2a 延伸的单链产物由于其 5′端带有 2a 序列，而且该序列与单链产物上的 2s 完全互补，因此可以在分子内形成一个发夹式的结构 1。一旦探针 2a 延伸的单链产物分子内形成一个发夹式的结构，就可以使得单链产物上的 1a 和 3a 暴露出来。因此，交叉引物中的 1s 就可以与裸露出来的 1a 结合并且延伸，产生一条双链 DNA。该双链 DNA 的每一条链上的 3′端和 5′端都有一段互补的序列。该双链 DNA 序列可在分子内作用力的作用下形成两个发夹式结构，其中一个发夹式结构与发夹式结构 1 一致，因此可实现 CPA 扩增循环过程；另外一个发夹式结构 2 可将位于序列中间的 1s 和 3s 暴露出来。

　　步骤 3：探针 3a 可与发夹式结构 2 暴露出来的 3s 结合，并在 DNA 聚合酶的作用下进行延伸，从而打开发夹式结构，使其成为一条直链，使得其 3′端的 2s 裸露出来。探针 2a 可与裸露出来的 2s 进行结合，在 DNA 聚合酶的作用下进行延伸，从而打开发夹式结构，使其成为一条 DNA 双链并置换出由探针 3a 合成的单链产物。该 DNA 双链可进行重复扩增，使得 DNA 量不断的增加。

　　该技术操作简便，相比于 LAMP 无须使用昂贵的检测仪器，可以避免传统 LAMP 技术产生的溴化乙锭（EB）等有害物质，同时可以避免 PCR 产物二次污染的问题，65℃水浴 1h 即可完成检测。自提出至今，其在农业病虫害检测、转基因作物检测、病原微生物检测等方面有着广泛的应用。

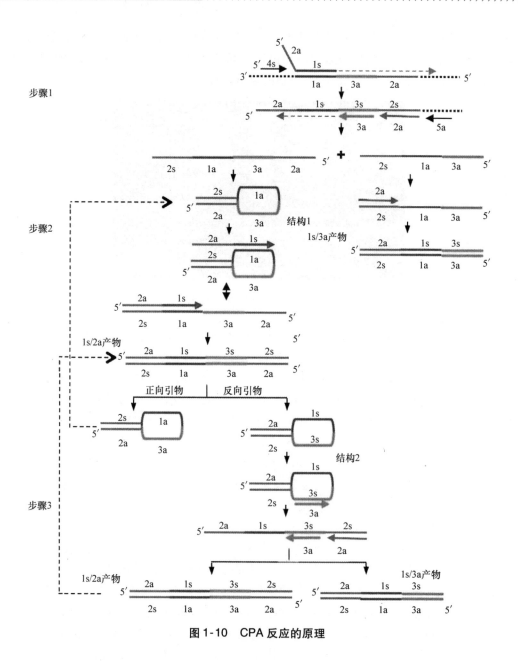

图 1-10 CPA 反应的原理

（三）核酸序列依赖性扩增检测技术

核酸序列依赖性扩增检测技术（nucleic acid sequence – based amplication，NASBA）是一种由一对特殊引物介导的、在三种酶的作用下以一单链 RNA 为模板的连续均一的恒温扩增技术，反应体系包括反转录酶（可同时作用于 DNA 和 RNA）、T7 RNA 聚合酶、核酸酶 H、dNTP、NTP（核苷三磷酸）缓冲液和两种特殊的引物，已广泛应用于细胞因子、病原微生物、寄生虫等的检测中。

NASBA 的基本反应过程为：首先，引物 A 与单链 RNA 结合后在反转录酶的作用下形成 cDNA: RNA 双链；随后，双链在核酸酶 H 的作用下水解掉 RNA 链，形成单链 cDNA；引物 B 与单链 cDNA 结合之后，在反转录酶的作用下延伸出新的互补 cDNA 链，进而形成双链结构；在此基础上，整个反应体系以双链 cDNA 为中间体开始循环反应，即 T7 RNA 模板作用于 cDNA 形成 100 ~ 1000 个 RNA 扩增子，每条 RNA 扩增子又在反转录酶的作用下重新形成 cDNA: RNA 双链结构，重新进行下一轮的循环。

NASBA 具有操作简便的优点。检测时，首先将反应体系置于 65℃ 环境中孵育 1min 打开 RNA 的二级结构，后续即可在 37℃ 环境中完成扩增检测。此外，该技术还具有特异性强、灵敏度高、适用范围广的特点。但该方法检测成本相对较高，重复性相对较差且检测通量低，目前更多用于实验室科研检测。

（四）滚环核酸扩增

滚环核酸扩增（rolling circle amplification，RCA）的提出主要是借鉴微生物滚环复制 DNA 的方式。RCA 在恒定温度下以单链环状 DNA 为模板，在强置换 DNA 聚合酶的作用下，引物沿着环状单链模板进行滚环式 DNA 合成，其扩增可以分为线性扩增和指数扩增两种形式。线性扩增是引物与环状 DNA 模板结合后延伸，产物为由与环状 DNA 互补的重复序列组成的线状单链 DNA；指数扩增则采用与环状 DNA 互补的第二种引物进行扩增，其产物作为第一种引物的模板进行扩增。因此，线性扩增和指数扩增使得产物在很短的时间内完成靶模板的检测。

RCA 特异性高，操作方便，在室温下就可以进行，不需要特殊的热循环仪器。该技术能够直接扩增 DNA 或 RNA 分子，既可用于常规检测，又可结合微流控芯片实现高通量靶标的分析。但该方法仅仅适用于具有环状核酸的病毒或质粒，并不能用于常规基因组 DNA 的分析。

（五）恒温指数扩增技术

恒温指数扩增技术（isothermal exponential amplification reaction，EXPAR）是一种可以用于 DNA、mRNA 和蛋白分析的基于 DNA 聚合酶和切口酶的恒温指数扩增技术。该技术使用的引物一端含有与待测模板互补的序列，另一端含有 Nt. BstNBI 切口酶识别位点序列，当体系中含有待测模板时就会与模板链的 3′端互补杂交。引物在 DNA 聚合酶的作用下沿着模板进行延伸形成双链 DNA。新合成的 DNA 中含有切口酶特异性识别序列，之后加入内切酶，形成的双链在特异性识别位点被切割释放出目标链。释放出的单链又可以与游离的模板链杂交重新开始延伸反应。延伸、切割和释放过程如此循环，即可实现目标链的指数放大。

该方法操作简便，扩增效率高，现已广泛应用于各种生物核酸分析中。

（六）其他恒温扩增技术

链替代扩增（strand displacement amplification，SDA）是 1992 年由美国学者 Walker 开发的体外恒温扩增技术。其反应体系包括限制性核酸内切酶、链置换 DNA 聚合酶、两对引物、dNTP、Mg^{2+} 和缓冲系统。其反应基本过程包括三个部分，即单链 DNA 模板的准备、两端带酶切位点的目的 DNA 片段的生成和 SDA 循环。

切口酶核酸恒温扩增（nicking enzyme mediated amplification，NEMA）是在 SDA 基础上发展起来的一种新的恒温扩增技术。该技术利用切口酶将模板 DNA 双链中的一条链切开，然后 DNA 聚合酶以切口的 3′ 端为起点，以未被切断的单链为模板合成新链，并将"旧链"剥离。具体过程：首先，尾部含有特异性切口酶辨认序列的引物在 DNA 聚合酶作用下合成双链 DNA；在此之后，切口酶识别 DNA 序列并在一条链上切开缺口暴露其 3′ 端；随后，新暴露的 3′ 端在 DNA 聚合酶的作用下沿着未被切断的单链延伸，并将旧链替换下来；被替换下来的单链 DNA 又可以与新的引物结合开始新一轮的扩增。以上步骤反复进行，即可实现 DNA 模板的指数扩增。

除上述介绍的恒温扩增技术之外，还有一些方法在临床和科研中有所应用，如依赖解旋酶的恒温扩增技术、转录依赖的扩增系统、转录介导的恒温扩增、QB 复制酶扩增技术、分支 DNA 信号放大系统、杂交捕获法、侵染检测、重组酶聚合酶恒温核酸扩增等。

和传统的 PCR 技术相比，各种恒温扩增技术进一步提升了核酸的扩增效率，缩短了核酸检测所需的时间，同时摆脱了核酸扩增对高精密度仪器的依赖性。PCR 技术至少需要两个不同的温度，在 DNA 聚合酶的作用下完成扩增；而恒温扩增是利用各种酶与引物的作用使核酸在同一温度下完成扩增。以上因素大大扩宽了恒温核酸扩增技术在分子诊断领域的应用范畴。

五、微流控技术

狭义上来说，微流控技术是利用几十到几百微米尺度的管道操控微量（10^{-18} L ~ 10^{-9} L）流体的一门科学和技术。从广义上来讲，微流控技术已经不再对控制流体的管道尺寸有明确要求，更多的关注落到了如何控制微量液体上。由于该技术是对微量流体的控制，所以对样品和试剂的消耗量很小，并且有很高的灵敏度。微流控技术诞生以后，其应用范围从分析化学领域向其他学科逐步扩展，给检验医学、合成化学、生命科学领域带来了翻天覆地的变化。

在实际临床检验中，我们通常无法直接观测到待测物，只能通过信号转换、放大的方式，将无色无味的待测物的浓度按一定比例转化为光、电、磁、热、声等仪器可以分析、记录的信号，实现待测物的定量检测。在进行转化的过程中，由于检测体系中无法避免地存在非特异吸附、背景荧光、环境背景信号等因素，这些因素会形成检测背景噪声，提高待检测物检测下限。当待检测物浓度很低，而反应体系体积很大时，由待检测物产生的信号会扩散到整个反应体积，淹没在背景噪声中而无法检出。

在溶液中，待测物产生的信号分子会以待检测物为球心向外自由扩散。在以待测物为球心，半径为 r 的球体内，信号分子的浓度与 r^3 成反比。如果检测中能够将信号分子自由扩散的距离局限在很小的范围内，该范围内的信号强度就有可能超过背景噪声，实现待测物的检出。这种通过限定信号分子自由扩散的距离，实现信号在局部放大，达到检测限的效应，称为限域效应。由于微流控技术的反应大部分是在数十到数百微米的尺度范围内进行的，在此尺度下，限域效应非常明显。

以 PCR 技术为基础的核酸检测方法依旧是目前临床普适性、稳定性最好的核酸检测方法，而往复多次的高低温变化是 PCR 技术最明显的特征之一。由于需要在高低温之间不停变化，PCR 检测的总时长有近 1/3 的时间消耗在变温过程中。缩短变温过程的一个主要方法是增大换热面积，相较于宏观的微升级别的液滴，直径为几十微米的液滴的换热面积有几十到数百倍的提高，同时较小的体积也降低了反应溶液的热容，使得快速升降温成为可能。

杂交、PCR、ELISA 等常用的分子检测方法，都依赖于分子有效碰撞后发生的反应。在不施加外力的情况下，待测物在整个溶液体系内做随机运动。当溶液中待测分子浓度高时，它们只需要运动很短的距离，就有很高的概率与引物、探针、抗体发生碰撞，此时反应速度就快。而当溶液中待检测分子浓度很低时，它需要运动很长的距离才能有足够的机会与固定在基底探针分子发生碰撞，需要很长时间才能发生反应。如果能够限制待测物的运动范围，让它们只能固定在基底探针分子附近运动，就相当于提高了待测物的浓度，从而提高检测速度。经典的例子是免疫层析试纸：首先将检测抗体固定在纤维素表面。加入含有待测物溶液后，在毛细力的作用下，溶液会在纤维素表面以只有数微米厚的水膜的形式流经固定有检测抗体的区域。此时，溶液中待测物随机运动的范围就被限制在了水膜中，与检测抗体发生碰撞的概率比在试管中发生碰撞的概率显著增加。正是由于这种效应，免疫层析试纸的检测速度就比同样采用抗原抗体结合方法的 ELISA 或者 Western blot（蛋白质印迹法）快很多。该效应在核酸杂交检测方面同样适用，通过限制核酸分子的运动范围，可以将核酸杂交时间缩短到 15min 以内。

六、小结

核酸检测技术的出现和应用，大大推动了分子诊断学科的发展。本节介绍了各种核酸检测手段。

核酸分子杂交技术是分子生物学领域的基因技术之一，其检测具有灵敏度高、特异性好的特点，现已广泛应用于特定基因序列的检测、基因突变、基因表达水平检测、基因克隆的筛选等方面。按照反应载体的不同，核酸分子杂交技术可以分为液相杂交、固相杂交和原位杂交三种类型。其中，固相杂交中应用较多的是 Southern 印迹杂交和 Northern 印迹杂交，前者主要用于 DNA 的检测，后者主要用于 RNA 的检测。

聚合酶链式反应的基本原理是模拟体内 DNA 的半保留复制过程，通过变性、退火和延伸三个步骤的循环实现核酸的体外扩增检测。对于待测样本的检测，普通 PCR 技术需要后期结合聚丙烯酰胺凝胶电泳等分析手段才能实现样本的定量分析。实时荧光定量 PCR 技术则是在普通 PCR 体系中加入信号体系，结合荧光阈值和 C_t 值实现待测样本的定量分析，其操作简便，检测速度更快，灵敏度也更高。染料法实时荧光定量 PCR 主要使用的染料是 SYBR Green I，而探针法中可以使用的探针种类较多，包括

TaqMan 探针、TaqMan – MGB 探针、分子信标等。PCR 技术发展至今，除临床应用较多的普通 PCR 和实时荧光定量 PCR 外，在方法学上已经有了很多的发展和延伸，如多重 PCR、反转录 PCR、重组 PCR、巢式 PCR、免疫 PCR、原位 PCR 等。

与传统变温核酸扩增技术不同，恒温检测技术的检测速度更快，使用也更方便。本节重点介绍了环介导恒温扩增技术、交叉引物恒温扩增技术、核酸序列依赖性扩增检测技术、滚环核酸扩增技术和恒温指数扩增技术，除此之外，还提及了其他种类的恒温核酸扩增技术。

从核酸检测理论的出现至今，各种检测方法的出现进一步提高了我们对生物体的认知水平，并为各类疾病的检测提供了一种新型检测手段。以 2019 年年底出现的新冠病毒肺炎为例，各种核酸检测技术为新冠病毒的快速检测提供了重要的技术依据。各种快速核酸检测技术配合相应检测仪器，最快可以在 0.5h 内完成病毒检测分析。在后续的章节中将逐一介绍现有的快速核酸检测体系。

第二节　快速核酸检测技术的现状及发展

一、前言

现场即时检测（point – of – care testing，POCT），又称为即时检测，主要是指在采样现场利用可携带式分析仪器及配套试剂快速得到检测结果的一种检测方式。POCT 具有检测周转时间短、操作简单和使用方便的优点，有助于缩短检测周期以提高医疗效率，广泛应用于临床检测、传染病监测、毒品检验、食品安全等领域。

随着 PCR 技术面世以来，核酸检测在疾病诊疗中起到重要作用，尤其在结核分枝杆菌、病毒等高致病性病原体检测领域，高灵敏 PCR 方法在疾病诊断上有决定性作用。但是传统的 PCR 平台对实验室条件和人员技术要求较高，且大多数试验的报告周期都在 1 天以上。因此，向 POCT 方向发展的快速分子诊断凭借其灵敏度和准确度高、携带方便、操作简单、检测时间少、对环境无要求及成本低的优点，极有可能会成为未来体外诊断行业发展的主流。快速核酸检测需要一种能整合从样本中提纯核酸并进行扩增，再对扩增的核酸检测和结果分析的新技术和产品。该产品能做到整体封闭的核酸自动化检测，最大限度避免检测中的交叉或携带污染，便于基层医疗机构和现场应用。

二、国内外已成熟的快速核酸检测技术现状

目前，国内外已开发多种快速核酸检测技术和方法，主流的机型主要基于三种原理，包括基于聚合酶链式反应（PCR）技术、基于恒温扩增技术和基于微流控技术。以下将介绍多种国内外已经开发且相对成熟的应用产品技术。

（一）基于聚合酶链式反应的快速核酸检测系统
基于 PCR 技术的快速核酸检测系统在核酸扩增阶段依然包括高温变性、低温退火

和适温延伸三个过程，为了满足快速诊断的要求，通常在此基础上进行了升降温方式的改进，并用一步法完成核酸的提取和扩增。常见的机型包括基于内核技术的核酸检测系统、基于实时动态精准温控技术的核酸检测系统、独立控温模块核酸快检系统等。

1. 基于内核技术的核酸检测系统

基于内核技术的核酸检测系统采用快速核酸释放技术，主要包括病毒裂解液和荧光 PCR 扩增体系两部分，如图 1-11 所示。经过特殊工艺处理后，膜蛋白可以在无须加热的情况下充分裂解，核酸能够释放到溶液当中。而经过特殊生化工艺处理过的 PCR 缓冲体系能抵抗一定程度的蛋白残质、病毒内容物及血清中的杂质干扰，不会影响荧光 PCR 过程中荧光信号的采集。该技术旨在满足快速诊断 DNA 类病毒和细菌感染的迫切需求，同时改变了过去由于加热导致检测污染的实际情况。随后搭配快速核酸检测系统，一站式完成样本裂解、核酸提取、PCR 扩增及结果分析。

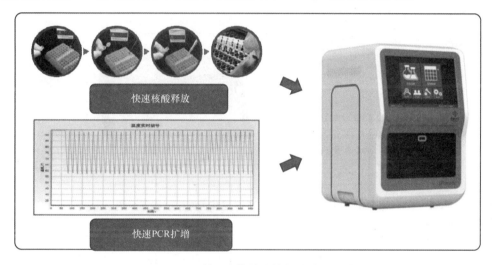

图 1-11 基于内核技术的核酸检测系统

该系统具有以下特点：

1）检测快速。从样本进到结果出，DNA 项目的检测时间为 8min ~ 30min，RNA 项目的检测时间为 15min ~ 45min。

2）操作灵活。该系统具有四个独立反应模块，样本随到随检。可对多种病原体和基因靶点进行精准检测，适用场景广泛。

3）简单易用。核酸提取和扩增一体化，操作简便，即学即用。突破实验室的应用限制，可应用于大型公立医院、民营医院、诊所及社区服务中心等医疗机构，也可应用于中国疾病预防控制中心（简称中国疾控中心）、海关、机场、宠物医院等场所。

4）自动智能。可智能语音提示，自动分析结果。

国内较有代表性的产品是圣湘生物科技股份有限公司生产的 iPonatic 快速核酸检测系统，该 POCT 产品基于实时荧光 PCR 技术，可实现 15min ~ 45min 出结果的快速检测，可搭载圣湘生物科技股份有限公司的新型冠状病毒（2019 – nCoV）核酸检测试剂盒、六项呼吸道病原体核酸检测试剂盒、七项呼吸道病原菌核酸检测试剂盒等多个呼吸道病原体及其他感染性病原体核酸检测项目。

2. 基于实时动态精准温控技术的核酸检测系统

基于实时动态精准温控技术及先进的半导体制冷片的实时荧光定量 PCR 仪，最大升温速度可达 8℃/s，结合独特的扫描方式及全新的软硬件，缩短试验反应循环时间，国内较有代表性的产品是 AGS8830 实时荧光定量 PCR 仪（见图 1-12）。该系统具有不同的通量选择，既保证了灵活方便的特性，又比传统 PCR 的报告效率高，实现单样本检测成本最低化。其包含单管单人份的包装规格，使用者无须进行反应体系配制，可直接加入样本核酸后进行 PCR 反应，简化了操作流程，可用于各类荧光定量 PCR 检测项目，实现快速核酸检测。功能强大、操作灵活，使得 DNA 和 RNA 的 PCR 扩增检测试验在紧凑、便携模式下完成。运用特殊的反向防污染开盖设计，有效避免因热盖意外弹起导致的污染。

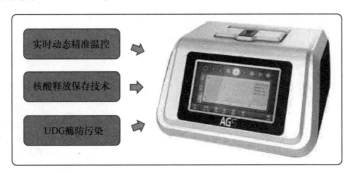

图 1-12　基于实时动态精准温控技术的核酸检测系统

该系统具有以下特点：

1）一步法核酸提取。使用样本释放剂进行样本处理，5min 可完成核酸释放过程。

2）快速且通量高。能够实时动态精准温控，扩增仪有 8℃/s 的高速升温效率，能实现高效升降温，缩短循环时间。该系统具有 8 通量和 16 通量的选择，保证了灵活方便的特性，与传统 PCR 相比，报告效率高，可实现单样本检测成本最低化。

3）仪器便携轻巧。仪器小巧，质量轻，便携高效。可通过高清显示屏操作，无须连接计算机显示器。

4）可适用于多种应用场景。利用固体封盖技术，检测试剂实现了单管单人份包装，不需要 PCR 试剂配制分装；样本释放保存技术，实现了采样与提取一管放置，取样采样同步进行，免去了提取时间和提取试剂的配制，从而实现去实验室化。

5）UDG 酶防污染。试剂中加入 UDG 酶，以防止扩增产物污染造成的假阳性及内源性内标等。

3. 独立控温模块核酸快检系统

近年来，随着技术的发展，出现了基于独立控温模块的核酸快检系统，可实现 1min 加样、30min 看结果的核酸快检。核酸快检系统的温度控制采用陶瓷加热片加热和空气浴冷却方式，四个检测孔模块独立控制温度，以实现聚合酶链式反应所需的温度循环与温度保持，达到使样本扩增的目的。检测系统采用四个检测孔模块各自独立的四通道光学检测系统，实时进行荧光强度数据采集，以实现各个检测孔模块实时的荧光强度监测。检测信号通过计算机系统计算出每个被测样本的荧光强度达到预先设定阈值所经历的循环周期数，即 C_t 值，利用已知浓度的系列标准品，建立 C_t 值与起始浓度对数（或起始拷贝数对数）的线性关系，计算出被测样本的起始浓度（或起始拷贝数）。该系统具有以下特点：

1）模块化设计理念。该系统采用单样本孔独立温控设计，每个模块具有独立的控温及检测部件，打破了"攒样儿"的传统上机方式，可以实现样本随到随检。独立工作的扩增检测模块配合专用软件可以实现四个模块完全独立工作，同时或分时运行相同或不同的扩增检测程序。

2）操作简单快速。无须核酸提取，操作简便，1min 加样，30min 出结果。同时该系统实现了四色光路系统设计，可同时检测四个不同波长范围的荧光染料，为多重实时荧光定量 PCR 检测提供了良好的硬件保障。

3）检测结果智能分析。在显示器上能显示各种数据和分析曲线，并具有对分析结果储存和调出的功能。

4）检测场景多样化。在疫情常态化管理背景下，满足了医院急诊、发热门诊、夜间门诊、基层卫生机构、现场应急检测、海关与机场口岸快速通关等场景的应急检测需求，实现 1h 内出具报告。

5）仪器便携。检测系统体积小巧，降低了对场地的要求。

国内较有代表性的产品是卡尤迪生物科技（北京）有限公司生产的闪测™Flash 20 核酸快检系统，如图 1-13 所示。

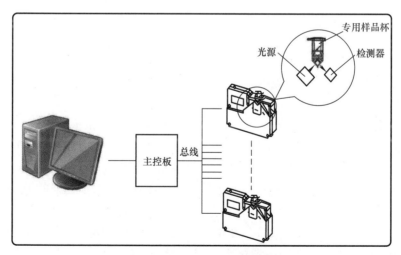

图 1-13 闪测™Flash 20 核酸快检系统

4. 扩增子拯救多重 PCR 技术（amplicon rescued multiplex PCR，arm – PCR）

iCubate 分子检测系统是采用高效核酸扩增技术的全自动多种微生物核酸检测系

统，如图 1-14 所示。该系统由自动处理器（iC-处理器）、读卡器（iC-Reader）和一次性闭系统测试盒组成，其中包含细胞裂解、核酸提取、目标放大、放大器混合及一系列固定捕获探头所需的所有试剂。每个固定捕获探头都有一个独特的核酸序列，旨在混合到目标分子。闭合盒中包含的第二个荧光标记的基因特异性检测探针用于捕获后检测目标。

iCubate 分子检测系统具有以下特点是：①多重检测，可以同时检测 50 种目标分子；②高通量，可以同时处理 96 份样本；③高灵敏度，可以在 2μL 的样品中检测出 10 个拷贝目标分子。arm-PCR 采用两轮 PCR 扩增，第 1 轮 PCR 的特异性引物末端连接有保守的核苷酸序列，作为第 2 轮 PCR 扩增时引物的结合序列，可以保证相对平衡地扩增样本中多个病原体核酸，避免因为样本中病原体核酸数量的不同所导致的不均匀扩增和假阴性检测结果。目前基于该技术的核酸 POCT 产品仅仅用于研究，还没有获得 FDA（食品药品监督管理局）批准。

图 1-14　iCubate 分子检测系统

（二）基于恒温扩增技术的快速核酸检测系统

1. 基于交叉引物扩增技术的核酸检测系统

基于交叉引物扩增技术的核酸检测系统集核酸提取纯化、恒温扩增及检测分析功能于一体，是一种新型分子检测仪器，具有功能集中、方便携带、操作简单和防交叉污染等优点。操作者只需一步加样操作，就可以"一键式"完成临床样本中病原体核酸的检测，可用于传染病的辅助诊断。分析仪自带的系统软件可实时监测整个检测过程，最终检测结果直接显示在状态显示屏上。对于操作者的操作技能和仪器使用环境无特殊要求。该系统具有以下特点：

（1）采用交叉引物扩增技术（crossing primering amplification，CPA）该技术是杭州优思达生物技术有限公司（简称优思达）的研发人员独立研制出的一种全新的核酸等温扩增技术，是我国首个具有自主知识产权的核酸扩增技术。CPA 主要由两条外围引物、一条或两条交叉引物、一条或两条检测探针和具有链置换功能的 DNA 聚合酶组成。在扩增过程中，起始的核酸扩增产物可自身形成发夹式结构，从而达到 DNA 不断自我复制扩增的目的（见图 1-10），在恒定温度下便能实现靶标核酸的快速指数级扩增，从而实现核酸和检测在同一温度下完成。与目前广泛使用的荧光 PCR 技术相比较，CPA 技术的优点包括：

1）检测速度快。恒温的反应时间短，可在 15min～30min 内获得大量产物。

2）检测成本低。CPA 扩增只需要离心机和一台简单的恒温装置，如普通的水浴锅、金属浴，即可进行扩增，降低仪器成本。

3）操作简单。该技术对操作人员的技能要求不高，绝大多数人通过简单培训或自学都可掌握。

国内较有代表性的产品是优思达生产的 UC 系列全自动一体化核酸检测系统，如图 1-15 所示。

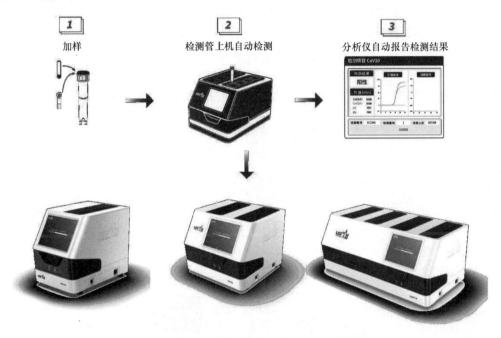

图 1-15　优思达 UC 系列全自动一体化核酸检测系统

（2）试剂玻璃化技术　该技术的基本原理是将原本处于液态的生物酶无结晶脱水固化到"玻璃态"，可以在低氧、低湿环境下长期保存，如图 1-16 所示。其优点包括：

1）常温运输。实现了试剂的常温运输，摆脱对冷链运输的依赖。

2）降低试剂成本。玻璃化试剂降低了试剂的保存和运输成本，保持酶活性并提升反应体系稳定性。

3）产品设计简单可靠。一步加样，全自动完成核酸提取、扩增及检测过程。使用试剂预混装，可进行一键式操作。使用完全密闭的独立检测管，安全防污染。

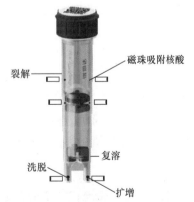

图 1-16　试剂玻璃化技术原理

4）高灵敏度。检测下限 200 拷贝/mL。检测快速，从样本到结果全程 49min～79min。

5）可自动化判读检测结果，准确可靠，数据可以根据监管部门的要求进行自动上报。

2. 基于恒温扩增技术 – 切口酶扩增反应技术的核酸检测系统

ID NOW™快速检测系统是一种快速、基于仪器的恒温扩增检测系统，用于感染性疾病的定性检测。雅培 ID NOW 平台如图 1-17 所示。该平台基于恒温扩增技术 – 切口酶扩增反应技术（nicking enzyme amplification reaction，NEAR），通过使用特定捕获酶来驱动扩增反应。试剂中主要含有切口酶、正向模板核酸、反向模板核酸和聚合酶等。NEAR 技术无须进行耗时长且复杂的热循环进行 DNA 扩增，因此可以进行快速检测，在几分钟之内便可获得检测结果。该系统是目前检测速度最快的分子即时诊断（point - of - care）平台，阳性结果最快可在 5min 内获得，阴性结果最快可在 13min 内确认。目前，该平台是甲型和乙型流感、甲型链球菌和呼吸道合胞病毒的分子床旁检测平台。

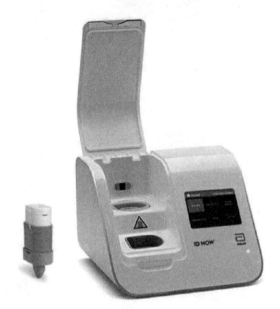

图 1-17　雅培 ID NOW 平台

ID NOW™快速检测系统于 2014 年首次推出，其仪器体积小、重量轻，便于携带。同时该系统操作简单、检测快速、结果准确，可在医生办公室、紧急护理诊所和医院急诊科等医疗环境中提供快速检测结果。目前，该系统是美国最普遍使用的分子即时检测系统。

（三）基于微流控技术的核酸扩增系统

早期的微流控系统构造很简单，通常只有几个互联互通的管道，通过在不同管道按照时序通入不同的试剂，实现特定的功能。近 20 年来，微流控技术的进步为核酸检测领域带来了巨大的变革，使很多手工操作很难进行的试验成为可能。未来微流控技术的微量、灵敏等优势有可能让核酸检测在"芯片实验室"中自动完成。

1. 快速核酸检测

微流控可以将液体局限在很小的体积内，这些液体也就有了很大的比表面积，热交换速度也极大提高，这个特点对于需要反复变化温度的 PCR 反应是非常有益的。为了更好地利用这个优势，科研人员开发了多种微流控方法，成功进行了快速的核酸检测。

（1）连续流型快速 PCR　最早在微流控芯片中进行 PCR 的科研人员设计了一个巧妙的微流控管道，管道依次通过了三个不同温度的恒温区域。然后将 PCR 试剂通入该管道，当试剂经过这些区域时，会瞬间被加热或冷却到设定的温度，从而实现了温度循环。由于这种方法不需要改变加温模块的温度，省去了等待变温的时间，因此可以在最短 90s 内完成 20 轮的 PCR 扩增，相比传统的 PCR 技术有很大的改进。还有科研团队将软管依次缠绕在不同温度的加热棒上，当 PCR 试剂经软管流过加热棒时，也可以产生瞬间改变温度的效果。相比于用微流芯片的方法，这种方法对耗材的要求更低。

（2）快速变温式快速 PCR　连续流型快速 PCR 虽然可以实现快速变温，但 PCR 试剂被限制在了非常狭长的管道中，反应体系内各个组分之间只能沿固定方向靠自由扩散进行物质交换，限制了反应原料的使用。在靶标浓度很低时，只有部分试剂可以参加 PCR 反应，因此限制了检测灵敏度。研究发现如果将引物、酶等反应物的浓度提高，那么 PCR 的反应速度可以进一步提高：研究人员将 PCR 试剂封入毛细管中，再将毛细管在高温和低温两个水浴池中快速地往复移动，实现了超快速的荧光定量 PCR，只需要 15s~60s 就可以检测低至 1.97 拷贝的待测物。PCR 的扩增效率达到 90% 以上，并且具有很高的检测特异性。在将超快速 PCR 和快速熔解曲线分析结合在一起后，可以在最多 87s 内实现 DNA 扩增和 SNP 检测。

（3）热对流快速 PCR　上述的快速 PCR 都需要外部机械力驱动 PCR 试剂的位置变化，实现温度变化。有研究表明，体系中较热的流体密度变小，会使流体向上运动；而较冷的流体密度变大，在重力作用下会自发下沉，实现了无须外部机械力驱动的快速 PCR 反应。他们在反应容器中的局部固定位点上加热 PCR 试剂，加热位点附近的 PCR 试剂受热密度变小开始向上运动，这部分试剂在到达容器较冷的部位后，密度变大重新向下运动，直到被加热后重新开始上浮。在这种往复的上浮、下沉运动中，PCR 试剂也随之进行了温度的升高和降低，实现了温度的循环变化，这种方法称之为热对流快速 PCR。科研人员还在热对流快速 PCR 芯片中的合适位置插入了高密度 DNA 杂交芯片，实现了在同一个芯片上同时完成核酸的扩增和检测。在 30min 内，就可以对仅 10 拷贝待测靶标上的 30 个 SNP 位点进行分型。

2. 数字核酸检测

最初，研究人员为了从体细胞基因组 DNA 中找到稀有突变，将核酸标本进行了有限稀释，并对每一份稀释后的标本单独进行检测，从而提高稀有突变的丰度，实现了低丰度突变的检测。这一时期科学家还没有总结出突变基因拷贝数与稀释度之间的数学关系，只是利用有限稀释的方法对基因突变进行了定性研究。后来人们发现突变基因的拷贝数在有限稀释的反应孔中服从泊松分布，可以根据泊松分布计算出突变基因的拷贝数，用数字 PCR 技术进行核酸定量分析也就成为可能。但是，这一阶段的有限稀释是依赖人手工进行的，对人力和试剂的消耗巨大，因此数字 PCR 依旧无法广泛应用。而微流控技术的引入为数字 PCR 技术的普及带来了希望。

早期的微流控数字 PCR 的工作流程与有限稀释法非常类似,区别在于微流控技术利用微流管道内的微阀和微泵在一个平面上形成大的微腔体阵列,实现了自动化的微量有限稀释法进行纳升级别的 PCR 反应。这一方法很快转化形成了第一代商业化数字 PCR 系统:Fluidigm Microfluidics Dynamic Arrays。不过这个方法需要使用集成了大量微阀和微泵的一次性微流控芯片,使用成本一直居高不下,并且检测通量很低,最终黯然落幕。直到液滴微流控技术被引入数字 PCR 领域后,数字 PCR 技术才算真正开始进入广大的科研、临床实验室。

滴液微流控技术是指将不相容的两相溶液通过微流管道混合后,利用两相的流速差形成的剪切力将其中两相可控溶液的截断成等体积的液段,液段在表面张力作用下形成大小相等的液滴的一种微流控技术。这种微流控技术有以下特点:

1)液滴生成速度快。通过调节流速和喷嘴结构,可以轻易地实现 1000 液滴/s 以上的液滴生成频率。

2)液滴可以保持稳定。加入表面活性剂后,液滴可以稳定下来不发生聚并。

3)各液滴之间相互独立。由于另一相的阻隔,液滴内的物质不会在液滴间自由扩散。

4)液滴还可以堆叠起来,极大地缩小了反应容器体积,提高了检测通量。正因为这些性质,使液滴成为理想的数字 PCR 反应器。如果将不溶于油的 PCR 试剂经过微流控管道通入油相中,PCR 试剂就会在油相中形成液滴。而当液滴数量足够多时,就可以实现数字 PCR 技术中必需的有限稀释,并在 PCR 管中进行数字 PCR 反应。基于液滴微流控的数字 PCR 技术平台也迅速发展起来,其中较为成功的平台包括 Bio – Rad(伯乐公司)的 QX200 系统,该系统利用液滴微流控芯片将 PCR 反应试剂包入 2 万个液滴中进行 PCR 反应,再利用液滴读取仪逐个读取每个液滴的荧光强度,从而实现液滴数字 PCR。

除去上述两种利用传统微流控芯片实现数字 PCR 的形式,还有厂商使用广义的微流控芯片实现数字 PCR。例如:赛默飞世尔科技公司的 QuantStudio 系统利用表面刻蚀有数万个微孔的芯片实现了数字 PCR。这些微孔的外表面是疏水的,而微孔的内表面是亲水的。当 PCR 试剂通过芯片时,由于表面张力的作用,试剂会进入微孔中,形成相互独立的微阵列。相比于传统利用微流管道的微流控技术,这种利用表面亲疏水性质快速实现有限稀释的方法具有成本低廉、操作时间短的优势。

3. 一体式病原体快速检测

一体式病原体快速检测技术指的是集成核酸提取、扩增、检测于一体的系统。人们提出这个系统是期望在条件受限的地区,实现快速、简易的核酸检测,减少对复杂仪器和严苛试验条件的依赖。目前应用最为广泛的一体式病原体快速检测系统是 GeneXpert 系统,它设计了一种一体式的卡盒,通过控制卡盒中的螺杆控制待测物和试剂在卡盒中的流向,实现了自动化的病原体裂解、荧光定量 PCR 流程。操作人员只需要将待测样本加入卡盒中,并将卡盒放到反应架上,仪器就可以自动地提取并扩增核酸。由于该系统极大地减少了对试验条件和试验人员的要求，使其特别适合在非洲等条件艰苦地区使用，WHO（世界卫生组织）已经批准该系统用于结核分枝杆菌、呼吸道病原体和肠道病原体的检测。在国内，该系统主要用于结核分枝杆菌以及其耐药基因的检测。因为受到荧光通道数量的限制，基于荧光定量 PCR 方法的核酸检测方法通常只能对少数几种病原体检测。而 FilmArray 系统利用荧光 PCR 实现了 20 多种病原体的同时核酸检测。该系统也是通过柱塞的移动产生的压力变化来控制系统内流体的运动，在核酸提取部分的结构与 GeneXpert 系统区别不大。但是在核酸扩增检测部分则有较大区别，FilmArray 系统利用微孔芯片进行核酸检测：在不同的微孔中预封装特定序列的引物和探针，在扩增完成后进行多重熔解曲线分析。由于结合了微孔的位置信息以及熔解曲线本身的多重核酸分析能力，该方法的平行检测能力大幅提高。

（1）GeneXpert Dx 快速检测系统 GeneXpert Dx 快速检测系统是全球首个整合全自动样品制备和检测程序的实时定量 PCR 仪，如图 1-18 所示。该系统运用半巢式 qPCR（实时荧光定量 PCR）联合微流控芯片技术，组建了多机并联检测系统，满足不同通量的检测需求。GeneXpert 系统将样品制备和定量 PCR 过程整合在一个封闭试剂盒中并自动完成，能够自动完成样品制备、核酸纯化浓缩、定量 PCR 扩增检测，并输出分析结果。该平台包括三个重要组成部分：

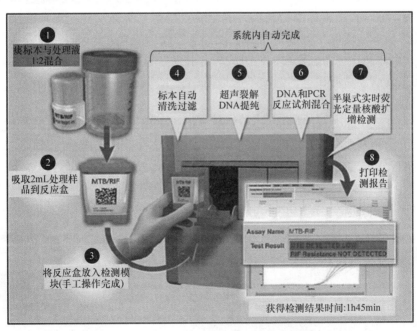

图 1-18　GeneXpert Dx 快速检测系统

1）样本制备系统和试剂稳定系统。样品管的超声装置可以释放样品中的核酸，盒体被分割为多个独立的流动池，不同的流动池通过下面的阀门旋转装置来控制连通和封闭，液体可从一个流动池转移到另一个流动池，达到洗涤、纯化和浓缩核酸的作用，随后样品进入定量 PCR 反应管中进行定量 PCR 扩增。此外，将不同类型试剂，如酶、特异性引物等分别分装在不同的微珠中可以保证样品和试剂在常温下的稳定保存，从而保证试验的可重复性。

2）荧光定量 PCR 系统。GeneXpert 系统采用模块化设计。每个模块均是独立的运行体系，包含了温度控制、压力控制、利用阀旋转引导被测液体在不同分区空间内流动，以及检测报告软件。这些独立模块构成不同通量型号的设备，适用于各种通量需求的实验室。每个模块均独立运作，适合样本"即来即检"，且任何一个模块的失灵也不会影响其他模块的使用，只需更换损坏的模块即可，为 GeneXpert 系统提供了效率保证。

3）内部质量控制系统。该系统内包括设置内参以及对探针检测和样本制备过程的质控，用以保证检测的严谨性。

与传统的免疫学、荧光定量 PCR 相比，GeneXpert 具有以下显著优势：

1）准确性高。独特的定量 PCR 反应设计，全自动操作及内参设计，以确保结果准确可靠。大部分的液态试剂、干燥试剂及酶均预装在试剂盒中，将分析前处理步骤降至最低，大大减少标本预混合操作中可能出现的人为失误。GeneXpert 试剂盒可以将不同容量的标本在试剂盒中将目标物质浓缩为微量，提高了系统检测的敏感性。

2）快速简便。自动完成样品处理、核酸纯化到定量 PCR 检测全过程。将标本（拭子或液体标本）加入标本处理液，混合后直接用一次性滴管把混合液加入试剂盒的加样孔，标本处理可在 2min 内完成。受过基础培训的人员均可轻易完成整个测试。

3）安全性高。检测过程均在封闭试剂盒中全自动进行，无须复杂的防护措施。所有的稀释及提取步骤均在试剂盒的不同通道中完成，最大限度地减少了污染的发生。一次性塑料抛弃物的使用量也降至最低。

（2）BioFire FilmArray 平台　该平台基于巢式多重 PCR 及微流控技术，在微流控芯片中分配出相对独立的多反应腔体，在每一个反应腔体中实现独立反应，从而达到多重反应的效果，实现了在单次反应中的多种病原体核酸检测，可对同一个样品一次进行最多 24 种靶标的检测，如图 1-19 所示。检测过程包括整合样本处理、核酸提纯、两次 PCR 扩增和检测，并采用 DNA 熔解曲线数据（DNA melting curve data）分析，可

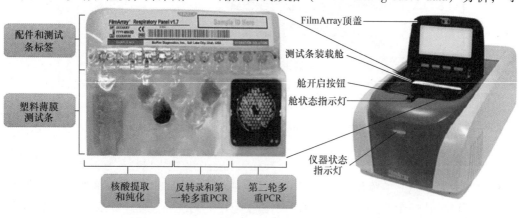

图 1-19　BioFire FilmArray 平台

自动获得检测结果。试验操作过程包括放置测试卡，加裂解液，加样和开始运行四步，可以在 1h 内完成，非常适合于传染病的早期快速筛查。同时该系统使用试剂冻干粉预存储技术，使得操作极为简便。检测项目主要有呼吸道感染、胃肠道感染、血液感染和细菌性脑膜炎感染。目前呼吸道病原检测盘、血液培养检测盘和胃肠道病原体检测盘已获得美国 FDA 的审核批准。

（3）GenePOCrevogene 检测平台 GenePOCrevogene 检测平台主要针对病原微生物及其耐药基因的快速核酸检测，如图 1-20 所示。该系统使用了离心微流控技术，集成了样本处理、核酸提取、PCR 扩增及检测靶核酸序列等功能，可同时处理 8 个临床样本，每个样本可检测多达 12 个靶标，加样操作时间少于 3min 并在 1h 内完成检测。2017 年 6 月，GenePOC GBS LB 检测及其 revogene 仪器获得 FDA 批准。应用该技术开发的产品覆盖院内感染、呼吸道和胃肠道感染、婴幼儿感染和影响妇女健康的多种病原体检测。

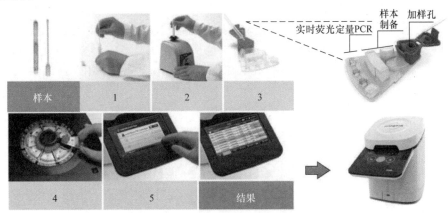

图 1-20　GenePOCrevogene 检测平台

GenePOC 系统具有以下特点：
1）自动化、简化的工作流程，试验操作步骤较少。
2）检测时间短，检测效率高。
3）检测平台灵活，可扩展。

（4）Rheonix CARD® 全自动分子诊断系统　Rheonix CARD® 是基于微流控技术平台的分子诊断系统，如图 1-21 所示。该系统采用专利的层压工艺将所有的泵、阀门、微管道和反应室整合到一个一次性塑料装置中。当加入未经处理的临床样本后，系统可以自动执行所有检测步骤，包括细胞裂解、核酸提取及纯化、PCR 扩增，以及检测分析的全过程。该系统包含三种不同的检测方法：

1）低密度微矩阵核酸杂交法（low – density microarray）。此方法可以同时检测多个扩增产物。

2）整合引物延伸方法（integrated primer extension assay）。此方法快速、简便且成本低，可用于检测目标基因的多个核苷酸多态性（single – nucleotide polymorphisms，SNPs）。

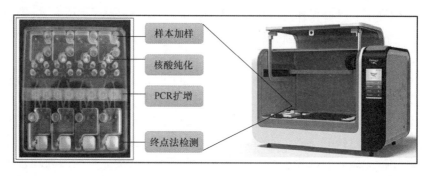

图 1-21　Rheonix CARD® 全自动分子诊断系统

3）侧流层析试纸法（lateral flow strip）。此方法原理与免疫侧流层析试纸条技术相似，采用特异性的寡核苷酸捕捉扩增后的核酸，再与标记有胶体金的特异性的寡核苷酸结合，其优势是芯片成本较低且结果易于判读，可半定量或定量检测。

（5）试管实验室技术　罗氏 Cobas Liat 医用 PCR 检测系统是一种快速、易用、紧凑的 PCR 平台，适用于床旁检测，应用场景包括医生办公室、药房及卫星实验室等，如图 1-22 所示。该平台将 qPCR 和气压式微流控技术相融合，采用非传统的微流控芯片结构，通过温控进行 PCR 扩增，全自动触摸屏导引操作，操作者需要接受的培训量最少，随时可以使用。

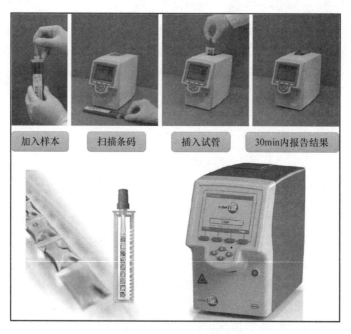

图 1-22　罗氏 Cobas Liat 医用 PCR 检测系统

其将核酸提取、扩增和检测等步骤集中在一根检测管的不同区，依靠检测仪器内部的机械装置，自动控制反应从一个区向另一区转移，实现对核酸的快速检测。

罗氏 Cobas Liat PCR 检测系统具有以下特点：

1）采用独特的液体流动和混合技术，加快核酸反应速度。比如，50μL 的反应体积可在 7min 完成 30 个 PCR 循环，20min 内完成全血样本检测传染病病原体，30min 内完成血浆样本检测。

2）操作简便，检测自动化。操作者只需要将样本加入到检测管上端，仪器即可以自动完成从样本处理到检测的全部程序。整个检测过程完全在封闭的检测管内进行，避免了核酸扩增常见的污染问题。

3）具有完整的质量控制流程。包括内对照和错误诊断提示系统，确保检测结果的准确性。2011 年 FDA 批准了基于该技术的甲型和乙型流感病毒检测方法。

第三节　快速核酸检测技术的应用领域及其优势

一、感染性疾病的快速诊断

感染性疾病因其高发病率和高死亡率，严重威胁了人类健康，尤其是传染性强、突变率高的病原体，可能对全球公共卫生系统造成巨大考验。因此，对感染性疾病的快速诊断对于降低病死率、改善预后具有重要意义。利用病原体核酸的快速检测是感染性疾病的诊断方法之一，有利于其早期的诊断，是常规核酸检测的有益补充。

（一）血流感染

血流感染（bloodstream infection，BSI）的发病率呈逐年上升趋势，早期检测致病菌可以显著改善 BSI 患者的预后。目前 BSI 诊断的金标准为血培养和药敏试验，但该方法阳性检出率低，报告结果时间长达 24h～72h。因此，需要一种能够快速鉴定血流感染病原菌及其耐药情况的检测，为目标抗生素指标方案提供实验室依据，从而达到精准治疗效果的方法。

实时定量 PCR 技术可用于直接鉴定病原菌，免去血液培养这一耗时步骤，例如 FilmArray 系统采用封闭、完全集成的实时多重 PCR 检测系统，在一次性反应袋中并入多个单重 PCR 反应，并结合固体阵列分析技术进行病原体检测，可以在 1h 内同时鉴定 27 种靶目标，包括 4 种耐药基因（mecA、vanA、vanB 和 blaKPC）和 23 种病原微生物（包括革兰氏阳性菌、阴性菌和致病酵母菌），可覆盖引起血流感染的 90%～95% 病原体。Xpert MRSA/SA 也是基于定量 PCR 技术的系统，主要用于检测 SPA 基因、mecA 基因及耐甲氧西林金黄色葡萄球菌 SCCmec。此外，随着近年来技术的不断突破，也涌现出了一批直接从全血标本中快速鉴定病原体的检测技术，包括 T2 Biosystems、FAST ID BSI Panel、LiDia、PID Panel，这些技术可以在 30min～3h 内鉴定血流感染病原体，使患者尽快得到正确的靶向治疗。

（二）呼吸系统感染

呼吸系统感染性疾病是临床常见病和多发病，可由细菌、病毒、支原体、真菌和寄生虫等引起，病情严重程度因致病原、感染部位的情况不同而表现各异。因病原学诊断延误或无法确诊，临床有时难以实现精准治疗。

BioFire FilmArray 可以在 1h 内检测包括腺病毒、4 种冠状病毒、甲型/乙型流感病毒、副流感病毒、呼吸道合胞病毒、百日咳杆菌、肺炎支原体、肺炎衣原体在内的 20 余种病原微生物。肺结核是一种很难检测到的呼吸系统传染性疾病，改善传统检测方法，提高肺结核诊断率，已被 WHO 列为公共健康首要问题之一。而 GeneXpert MTB/RIF 检测系统是以结核分枝杆菌的 RNA 聚合酶活性位点编码区为靶标，采用半巢式实时半定量 PCR 检测，对于临床疑似肺结核患者、耐多药患者，GeneXpert 可先于抗酸染色或细菌培养作为初筛方法。作为 GeneXepert 新一代检测技术，GeneXpert MTB/RIF Ultra 增加了多拷贝序列分子靶标，扩大了 DNA 扩增体积，并采用全巢式 PCR，提高了检测敏感度。该检测技术不仅可以用唾液标本，还可以用粪便、鼻咽吸取物和尿液标本。该技术现已用于新冠病毒的检测。

（三）中枢神经系统感染

脑炎和脑膜炎是由细菌、真菌、病毒等多种病原体感染引起，以中枢神经系统损害为主的传染病，在已知的病因中，20%~50% 是由病毒引起。病原学检测方法包括脑脊液培养、革兰氏染色，其培养周期长、敏感性受到抗生素使用的影响，无法完全满足临床对于检测速度和准确性的需求。FilmArray 脑炎/脑膜炎多重病原体核酸检测试剂盒（ME Panel）可以在 1h 内快速检测出脑脊液样本中 14 种常见的脑炎和脑膜炎病原体，包括 6 种细菌（大肠埃希菌、流感嗜血杆菌、产单核细胞李斯特菌、脑膜炎奈瑟菌、无乳链球菌和肺炎链球菌）、1 种真菌（新型隐球菌）和 7 种病毒（巨细胞病毒、肠道病毒、单纯疱疹病毒 1/2 型、人疱疹病毒 6 型、人双埃可病毒和水痘带状疱疹病毒）。且 FilmArray ME Panel 检测受抗生素使用的影响比传统方法小，能够对脑脊液染色呈阴性的患者进行明确诊断。

（四）生殖道感染

泌尿生殖道沙眼衣原体（chlamydia trachomatis，CT）是最常见的性传播感染之一，在男性中主要导致尿道炎，在女性中主要导致宫颈炎。在 CT 感染人群中，70%~90% 女性和超过 50% 男性是无症状的，其作为传染源可将 CT 传染给性伴侣。因此，早期发现和治疗 CT 感染病例，并对高危人群进行筛查和治疗是防控 CT 感染的关键。传统的 CT 检测方法虽然灵敏度高，但是耗时长，无法满足临床早期诊断和治疗的需求，因此 2006 年 WHO 启动了一项为性传播感染高发的低资源国家开发可负担和可靠的快速检测方法。目前临床已经开发出多种快速诊断测试，其中基于核酸扩增法的 POCT 最具有代表性的是 GeneXpert CT/NG assay，用于同时检测 CT 和淋病奈瑟球菌（neisseria gonorrhoeae，NG），已获得美国食品和药品监督管理局的批准。该测试使用 GeneXpert 试剂盒可以在封闭系统中自动进行样本制备、提取、扩增和检测，约 90min 出结果。Goldenberg、Gaydos 等通过直肠拭子样本、阴道拭子、宫颈拭子和尿液样本对 GeneXpert CT/NG 进行评估，结果表明其准确性和可重复性高，且周转时间短、操作简便，非常适合临床诊断和筛查。Atlas io 诊断平台用于在欧洲使用阴道样本检测 CT，它是一个全自动的 30min 核酸扩增单模块系统。Harding‐Esch 等通过阴道拭子样本评估该诊断平台，结果表明其特异度和灵敏性高，可用于临床 CT 诊断。一项对全英国 120 万性传播疾病患者的研究结果显示，POCT 可以节省成本，并减少经验性治疗和过度治疗。

二、传染病——重大疫情防控和流行病学调查

近年来，新发传染病如寨卡病毒病、中东呼吸综合征、重症急性呼吸综合征（非典型肺炎）、登革热等频频爆发，这些新发传染病既对我国传染病的防控提出了更高要求，也警示我国传染病的防控、诊治作为公共卫生问题，仍然是我们面临的重要挑战之一。因此，建立和发展重大传染病病原体快速、早期的实验室诊断技术平台，能够尽早明确传染病病原体的类别及流行病学数据，为传染病的预警、及时高效的防控及采取恰当的应急方案提供理论依据。

（一）新型冠状病毒肺炎

新型冠状病毒肺炎（corona virus disease 2019，COVID‐19）是由新型冠状病毒（severe acute respiratory syndrome coronavirus 2，SARS‐CoV‐2）引起的肺炎。虽然疫情在国内得到了有效的控制，但全球感染人数仍在不断增加，死亡人数也不断攀升，疫情暴发使得全世界人民的健康安全及公共卫生财产面临巨大挑战。严防院内感染成为我国现阶段的防控重点，而严防院内感染的一大重要前提就是对"入院所有人群进行 SARS‐CoV‐2 核酸检测"。且此次 COVID‐19 潜伏期较长、传染性强，疫情暴发期间亟须快速、准确、简便的诊断技术对病原体进行早确诊，以便达到早隔离、早治疗的目的。传统的 PCR 方法需要对核酸进行提取纯化后再进行检测，从实验室收到样本到结果的获取通常需要 4h~6h，因此非常需要快速、准确的方法对 SARS‐CoV‐2 进行检测。

目前国际上应用于 SARS‐CoV‐2 的快速核酸检测系统主要是赛沛的 GeneXpert、生物梅里埃 BioFire Diagnostics 的 FilmArray、罗氏公司的 Liat 平台、雅培诊断的 IDnow 等。国内目前已经应用于临床实验室的 SARS‐CoV‐2 快速检测系统包括卡尤迪闪测™Flash 20 快速核酸检测系统、圣湘生物科技股份有限公司（简称圣湘）的 iPonatic 核酸检测分析仪和优思达核酸扩增检测分析仪 UC0102 等。这些快速检测系统都可以做到样本进、结果出，需要 1~2 步上机前操作。其中 iPonatic 采用一步法核酸免提取技术，并搭配快速核酸检测系统，一站式完成样本裂解、核酸提取、PCR 扩增及结果分析，检测通量为 1 个。Flash 20 采用恒温扩增‐实时荧光法（交叉引物恒扩增技术，CPA），检测通量为 2 个。该系统利用分子并行反应和免核酸提取的样本直接检测技术，无须核酸提取，简化了试验操作、降低了核酸提取过程中的交叉污染，可在 30min 内实现核酸检测，检测通量为 4 个样本，与 RT‐qPCR 结果及临床诊断结果符合率能够达到 98.46% 和 97.85%。这些快速检测系统都是在疫情出现一年以内开始进入临床实验室应用，这充分体现 COVID‐19 疫情促使了国内自主研发的快速核酸检测

系统进入了快速发展阶段。

（二）人类免疫缺陷病毒（human immunodeficiency virus，HIV）

Rudolph 等首次证明采用 RT - LAMP 方法可快速检出急性 HIV 感染，针对 HIV - 1 HXB2 基因片段设计引物，采用 RT - LAMP 技术对 HIV 感染细胞株和病例血清进行检测，并与抗体快速检测及通过美国食品药品监督管理局认证的其他免疫学方法比较，在更早的感染阶段（早于 2 周）即可检测出，还可向即时检验方向发展，对于急性 HIV 感染的检出和感染随时监控具有重要意义。

（三）肝炎病毒

Nyan 等利用 LAMP 方法检测临床血清样本中乙肝病毒的基因亚型 A - F，模板 DNA 采用标准试剂盒提取或直接将血清加热后用于扩增，并与乙肝病毒标准血清盘比较，LAMP 法最低检测限可达 10IU，特异性 100%，适用于临床标本检测。此外，通过设计特异性引物、建立环介导反转录恒温扩增技术，可实现临床样本检出率为 64%，虽然较实时定量 PCR 的灵敏度稍低，但高于常规 PCR 方法，成本较低，显示出具有在发展中国家或床边检测的潜力。

（四）寄生虫

寄生虫病防控目前仍是传染病及公共卫生领域的重要任务，推广应用操作简单、快速、可靠的现场检测技术是推进寄生虫病防控工作的重要途径。随着分子生物学的快速发展，相对于传统荧光定量 PCR 等方法，包括重组酶介导的等温扩增（recombinase aided isothermal amplification，RAA）、重组酶聚合酶扩增技术（RPA）和环介导恒温扩增（loop mediated isothermal amplification，LAMP）等在内的恒温技术快速"崛起"，具有简便迅速、灵敏特异、经济实用和不需昂贵仪器设备等优点。国内部分公司研发出了一类"便携式"荧光检测仪，可以取代常规凝胶电泳检测方法，特别适合在实验室之外的现场进行大规模快速检测，且已有运用该技术进行日本血吸虫、华支睾吸虫、隐孢子虫等寄生虫核酸检测的诸多实践。这些技术现已开始应用于寄生虫病的流行病学调查、实验室检测和快速临床诊断，并显示出良好的应用前景。

1. 原虫

针对疟原虫，Han 等建立了 4 种人体疟原虫（三日疟原虫、卵形疟原虫、恶性疟原虫和间日疟原虫）的检测方法，敏感度可低至 10 拷贝/μL，特异度和灵敏度达到 90% 以上。Karanis 等根据微小隐孢子虫的基因设计引物，建立了隐孢子虫的检测方法。锥虫寄生于动物和人类的血液或组织细胞中，针对锥虫的 PO、PFRA、18s rRNA、5.8s rRNA 或 ITS - 2 基因设计引物，在锥虫病的现场和实验室诊断中具有很好的前景。弓形虫病是由专性细胞内寄生原虫刚地弓形虫感染引起的人兽共患寄生虫病，针对 SAG1、SAG2 和 B1 基因建立的弓形虫检测方法，敏感性为 0.1 个速殖子，并与其他寄生虫无交叉反应。溶组织内阿米巴寄生于人体结肠内，可引起阿米巴痢疾或阿米巴结肠炎，根据 SSU rDNA 设计引物建立的阿米巴检测方法，灵敏度和特异度均较高。

2. 吸虫

人因接触含有日本血吸虫尾蚴的疫水而感染血吸虫病，准确、快速、高效地检测尾蚴有利于血吸虫病的防治；华支睾吸虫病（肝吸虫病）是由华支睾吸虫寄生在人体肝胆管引起的疾病；卫氏并殖吸虫病（肺吸虫病）是一种食源性寄生虫病，由卫氏并殖吸虫病寄生在人体肺部而引起，通过 LAMP 技术均可以对上述几种吸虫病原体的特异基因进行检测，从而实现高敏感、高特异、迅速的鉴定。此外，通过重组酶介导的恒温扩增技术（RAA）对曼氏血吸虫的基因进行检测，可以通过便携式荧光检测仪实现实验室环境"脱离"，特别适合在野外等特殊环境下进行大样本检测。

3. 线虫

旋毛虫病是由旋毛线虫感染引起的人兽共患病，人主要因食用未煮熟的含有旋毛虫包囊的肉品而感染；异尖线虫病通过食入含有异尖线虫幼虫的未经煮熟的鱼肉而感染，是一种重要的食源性寄生虫病；颚口线虫寄生于人和哺乳动物的胃、食道和肝脏等部位，可引起颚口线虫病。针对几种线虫 ITS－2 基因或 1.6kb 重复 DNA 序列设计引物，并使用 LAMP 方法检测，可以在幼虫浓度非常低时检出，具有很高的敏感性和特异性。

4. 绦虫

棘球蚴病是严重危害我国人民健康的丙类传染病，快速、准确诊断和积极治疗患者是防治棘球蚴病的重要措施。带绦虫病主要包括猪带绦虫病和牛带绦虫病，通常由于食用未煮熟的猪肉或牛肉而引起。针对绦虫 Cox1/Cox2、CLP 基因等建立的 LAMP 检测方法可以准确地区分几种绦虫，并能够检测到人粪便中的绦虫虫卵。

（五）其他病毒

Euler 等进行了基于 RPA 的天花病毒的检测，以及基于 RT－RPA 检测 RNA 病毒，包括裂谷热病毒（rift valley fever virus）、埃博拉病毒（Ebola virus）、苏丹病毒（Sudan virus）和马尔堡病毒（Marburg virus）。Hou 等研发出一种可以在 10min～20min 检测到牛冠状病毒（bovine coronavirus，BCoV），Abd 等研发可以在 4min～10min 检测到口蹄疫病毒（foot－and－mouth disease virus，FMDV）的实时反转录 RPA，此技术成功应用于当年埃及的口蹄疫大爆发时期，有效抑制疫情的蔓延。实时 RT－RPA 诊断 FMDV 灵敏度高达 98%，几乎与灵敏度为 100% 的 RT－PCR 相当。Abd 等采用实时反转录 RPA，实现 42℃条件下，3min～7min 内成功检测到低至 10 个 RNA 分子的中东呼吸道综合征冠状病毒（middle east respiratory syndrome coronavirus，MERS－CoV）。

三、国境口岸病原体检测

国境口岸卫生检疫的任务是预防和控制疾病的国际间传播，及时有效地处理国境口岸突发卫生公共事件，保护人体健康和口岸公共卫生安全。机场、海关、出入境的检验检疫（大规模传染病原体快速筛查、确诊），其首要任务是及时识别和控制口岸传染病疫情，严防国际重大传染病的跨境传播。在国门安全和通关便利化的双重压力下，口岸一线需要的是"快、准、稳、便、动"的病原体检测设备和方法，既短时间内在可移动的状态下通过简便的操作，准确检测出病原体的设备和方法。同时，在口岸检疫现场，由于场地、设施、人员等条件所限，无法设置专业的检测实验室，这也需要口岸检疫POCT检测设备和方法满足稳定、可靠且不（或较少）受外部环境、人为因素的影响。

目前已有基于病原体核酸检测开发出来的核酸POCT检测技术，例如基于重组酶聚合酶扩增技术（RPA）对口岸一线蚊媒传染病筛查、病媒生物携带病原体的检测具有实用价值，例如登革病毒、寨卡病毒、黄热病毒、烈性病毒（包括埃博拉病毒、克里米亚-刚果出血热病毒）、呼吸道病毒（包括中东呼吸综合征冠状病毒、流感和禽流感病毒）、生物战剂相关病原体（包括土拉热弗朗西丝菌、鼠疫耶尔森菌、炭疽杆菌、天花病毒、裂谷热病毒、埃博拉病毒和马尔堡病毒等A级生物战剂）。目前已经有科学家做了RPA移动实验室（小型诊断手提箱），所有试剂和设备使用泡沫减振，反应试剂制成干粉状，从而满足在条件简陋的场所或调查现场开展病原体核酸的快速检测，在疫情暴发时迅速锁定病原体，为后续处理提供依据和方向，满足现场快速、灵敏、方便的核酸检测需求，有望应用到口岸一线传染病检测和病媒生物病原体筛查工作中。

此外，还有几种根据病原检测实验室的核酸检测原理开发出来的核酸POCT检测技术，有望解决口岸卫生检疫面临的这一难题。

1）加拿大GenePOC公司研发的GenePOC现场快速核酸检测系统，主要针对病原微生物及其耐药基因的快速核酸检测。该系统采用实时PCR技术，整合样本处理、核酸提取和扩增检测于一体，1h内完成检测，加样操作时间少于3min。能够处理各种类型的样本，同时检测8个不同样本，每个样本12个靶标。

2）试管实验室技术（Lab-in-a-tube technology，Liat），是美国IQuum公司建立的系统，该方法采用独特的液体流动和混合技术，加快核酸反应速度。例如，2009年4月美国出现H1N1猪流感病毒（简称H1N1-2009），世界卫生组织在2009年6月将警告级别提升到6级。为防止该病毒感染的扩散，IQuum公司采用他们的Liat技术研发的H1N1-2009核酸检测试剂。可以在20min出结果，很快得到美国FDA授权用于应急使用。

3）核酸快速定量分子诊断技术是美国Wave80公司发明的，采用微流控芯片技术，将核酸检测的多个步骤整合在完全封闭的单一检测卡中，只需要从患者指尖或者足跟取100mL全血，10min~55min就可以获得结果。

四、食品安全

近年来，由食品安全问题引发的事故屡见不鲜，对人类健康和社会安全都造成了很大的威胁。现在的食品安全问题主要分为两方面：一方面是食源性致病菌或食源性病毒引发的食品安全问题，如人畜共患的沙门氏菌、单核细胞增生李斯特菌、诺如病毒、轮状病毒、星状病毒、冠状病毒、腺病毒、肠病毒、脊髓灰质炎病毒、甲型肝炎病毒、口蹄疫病毒等；另一方面是食品质量的安全问题，如食品掺伪问题和贩卖未标注转基因食品问题。传统食品致病菌的检测技术耗时长，灵敏度和特异性都有待进一步提高，利用快速核酸检测技术和设备，简化操作流程、节省检测时间并满足快速检测的需求，更具有推广性。特别适用于基层单位及实地现场检测，有利于从源头控制食品安全事故的发生，非常适合食品检测机构、出入境检验部门、边远基层地区进行检测。

LAMP 技术目前在食源性致病菌或病毒的检测方面也较为成熟，Hazel 等研制出 LAMP 商品试剂盒来检测沙门氏菌，可以快速检测鸭肉、豆芽、鱼丸中人工接种的低载量沙门氏菌，对自然污染样品的检测灵敏度和特异性分别达到 91% 和 95%。Arai 等设计了一个 LAMP 检测猪链球菌的方法，命名为 LAMPss。其以猪链球菌 S. suis 的重组/修复蛋白（recN）基因为靶点，设计 LAMP 引物组检测生猪肉中的链球菌。金黄色葡萄球菌是导致奶牛患乳腺炎的重要病原菌，且受污染的牛奶及奶制品中的金黄色葡萄球菌肠毒素会引起食物中毒。李晓霞等根据金黄色葡萄球菌的耐热核酸酶基因（nuc）在保守区域设计 LAMP 特异性引物，检测原料乳的金黄色葡萄球菌。此外，诸如病毒 RT－LAMP 检测技术，其灵敏度可达到 10 拷贝/mL ~ 100 拷贝/mL，RT－LAMP 也成功应用于检测肠道病毒 71 型、H5N1 流感病毒、戊型肝炎病毒。

LAMP 技术还可以应用于食品质量的安全检测，近年来很多关于食品掺伪的食品安全问题被报道，如牛羊肉掺假肉、火锅调味加罂粟碱、假蜂蜜等问题。为保障食品质量安全，保障消费者的合法权益，需要建立一种能快速准确鉴别、检测食品掺伪的方法。Deb 等开发了 LAMP 快速检测体系，可用于检测山羊奶/肉样品掺假牛奶/肉，基于牛的宿主基因涉及特异性 LAMP 引物组，对样品进行检测。这个测试可以检测混合比低至 5% 的混合牛山羊乳、肉样品。此外，伴随转基因技术的不断成熟，新的转基因食品不断进入市场，并且进出口贸易中转基因食品不断增多。因此对转基因食品的监管压力不断增加，需要有效监管转基因食品的检测技术。目前，LAMP 也逐步应用于转基因食品检测中。

RPA 在食品安全检测方面的应用包括食源性病原体沙门氏菌的检测、肠产毒性大肠埃希氏菌的检测，以及细菌、真菌综合检测等。但是与前述 RPA 在疾病诊断方面的发展相比，RPA 在食品安全领域的发展空间很大。食品现场快速检测的需求一直很大，而 RPA 反应迅速、操作简便、环境要求低、检测性能良好等先天优势，再结合不同的检测手段，今后将在食品安全领域发挥巨大作用。

五、个体化用药相关基因

药物进入人体后，通常需要经过吸收、转运、代谢等过程发挥药理作用，而与药物效应密切相关的药物相关基因即编码体内关键药物代谢酶的基因发生变化，可造成药物代谢过程中相关代谢酶、受体、转运体等功能的差异，这些差异的积累最终使得药物效应呈现多样性。药物相关基因发生的诸如单核苷酸多态性、基因缺失或重复等分子结构变异，可能会引起药物在作用靶点、转运蛋白和代谢酶等水平上发生遗传差异，从而引起药物在体内的药效和代谢发生变化，对药物的治疗效果产生影响，甚至会出现严重的药物不良反应，进而造成药物代谢和反应的个体差异。

目前已经有 255 种药物被各国政府批准为个体化药物，例如靶向药物能否发挥疗效或使用靶向药是否产生耐受，都必须经基因检测鉴定。目前研究较多并且已经确定对临床有重要价值的个体化用药基因检测包括 P450 酶系及相关调控基因（CYP2C19、CYP3A4、CYP3A5、CYP2D6）、VKORC1/CYP2C9、MTHFR、乙醛脱氢酶－2（ALDH2）、HLA－B * 1502、HLA－B * 5801 以及 SLCO1B1，涉及氯吡格雷、华法林、硝酸甘油、卡马西平、别嘌醇、叶酸、氟尿嘧啶、氨甲蝶呤等药物。目前临床上检测基因多态性方法包括荧光定量 PCR、限制性片段长度多态性聚合酶链式反应（PCR－RFLP）、基因芯片及高通量测序技术。但是快速核酸检测技术在个体化用药检测上的应用目前仍较少，可能是因为目前该检测主要存在于医院临床实验室，对于快速得到结果或实验室外场景的应用没有过多需求，未来在快速检测方面仍有一定发展空间。

六、畜牧养殖产业

畜牧养殖作为推动我国国民经济发展的重要产业，逐渐朝着科学化、规模化、效益化以及产业化的方向发展。在畜牧养殖过程中，传染性疾病较为常见，不仅阻碍我国畜牧养殖产业的长远发展，还不利于保障食品安全。在这样的背景下，畜牧养殖过程中的传染性疾病早期诊断对于畜牧养殖产业的良好发展非常重要。

我国养猪业的稳定发展对于农业和国际民生的稳定至关重要。高密度的养殖方式也使得猪类的传染性疾病难以预防，且问题日益显著。而且多种病原同时感染，导致检测及预防疾病发生也十分困难，如猪丹毒、口蹄疫、犬瘟热、布氏杆菌等传染性疾病在我国畜牧养殖业中比较常见。尤其是非洲猪瘟（African swine fever，ASF）在我国爆发以来，疫情迅速传遍全国，其爆发推动了核酸检测技术在畜牧业生物安全防控体系中的应用。2019 年中国动物疫病预防控制中心也公布了 ASF 现场快速检测试剂的评价结果，除了传统的荧光定量 PCR 方法外，微流控技术、LAMP、RPA、产物降解、冻干工艺等技术也被应用于 ASF 核酸的快速检测。此外，目前圣湘也开发了 iPonatic 系统用于猪圆环病毒（PCV）、猪肺炎支原体（MHP）、猪疱疹病毒 I 型（PRV）、猫瘟病毒（FPV）和猫疱疹病毒（FHV）的检测。因此在畜牧养殖过程中对各类疾病的病原体的早期鉴定对于及时治疗具有重要意义，而病原体核酸的快速检测能够推进各类病原体的快速鉴定。

七、其他方面应用

（一）农业、渔业、林业防疫

基于 RPA 的快速核酸检测方法，可以在 0.5h 内检测到南美白对虾体内的一种浓核病毒（penaeus stylirostris densovirus，PstDNV），并对与这种病毒相关的虾内生序列位点进行定位，有效解决了传统方法假阳性高的难题。RPA 也应用于对虾白斑综合征病毒（white spot syndrome virus，WSSV）的监测。但是，目前为止 RPA 在果蔬疾病检测中的应用相关报道较少，涉及的有小樱桃病毒和李树发疹病毒的检测和转基因作物

（花椰菜花叶病毒 CaMV – 35S ）的检测。由于果蔬的成熟贯穿整个生长过程，果蔬疾病监测越早越好，早预防将减少大量损失。目前，快速核酸检测技术在该领域的应用仍有待加强。

（二）其他非医疗市场

在生物应急（突发疫情处置、灾害医学救援、生物反恐应急）、军事管理（生化排险、阵地医疗）、环境病原体检测、兽医领域、宠物医院病原体检测方面，均可以应用快速核酸检测技术。

八、快速核酸检测技术的优势

（一）大型医院避免院内感染

快速核酸检测系统应用于急诊或发热门诊，能够实现随检随报告，将发热门诊或急诊的核酸检测报告时间缩短至分钟级，帮助发热门诊和急诊检验室建立快速核酸检测能力。可对受检人群快速筛查确诊，避免由患者引发的院内感染和次生传染风险，适宜于深夜等特殊时间段门诊、急诊救治。例如在本次新冠病毒肺炎疫情期间，借助快速核酸检测技术，可以充分防范无症状感染者的问题。

（二）基层防控助力分级诊疗

基层医疗机构的特点为样本量少、试验场地不够、投入产出比难平衡，而快速核酸检测技术仪器小巧、操作便捷、成本较低，不受医疗条件和检测环境等诸多限制，可以满足基层基础检测需求。对于医疗基础条件相对薄弱且暂不具备分子实验室检测能力的二级以下医院和基层医疗机构等，快速核酸检测系统可以帮助这些机构建立简易分子实验室。如常见的呼吸道、消化道传染病及感染性病原体，可以采用快速核酸检测技术，既可以实现疫情迅速控制、作为疫情防控前哨点、健全传染病防控网络，也有利于精准诊疗的提升。

第四节　快速核酸检测技术的发展趋势

一、发展概述

随着社会经济的全球化发展，各个国家和地区的人员流动强度和聚集性愈发明显，由此带来的问题就是各种传染性疾病的发生概率也因流动强度的升高而呈正相关上升，如 2009 年爆发的甲型 H1N1 流感以及 2013 年爆发的 H7N9 型禽流感，都与人员频繁的流动有关。这对卫生机构的检测及收治能力提出了越来越高的要求。主流的传染性病原微生物检测方法主要包括生物化学检测、免疫学检测及分子生物学检测等，其中核酸检测作为分子生物学检测的一个重要分支方向已被卫生机构广泛采用。然而传统的核酸检测首先需要建设正规的 PCR 实验室，至少分成制备区、纯化区及扩增检测区等独立的房间，每个房间需要进行压差控制；其次需要采用核酸提取设备进行单独提取纯化，然后再放入设备中进行检测，检测时间在 1.5h 以上，甚至更长；另外需要操作人员掌握全面的核酸检测操作知识和技巧，才能进行准确的核酸检测。随着流行疾病暴发的频次和人次逐渐升高，常规的核酸检测在临床诊断中的短板越来越明显，市场对更快速、更准确、更安全、更全面、更经济的核酸检测技术的呼声越来越高。

目前行业内已经涌现出各种各样的创新核酸检测技术，包括核酸的快速提取和扩增技术、微流控芯片技术、自动化技术等，从具体产品上来看主要集中在试剂、耗材和仪器三个方面。

二、快速核酸检测试剂的发展趋势

（一）快速核酸提取技术的发展

提取核酸用于生物制剂和疾病的鉴定仍然是医疗诊断中一个具有挑战性的需求。而下一代生物分析平台需要快速核酸提取和纯化方法，允许从各种微生物和生物源中无偏分离特定靶点。然而，由于生物样品固有的复杂性，这个过程必须去除或尽量减少背景物质，从而控制微系统中的干扰和污染。样品制备方法的基本要求是在保持低系统损失的同时，实现高效的核酸提取和纯化，而无须苛刻的化学条件。

核酸裂解和提取技术如果仍需要大量的人工干预和消耗品，特别是在值守人员不充足的情况下，会限制生物制剂或其他微生物的及时检测。另外，如果提取方法需要不稳定的化学技术或酶技术，或需要特殊处理（如温度控制、储存和处置等），在试验中就必须依赖大型实验室设备，如离心机、凝胶电泳装置和超速离心机，这些因素会阻碍小型化自动化的发展。

随着分子生物学和高分子材料科学的迅速发展，传统的从液相体系中分离提取核酸的方法逐渐被基于固相吸附载体的新方法所取代。这类新兴的核酸分离提取方法主要有：玻璃颗粒法、二氧化硅基质法、阴离子交换法、磁珠萃取法。无论采用哪种方法分离提取核酸，一般来说，这种方法的操作步骤主要都可分为四个部分。第一部分是利用裂解促进细胞分裂并释放核酸；第二部分是将释放的核酸特异性吸附在特定载体上，该载体对核酸具有很强的亲和力和吸附作用，而对蛋白质、多糖、脂类等其他生化成分没有亲和力；第三部分是用特定的洗涤缓冲液洗涤去除非核酸杂质；最后一部分是洗脱吸附在特定载体上的核酸，得到纯化的核酸。

离心柱法提取核酸已得到广泛应用，市场上大多数质粒 DNA 提取试剂盒都是基于离心柱法开发的。该方法采用一种特殊的硅基质吸附材料，其特征在于：在高盐酸缓冲液的存在下，DNA 能被特异性吸附，通过一系列洗涤步骤去除杂质，低盐碱性缓冲液能洗脱吸附柱上结合的 DNA。然而，这种方法的缺点是所需样本量大，消耗了大量的样本。此外，该方法在一些稀有样品上的应用受到很大限制。同时，离心柱法需要在过程中反复离心，不适合高通量、自动化操作。特别是在基因诊断、突发疫情监测与控制等领域，利用离心柱法提取核酸需要大量的操作人员和设备来满足需求。20 世纪 90 年代以来，由于离心柱法的种种不足，为了适应现代分子生物学检测试验的高通量、高灵敏度、自动化操作要求，出现了利用磁珠提取核酸的方法。这种方法是纳米技术和生物技术的完美结合，因为磁珠是由无机磁性粒子与聚合材料结合形成的高亲和力复合磁性微球（通常直径为 1nm～100nm）。该方法具有其他核酸提取方法无法比拟的优点，主要体现在：可实现高通量操作和自动化；操作简单省时，整个提取过程只需四个步骤，40min 即可完成；安全无毒；磁珠与核酸的特异性结合使提取的核酸纯度高、浓度高；成本低，可广泛应用。由于磁珠合成采用低成本的无机和有机原料，无须特殊设备，因此最终的合成、研究和开发成本非常低。通过磁珠提取核酸的一个主要改进是使用由无机磁性粒子和聚合物材料结合形成的高亲和力复合磁性微球。由于聚合物微球和磁性粒子的许多性质，使其在无外加磁场的情况下均匀稳定地分散在溶液中，并且在外加磁场的作用下易于快速分离。

常规核酸检测技术主要采用的是化学裂解或机械研磨加上磁珠法的组合，这种组合在常规条件下完成一次核酸提取的时间将会在 30min 左右，已经不能满足快速核酸检测的需要，当前技术发展的趋势是采用快速核酸提取技术。快速核酸提取技术对整个提取体系进行了深度优化，如磁珠法纯化可使得整个提取过程能够在几分钟之内完成，且核酸提取效率及纯度与常规核酸提取并没有显著差别。

快速核酸提取的方法之一是一步法核酸提取，通过直接将样本加入到核酸释放剂中，再静止几分钟后直接将混合液加样到检测区进行检测，该方法与磁珠提取方法对比，提取纯度有所降低，但提取步骤更加简单，成本更低，适合低成本的快速检测平台，例如自动恒温核酸扩增检测平台等，与常规核酸提取形成差异化的产品。

目前，利用微流控技术实现完全集成的核酸提取系统取得了重大进展。细胞破坏（即裂解）方法可分为物理、化学、热、酶和超声波，其中每种方法的强度取决于生物制剂和待处理的数量。一种无化学物质的技术已经被发展来进行 DNA 提取，使用氧化铝膜（AOM）纯化的 PCR 分析。金黄色葡萄球菌和唾液中的变形菌基于化学的裂解方法通常更容易集成到微流控系统中，并且通常与固相 DNA 提取和纯化方法相结合，例如二氧化硅或溶胶凝胶，其中洗涤用于样品清理和洗脱。化学裂解通常涉及使用蛋白酶或变性剂（如蛋白酶 K）水解肽键，在通过洗涤进行 PCR 分析之前必须去除肽键。热法也被证明在不引入 PCR 抑制剂的情况下释放核酸是有用的。然而，在 47℃ 左右，由于氢键的破坏和疏水作用，蛋白质会发生变性。相比之下，超声波可以很好地控制声波传递到流体样品中，从而产生广泛的影响，如粒子操纵、去除非特异性结合蛋白、分选和细胞裂解。超声溶解机制被认为是由气态空化产生的，在气态空化中，气泡快速形成并坍塌，或者在低功率下没有空化或气泡形成的情况下，剪切产生细胞溶解。空化阈值随频率迅速增加，约在 1 MHz 时超过 $1000W/cm^2$。高频换能器的溶解机制是通过其他机制，如声辐射压力、剪切力和较小程度的局部加热。最近也出现了一种低强度（$0.1W/cm^2$～$1W/cm^2$）声聚焦方法，根据癌细胞与声能阈值相关的生物力学特性实现了对癌细胞的选择性裂解。

现阶段已有几种微流控芯片核酸提取技术可通过使用微机械"堰型"过滤器、孔隙过滤器或病原体特异性免疫磁珠从血液样本中分离靶细胞。将捕获的靶细胞导入芯片上的 PCR 反应室，通过细胞热裂解释放 DNA。然而，由于存在于细胞碎片中的混合物可能抑制 PCR 过程，大多数报道用于 DNA 提取的微流控芯片需要初步的芯片外样品处理步骤。对于芯片上的 DNA 提取，目前最常用的方法是使用涂有二氧化硅或官能团（羧基、胺、生物素、核苷酸探针）的磁珠从细胞裂解物中提取 DNA。此外，在 DNA 纯化微流控芯片上，介电泳捕集和等速电泳的研究也很成功。

尽管分子诊断领域的大多数进展都集中在改进检测和鉴定疾病相关靶分析物的方法上，但是一个可定制的、自动化的、小型化的基于磁珠法的核酸样品制备和纯化系统也是分子诊断进步不可绕过的步骤。

（二）免扩增的快速核酸检测

核酸检测与其他生命物质检测最大的不同在于：核酸扩增时，核酸分子和检测信号可以同时增长；而检测其他生命物质时，往往只能实现检测信号的放大，待检测物本身并没有变化。这种区别造成了核酸物质的检测灵敏度远远高于其他生命物质。但是，核酸分子本身成千上万倍的扩增也会带来气溶胶污染造成的检测假阳性的问题。为了避免核酸扩增产生的气溶胶污染问题，有研究尝试用 CRISPR/Cas 系统的核糖核酸酶活性实现核酸的免扩增检测。

CRISPR/Cas 系统是一种原核生物的免疫系统，是细菌用来抵抗噬菌体病毒和质粒等外源遗传物质的入侵的重要武器。CRISPR/Cas 系统被发现后，最早的是将其应用于基因编辑，取得了很多成果。近几年越来越多的研究利用 CRISPR/Cas 系统的特异性，将其用于核酸检测。CRISPR/Cas 系统其包含两个主要部分：①Cas 是一个具有核酸内切酶活性的蛋白；②crRNA 是一段 RNA 序列（人工合成的称为 sgRNA），负责牵引 Cas 蛋白与 crRNA 互补配对的靶序列结合。当体系中存在与 crRNA 互补配对的核酸时，Cas 蛋白的反式切割活性被激活，会随机切割体系中所有的单链 DNA/RNA 分子。有研究利用 CRISPR/ Cas 系统的这一特性，将两端分别标记荧光和猝灭基团的单链 DNA/RNA 分子作为荧光信号分子，用 CRISPR/ Cas12 系统实现了对靶标核酸分子的高特异检测。但是单独使用 CRISPR/Cas 系统的信号放大能力并不足以实现高灵敏度检测，对于低浓度的核酸靶标分子，仍然需要进行核酸扩增后才能检测。

有研究人员利用液滴微流控技术将 CRISPR/Cas 反应液和待检测的核酸分子共同包入液滴中，孵育一段时间后检测液滴的荧光。由于液滴的限域效应和 CRISPR/Cas 系统的特异性信号放大，可以实现免扩增的单分子核酸检测。研究人员用该策略实现了 EBV（EB 病毒）、HBV 等多种病原体核酸的单分子检测。克服这些不利的因素不是仅仅需要微流控技术的进步，还需要物理、化学等基础学科的进步以及市场环境对微流控技术的重新定位才能实现。

三、快速核酸检测耗材的发展趋势

当前快速核酸检测耗材的最新发展主要在以下方向：

1. 多重、多腔室的多靶点联合检测

对于急诊或者疑难杂症，由于时间的紧迫性以及病情的复杂性，对检测的快速性提出了更高的要求。如果采用多重及多孔位的检测，将可以显著提高检测效率并降低

成本。多重核酸检测采用多色荧光通路，在同一个反应孔中进行多重 PCR（multiplex PCR）反应，即在同一个孔位中检测多个核酸靶点，从而实现多种病原体的核酸检测。另外采用多腔室的设计，可以将核酸靶点的检测数量进一步提高。例如采用 12 孔的多重芯片，其检测靶点数将是几十个，相比传统的核酸检测，大大提高了核酸检测的检出率和全面性，从而快速精准地检测出病原体的种类。

2. 全程密封杜绝气溶胶污染

从加样之后直到完成检测，耗材全程密封可以让核酸检测不需要专业的 PCR 实验室，从而使检测随处可行。目前市场上大多数的一体化检测耗材一般还不是真正意义的全密封，其通过滤芯与外界换气的设计还是存在一定的气溶胶泄露风险。全程密封设计要求从加完样开始，芯片就可以全程密闭，在核酸提取、转移、扩增及检测过程中不会有任何气体与外界进行交换（例如江苏汇先医药技术有限公司的 LunaDx Pro 微流控检测芯片），这样可以将气溶胶污染的风险降低到最低水平。

3. 更加简单、小型化的设计

实现易组装、易使用和低成本也将会是未来行业的追求之一。一般来讲，PCR 实验室的场地有限，但是实验室的设备却不停在增加，为了使 PCR 实验室场地能够得到充分利用，在设备的尺寸和体积上就会有更高的要求，所以市场对于小型化的设计关注度越来越高，尤其是一些基层市场或者是流动检测的用户，对于小型化、便携的需求越来越强烈。

四、快速核酸检测仪器的发展趋势

（一）全自动检测

常规的核酸检测仪器未集成核酸提取功能，仅有核酸扩增和检测功能，需要人工在其他设备上进行核酸提取并转移到扩增检测仪中进行检测，或者在上样到仪器中开始检测后，中途还需要人为进行干预，而这些方式无疑增加了用户的操作负担，未来的发展趋势为全自动的快速核酸检测。全自动快速核酸检测的定义为"样本进，结果出"，既只要加入样本就可以自动出报告，全程无须人为干预，可以释放用户大量的工作时间，使检测更加方便，且不要求用户必须具备专业的操作技能。

为了实现全自动检测，主要从芯片耗材、仪器方面入手。芯片方面进行液体流道、驱动方式的设计，并保障芯片与仪器的接口简单可靠，重复性高，方便仪器进行配合定位。仪器方面进行自动化结构和机电设计，包括采用丝杠步进电动机进行自动化的操作，结合软件控制程序，可以实现全自动核酸检测功能。

（二）更快的检测速度

常规的核酸检测，其所需要的时间在 2h 以上。随着新冠病毒肺炎疫情的持续发展，医疗机构对于快速核酸检测仪器的检测时间长短越来越重视，需要在保证检测质量的基础上将速度提上去，能够更快出结果报告，同时每天检测的患者数量也能随之提高。目前的趋势是将核酸检测时间控制在 1h 内出结果。这就需要从整体上进行优化改进，包括升温降温的方案、更快的核酸提取等。

目前市场上的大多数 PCR 仪器采用的是半导体制冷片（TEC）进行升降温控制，也有采用加热丝和风扇的组合进行升降温，前者主要是用在卡盒芯片上面，后者主要是用在离心式芯片上面。大多数的核酸检测仪的升温速度仅在 3℃/s～6℃/s，升降温速度慢会直接导致整体检测时间变长，已成为制约快速核酸检测发展的一个瓶颈，未来超快速核酸检测的升温需求将会提高到 10℃/s～20℃/s 甚至更高。与此同时，降温方面的需求也会随之提高。

超高速升降温还需要保持良好的温度均匀性和重复性，这样才能使芯片每个孔的反应条件是一致的，从而提高孔间检测的重复性。

（三）更低的检测限

另外一个性能发展趋势是通过系统的整体优化实现更低的荧光检出下限，从而达到更好的核酸检测灵敏度。

（四）便携带式核酸检测仪器发展

POCT 具有即时检验、床旁检验、就地检验等含义，指临床实验室外，临近或在患者护理现场直接进行标本检测、分析，现也包括患者的家庭自我监测。POCT 能够就近、快速地提供结果，医务人员可以根据检测结果尽快采取措施。经时间的推移和技术的发展，POCT 快速检测、方便携带、容易使用的特点对医疗、护理和实验室工作人员都具有强大吸引力。

传统的 PCR 微流控系统由于体积大、成本高、仅限于室内使用的缺点，使其推广使用受到较大的限制，一个有效的解决办法就是把仪器控制系统小型化，使其便于携带。

通过优化试剂检测方案，简化微流控芯片设计，使芯片接口控制简单、便于人员操作，在仪器上进行集成化设计，使外形小巧的同时，性能指标也应能满足检测需求。此外还可以将各种生物传感器集成到核酸检测系统内，使设备小型化，模块高度集成化，结果判读自动化，为临床医师和科研人员提供可靠的分析工具。

（五）大数据云统计分析

通常检验科室具有大量的检验数据，这些检验数据具有非常宝贵的临床、科研价值，利用人工智能的手段让仪器或系统对这些数据自动统计和分析，可以协助科研人员进行更快、更精准的临床科研数据分析。另外对不同地理区域的核酸检测进行云监管和反馈将能够让相应人员及时制定措施，从而减少反应时间。

（六）智能人机交互

随着人工智能的不断发展，未来快速核酸检测仪器也将会出现更加智能化的设计，让使用者用最少的时间、最少的步骤、最简单的方法就能够实现最有效的操作，从而获得更好的用户体验及更准确的检测结果。

五、小结

综上所述，最近 20 多年来，核酸检测技术分别在检测试剂、配套耗材以及设备平台都有长足的发展，这些发展主要是基于更快速、更精准、更方便、更经济等市场需求以及技术发展的驱动，可预见的是在不久的将来，将会有越来越多的新技术和新产品出现在快速核酸检测领域，从而为医疗卫生事业、为人类的健康提供更好的保障。

快速核酸检测仪简介

2

第一节　快速核酸检测仪的基本原理

　　所有生物除朊病毒外都含有核酸，核酸包括脱氧核糖核酸（DNA）和核糖核酸（RNA）。例如，2019 新型冠状病毒（SARS–CoV–2）属于乙型冠状病毒属（Beta-coronavirus），该病毒是蛋白质包裹的单链正链 RNA 病毒，可寄生和感染高等动物（包括人）。病毒中特异性 RNA 序列是区分该病毒与其他病原体的标志物，若疑似患者样本中能检测到新型冠状病毒的特异性核酸序列，则认为该患者可能被新型冠状病毒感染。

　　快速核酸检测仪能够实现对病毒特异性核酸序列的检测工作，而且，与常规的、传统的核酸扩增设备比，快速核酸检测仪实现了将核酸提取、核酸扩增及产物分析等多个核酸检测步骤整合到一个系统，使用时，只需要将样本加入该系统，余下的步骤全部由系统自动完成，极大地简化了传统的核酸检测过程，节约了检测时间。此外，快速核酸检测仪多采用密闭的、一次性使用的检测卡或管，较好地控制了交叉和携带污染，保证了生物安全，为此，快速核酸检测仪具有检测时间更短、操作更便捷、更安全的特点。

一、快速核酸检测仪的技术原理

　　快速核酸检测仪的技术原理是基于标本前处理技术、核酸提取技术、核酸扩增及产物分析技术，以及与之配套的核酸检测试剂盒共同作用下，对样本的 RNA/DNA 进行提取，并在样本中加入核苷酸、酶等试剂，对样本中的目标基因进行复制扩增。当样本中含有病毒时，通过监测在反应体系中因加入荧光基团而产生的荧光信号强度，对被测样本中的核酸进行定性或定量的检测分析。

（一）标本前处理技术原理

　　标本前处理主要是对标本进行灭活，降低实验室的生物安全风险，同时减少病毒 RNA 的降解，避免对核酸检测结果的准确性产生不良影响。常规的灭活方法包括热灭活和化学灭活，快速核酸检测仪通常使用化学灭活方法，在病毒采集保存时即可完成灭活。

热灭活的技术原理是采用高温使病毒结构蛋白变性，从而造成病毒失活。但是，热灭活可能对病毒 RNA 具有一定的降解作用，容易造成检测结果假阴性，尤其是对于弱阳性标本，影响更为明显。

化学灭活的技术原理是采用含胍盐的病毒裂解液，使病毒结构蛋白和 RNase 变性，从而在病毒失活的同时保证其 RNA 的稳定性。病毒裂解液的主要成分包括胍盐（如异硫氰酸胍、盐酸胍等）、表面活性剂、缓冲液等。但是，核酸提取试剂盒的洗涤步骤（如洗涤次数）通常与指定的含胍盐病毒保存液相关。从非指定的病毒裂解液中提取核酸，可能因 RNA 模板中存在微量胍盐（胍盐对反转录酶存在抑制作用）而导致反转录效率降低，拷贝数降低，核酸提取总量和纯度降低。因此，为保证后续核酸提取及扩增效果，应使用厂家推荐的含胍盐病毒裂解液。如果使用其他病毒裂解液，应首先进行性能确认，评估病毒裂解液对提取和检测过程是否存在影响，再用于临床检测。

（二）核酸提取技术原理

采集的各种标本中可能含有 PCR 反应抑制物或病毒载量低，为此，核酸提取的目的是去除 PCR 抑制物，增加靶核酸浓度（浓缩富集）和增加标本中核酸的均一性。核酸提取的效果是检测结果精密度的重要保证，是决定检测反应成败的关键环节之一。

目前，常规核酸提取使用的方法主要是磁珠分离法、离心柱提取法和一步法。磁珠分离法和离心柱提取法都是利用了二氧化硅表面在高盐低 pH 条件下可以吸附核酸，在低盐高 pH 条件下将其释放的特征进行核酸提取。两种方法的不同之处分别是：磁珠分离法是利用对靶核酸表现出亲和性的聚合物制备而成的磁珠来实现核酸提取。磁珠具有超顺磁性，在施加磁场时被磁化并迅速聚集，去除磁场后不会保留永久磁性，在溶液中均匀分散。该方法是利用磁珠吸附核酸，再经过洗涤过程中，移除废液或转移磁珠的方式去除杂质，最后洗脱核酸，以达到提取核酸的目的。离心柱提取法是采用膜化的核酸载体，即离心柱上的硅胶膜。溶有病毒 RNA 的溶液在硅胶柱中进行离心，通过离心使液体通过柱内部的硅胶膜，核酸留下来与其结合。之后洗涤过程中，溶解了残留杂质的洗涤缓冲液通过硅胶膜，核酸保留在硅胶膜上。最后，采用洗脱缓冲液水合硅胶膜表面使核酸释放。

一步法是使用表面活性肽等化学试剂直接裂解标本中的病毒蛋白衣壳，释放病毒 RNA。目前，国内使用较多的一步法原理是利用核酸释放试剂里的十二烷基硫酸钠（sodium dodecyl sulfate，SDS）、氯化钾、Chelex-100 等物质特性：SDS 属于阴离子表面活性剂，同时具有亲水性和亲脂性，可以展开蛋白质结构的极性（氢键）和非极性（疏水键）部分，导致蛋白质变性、丧失天然构象和功能。SDS 与钾离子结合形成不溶于水的十二烷基硫酸钾（potassium dodecyl sulfate，PDS），PDS 能够沉淀标本中绝大部分蛋白质和细胞基因组 DNA。Chelex-100 是一种含有成对亚氨基二乙酸盐离子的化学螯合树脂，能够使细胞膜破裂、蛋白质变性及螯合多价金属离子，比普通离子交换剂具有更高的选择性和结合力，能够结合许多可能影响进一步分析的外源物质。从而达到灭活病毒、释放病毒 RNA，将其与细胞膜、蛋白质等杂质分离，用于后续扩增反应的目的，最终使得病毒灭活和核酸释放提取在一个反应管中完成，无须进行频繁离心、振荡、移液、更换离心管等操作。

为了进一步缩短检测时间，减少检测人员与标本的接触机会，快速核酸检测仪的核酸提取技术在上述检测原理的基础上，发展出了三段式磁导提取技术和快速核酸释放技术。

1. 三段式磁导核酸提取技术

三段式磁导核酸提取技术是通过全自动检测管内设置多个疏水分隔层，将自动检测管分成菌体裂解和核酸结合磁珠区、磁珠 – 核酸清洗区、核酸洗脱区和 CPA 扩增区，从而将管内的提取液、清洗液和反应液进行隔离。

在菌体裂解和核酸结合磁珠区，通过外部仪器的加热控制，磁珠提取液在高温下化学裂解检测样本，并释放出核酸；在磁珠 – 核酸清洗区，通过外部仪器磁导作用，使得检测用的标本核酸分别穿过不同液体层，在核酸清洗液的作用下，充分清洗，去除蛋白质、糖类和某些盐类；最后在核酸洗脱区和 CPA 扩增区，将核酸洗脱至管腿中。从而在一个密闭检测管内完成裂解结合、清洗、洗脱，最终发生扩增反应。

2. 快速核酸释放技术

快速核酸释放技术是在临床标本加入一定量的细胞裂解液，使病原体裂解并释放出核酸。核酸在流经硅胶膜时，在裂解液低盐和高 pH 的情况下能释放核酸，而在裂解液高盐和低 PH 状态下被特异性地吸附，通过改变流经硅胶膜液体的 pH 以及离子浓度，快速、有效地进行核酸提取，使得进入抽吸装置的液体为不含或含有少量核酸成分的废液。将该废液推出并丢弃，可达到分离核酸的目的。废液被推出后，选择合适的清洗液，在抽吸装置反复抽吸作用下反复清洗硅胶膜，使附着在上面的杂质（如蛋白质、多糖和一些离子等）被清洗掉，而核酸由于吸附作用依然被保留在硅胶膜上；在清洗液被推出后，采用低盐和高 pH 的核酸洗脱液，在抽吸装置反复抽吸作用下对吸附在硅胶膜上的核酸进行洗脱。洗脱下来的含有核酸的液体即可直接作为后续的核酸扩增的模板。

（三）核酸扩增及产物分析技术原理

1. 核酸扩增技术原理

核酸扩增及产物分析技术是核酸检测的关键技术，从本质上说，不同的核酸检测方法是由不同的试剂反应原理所决定的。从扩增方式来说，核酸检测方法分为 PCR 扩增、等温扩增和信号扩增放大技术等。目前，用于快速核酸检测设备上的检测技术大多数都是基于 RT – PCR 扩增和等温扩增两种方式的，最常见的是实时荧光 RT – PCR 和交叉引物扩增技术。在产物分析方法上，实时荧光 RT – PCR 和交叉引物恒温核酸扩增多采用荧光标记识别技术，使用荧光标记物和扩增产物结合产生荧光，进行实时荧光检测，形成 S 形扩增曲线，实现对产物的检测。

荧光标记根据使用的类型可分为特异性荧光标记和非特异性荧光标记两大类。特异性荧光标记主要是荧光探针，通过将探针完整性破坏掉导致能量传递结构出现不稳定现象而崩溃，从而出现荧光信号。当一个循环完成之后便可以收集到一次荧光信号，从而对整个反应过程进行动态检测。其探针类别主要包括 TaqMan 探针、双杂交探针、分子信标和蝎形探针等。非特异性荧光标记主要为双链 DNA 交联荧光染料，通过染料和 DNA 双链小沟结合产生荧光信号，且信号收集量和反应产物增加量相等。前者多用于实时荧光 RT – PCR 和交叉引物扩增技术中，后者多用于高分辨率熔解曲线分析技术中。扩增的详细技术原理在本书第一章第一节已经进行了阐述，此处不再赘述。

2. 产物分析方法

根据产物分析方法的不同，衍生出很多不同的核酸检测方法。在快速核酸检测设备中，通常采用反应体系中的特异性荧光探针与 PCR 产物相结合，通过数学模型将采集的荧光强度值变成扩增曲线图，利用扩增曲线图中的数据进行处理计算，实时监测反应体系中的 PCR 产物，从而得出结论。目前，以 TaqMan 探针使用最为普遍。

TaqMan 探针（也称水解探针）是一种寡核苷酸探针，具有高度特异性，只与模板特异结合。其 5′端标记报告荧光基团，3′端标记猝灭荧光基团（可以猝灭前者的发射光谱），一般 FAM、TET、VLC、JOE 及 HEX 常用作报告荧光基团，共价结合到寡核苷酸的 5′端。TAMRA 常用作猝灭荧光基团，共价结合到寡核苷酸的 3′端。

根据荧光共振能量转移（fluorescence resonance energy transfer，FRET）原理，即一个完整探针的 5′端的报告荧光基团与 3′端的猝灭荧光基团距离邻近至一定范围时，猝灭荧光基团会吸收报告荧光基团在激发光作用下产生的荧光，因此，发出的荧光被猝灭；当发生 PCR 扩增时，由于 Taq 酶除了具有 DNA 聚合酶的活性以外，还具有 5′→3′核酸外切酶的活性，因此，当延伸到达 TaqMan 探针时，Taq 酶将探针降解，使得报告荧光基团和猝灭荧光基团分开，猝灭作用消失而发射出荧光。

TaqMan 探针的具体反应过程是当 PCR 反应在退火阶段时，一对引物和一条探针同时与目的基因片段相结合，其结合位点在两条引物之间。因探针完整，此时标记在探针上的报告荧光基团所发出的荧光信号被猝灭荧光基团所吸收，发生猝灭。因此，仪器检测不到荧光信号。当 PCR 反应进行到延伸阶段时，Taq 酶在引物的引导下，以四种脱氧核苷酸为底物，根据碱基配对原则，沿着模板链合成新链，当链的延伸进行到探针结合部位时，受到探针的阻碍而无法继续，此时 Taq 酶发挥它的 5′→3′外切核酸酶的功能，将探针切成单核苷酸，消除阻碍。与此同时，标记在探针上的报告荧光基团游离出来，报告荧光基团所发出的荧光再不被猝灭荧光基团所吸收，而被检测仪检测到荧光信号。在 Taq 酶的作用下继续延伸合成完整的新链，报告荧光基团和猝灭荧光基团均游离于溶液中，仪器可继续检测到报告荧光基团所发出的荧光信号。

所以，PCR 进行一个循环，在合成了 N 条新链的同时，就水解了 N 条探针，也释放了相应数量的报告荧光基团。随着扩增循环数的增加，PCR 产物呈指数形式增长，释放出来的荧光基团不断积累，荧光信号也相应增长。因此，TaqMan 探针检测的是积累荧光，所接收到的荧光信号的强度与 PCR 扩增产物的数量呈正相关关系。

TaqMan 探针出现最早，属典型的荧光共振能量转移探针。该探针的优点是：特异性高，重复性好，杂交效率高。缺点是：猝灭难以彻底，本底较高；探针的水解依赖于 Taq 的酶外切活性，故定量时受酶性能和试剂质量影响；检测点突变的能力相对不足。线性探针的长度限制了能量转移效率，同时线性探针不能区别单碱基突变。

实时荧光 PCR 的其他类别探针，如双杂交探针、分子信标和蝎形探针，它们均是基于荧光共振能量转移的原理，只是探针的设计不同。荧光探针标记原理如图 2-1 所示。

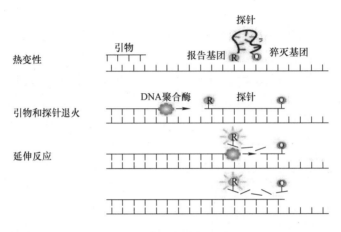

图 2-1　荧光探针标记原理

标准的实时荧光 PCR 反应体系包括上下游引物、探针、DNA 聚合酶、dNTP、Mg^{2+} 和其他缓冲液组分等。反应体系里增加了荧光探针，并通过荧光共振能量转移原理，使得探针如同"信号灯"，把每一轮 PCR 产生的荧光量值记录下来，如果以每一个 PCR 循环结束时所测到的荧光值为纵坐标，以 PCR 循环数为横坐标作图，即可得到一条典型的 S 形荧光曲线，扩增曲线，如图 2-2 所示，从而能够直接"看到"PCR 产物的产生及增长。

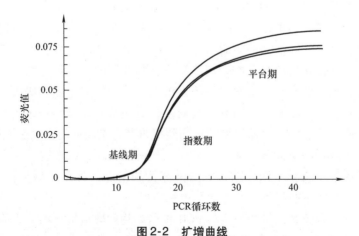

图 2-2　扩增曲线

　　在扩增曲线图中，可以将反应过程分成三个阶段：基线期、指数期（也有将指数期分为指数初期和指数期）和平台期。

　　（1）基线期　基线期一般指扩增反应开始到15个循环左右的阶段。此阶段，PCR反应产物数量很少，产生的荧光信号较弱，荧光强度值被自身的背景信号所覆盖，荧光信号与背景信号无法区分，无法判断产物量的变化，此时的荧光信号作为荧光背景信号。在此时期，扩增曲线中的荧光强度值呈现出平缓的线段，通常将扩增曲线中的水平部分称之为基线。

　　因为在3个循环之后，荧光信号值更为稳定，但在20个循环之后，扩增反应可能将进入指数期，荧光信号值开始升高，因此，一般将3个~15个循环的荧光值作为基线进行计算。

　　（2）指数期　在指数期阶段，由于此时试剂中的原料和酶等组分量和活性都很充足，PCR的每次扩增都可以达到最高的效率（可能接近100%），每次循环都可以得到指数倍的产物，测得的荧光强度值呈指数倍上升，直至平台期。

　　进入指数期，荧光强度达到荧光阈值。荧光阈值是实时荧光PCR非常重要的一个参数，指扩增曲线的指数增长区域内适当位置上设定的荧光强度检测临界值，通常把基线荧光信号的标准差的10倍设定为阈值。

　　PCR的荧光信号强度在从基线到达设定的阈值过程中，所需要经历的循环次数称为 C_t 值，C代表Cycle（循环），t代表threshold（阈值），C_t 是一个没有单位的参数。每个模板的 C_t 值与该模板的起始拷贝数的对数之间存在线性关系，起始拷贝数越多，C_t 值越小。通过已知起始拷贝数的标准品可得到标准曲线，只要获得未知样品的 C_t 值，即可从标准曲线上计算出该样品的起始拷贝数，实现产物检测分析。

　　根据DNA的双链扩增原理，DNA扩增产物数量与起始模板数量是呈指数关系的。设起始模板数量为 X_0，扩增循环次数为 n，扩增效率为 E，则第 n 次循环后扩增产物数量 X_n 为

$$X_n = X_0(1 + E)^n \tag{2-1}$$

　　设荧光背景信号为 R_0，每个分子的荧光强度（即单位荧光强度）为 R_s，则第 n 次PCR循环时的荧光强度 R_n 为

$$R_n = R_0 + X_n R_s \tag{2-2}$$

　　在荧光信号达到阈值强度时，$n = C_t$，此时，扩增产物的数量 X_{C_t} 为

$$X_{C_t} = X_0(1 + E)^{C_t} \tag{2-3}$$

　　则，荧光强度 R_{C_t} 为

$$R_{C_t} = R_0 + X_{C_t} R_s \tag{2-4}$$

$$R_{C_t} = R_0 + X_0(1 + E)^{C_t} R_s \tag{2-5}$$

可以看出，当在阈值线设定后，X_{C_t} 和 R_{C_t} 都是常数，因此，从式（2-3）可以看出，X_0 和 C_t 值成反比，即标本中核酸量越多，荧光强度升高得越快，C_t 值越小，通过 C_t 值可以了解标本中核酸的初始量。

为了获得 C_t 值，在已知荧光强度值的情况下，对式（2-5）进行变换后两边取对数，得

$$\lg(R_{C_t} - R_0) = \lg X_0 + C_t \lg(1 + E) + \lg R_s \tag{2-6}$$

$$C_t \lg(1 + E) = -\lg X_0 + \lg(R_{C_t} - R_0) - \lg R_s \tag{2-7}$$

$$C_t = -\lg X_0 / \lg(1 + E) + [\lg(R_{C_t} - R_0) - \lg R_s]/\lg(1 + E) \tag{2-8}$$

设 $k = 1/\lg(1 + E)$，$b = [\lg(R_{C_t} - R_0) - \lg R_s]/\lg(1 + E)$，则

$$C_t = -k \lg X_0 + b \tag{2-9}$$

根据式（2-9），将起始模板数量 X_0 的对数为横坐标，C_t 值为纵坐标，画出标准曲线，如图 2-3 所示，将实际扩增曲线的 C_t 值代入曲线坐标，就可以得到相应的模板的起始浓度。

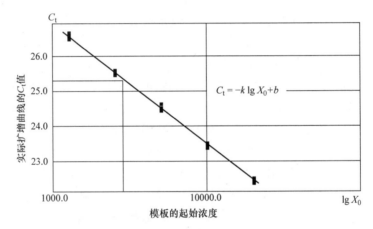

图 2-3 标准曲线

以某品牌快速核酸检测仪为例，其结果显示图如图 2-4 所示。在其定性分析结果中，将测定 C_t 值小于 40 的样本报告为病毒阳性；将测定 C_t 值等于 40 的样本，报告为病毒 RNA 低于试剂盒检测下限；将测定 C_t 值大于 40 的样本，同时，内标检测为阳性（C_t 值小于 40），报告为病毒 RNA 低于试剂盒检测下限；若内标 C_t 值大于 40 或无显示，则该样本的检测结果无效，应查找并排除原因，并对此样本进行重复试验。

（3）平台期 由于体系中各种原料的不断消耗和酶的活性随反应时间延长而逐渐降低，扩增速度不断减小，荧光强度值趋于稳定，再次呈现出平缓的线段。某品牌快速核酸检测仪的标准曲线和扩增曲线图如图 2-5 所示。这时期的反应终产物数量与起始模板数量之间不存在线性关系，所以通过反应终产物数量也无法计算起始 DNA 拷贝数。

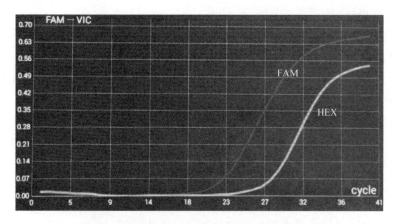

图 2-4　某品牌快速核酸检测仪的结果显示图

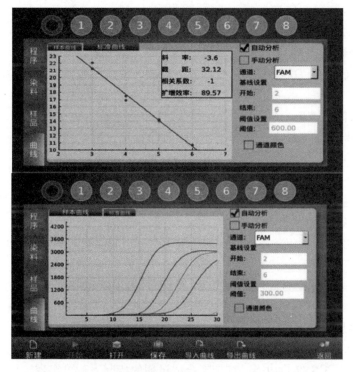

图 2-5　某品牌快速核酸检测仪的标准曲线和扩增曲线图

二、快速核酸检测仪的技术特点

1. 检测速度快

快速核酸检测仪的检测速度较荧光定量 PCR 仪更快，通过快速提取法，可缩短提取时间；通过使用快速 Taq 酶，使得 PCR 反应过程的反转录和延伸时间都缩短；设备升降温速度提高，从而大大缩短从样本处理到结果报告的时间。

2. 模块化设计

快速核酸检测仪多为模块化设计理念，每个模块具有独立的控温及检测部件，独立分装耗材，独立工作的扩增检测模块配合专用软件可以实现各个模块完全独立工作，实现同时或分时运行相同或不同的扩增检测程序，满足快速核酸检测随到随检的特点。

3. 使用更便捷

快速核酸检测仪大多为全自动一体化设备，集核酸提取、扩增、检测于一体，可提高实验室空间利用率。同时，设备体积小、可移动，适用于各种应急检测场所。此外，设备操作简便，即学即用。

三、快速核酸检测仪的性能指标

快速核酸检测仪的主要性能指标包括如下几个方面：

1. 提取扩增方法原理

作为快速核酸检测仪最重要的性能指标之一，目前，主要的方法原理包括样本灭活后免提取快速扩增方法以及样本灭活后磁珠提取和快速扩增两种。

2. 检测通量

检测通量是进行一次测序的总数据量。目前，快速核酸检测仪的检测通量有单通道、双通道、四通道、八通道和十六通道之分。

3. 最大升降温速度

快速核酸检测仪的最大升降温速度影响整个检测反应时间，最大升温速度范围一般为 $6℃/s \sim 8℃/s$；最大降温速度范围一般为 $2℃/s \sim 6℃/s$。

4. 温度均一性

目前，快速核酸检测仪的温度均一性为 $0.1℃ \sim 0.2℃$，温度准确性约为 $0.1℃$。

5. 反应运行时间

作为快速核酸检测仪的检测速度的关键参数，反应运行时间一般在 $60min$ 之内。

6. 光源

为延长快速核酸检测仪的使用寿命，目前，快速核酸检测仪多采用高亮度 LED（发光二极管）。

7. 检测结果分析类别

快速核酸检测仪的检测结果分析类别多为定性分析，但有些快速核酸检测仪具备便携式荧光定量 PCR 仪的功能，在选择合适试剂的情况下，可实现定量分析。

第二节　快速核酸检测仪的组成

一、系统结构

（一）硬件结构

快速核酸检测仪的硬件结构主要由主控单元、光源模块、磁导模块、加热模块、光电检测模块、机械控制模块、通信模块、电源模块和外壳组成。这些不同的装置有序执行系统指令并自动化完成试验，各个仪器元件根据环境要求和内容完成对需求信息进行采集和数模转换，再按要求指令进行数模转换，对环境进行控制变化，并将试验数据返回给软件部分让用户自行处理。这就是硬件部分的主要功能。

目前快速核酸检测仪按功能分为三部分：中央处理系统、荧光检测系统、PCR 扩增系统。中央处理系统主要包含主控单元模块和通信模块；荧光检测系统主要包括激发光源模块和光电检测模块；扩增系统主要包括加热模块、机械控制模块。此外快速核酸检测仪还需要电源模块和外壳来组成。以上为所有快速核酸检测仪的共同组成部分，除此之外，不同快速核酸检测仪还具有其特殊的单元模块，如打印模块、离心模块等。

主控单元分为硬件控制和软件控制，软件方面为获取人为操作进行试验的创建，数据的分类、处理、储存和向硬件输出任务目的，基本功能需要实时从温度传感器获取温度数据，再获取系统时间完成对实时温度数据的获取，组合完成对实时温度数据曲线的绘制和显示。另一个关键参数则是对循环数的获取，在每次执行扩增流程之后获取循环数和不同荧光通道的荧光检测参数值，由此可对循环数和检测结果绘制数据图。将以上数据获取保存并可通过连接打印设备进行数据输出，既为主控单元的基本功能要求。其他功能包括画面调节、语言选择、文字大小和其他相关参数存储，此为各品牌快速核酸检测仪可能存在的功能。软件部分主要为人机交互，对数据进行获取、分析并根据需求向外输出。

硬件包括对各功能模块控制实现任务目的。内容通过对主控单元时序控制编写，要求硬件可以接受人机交互数据、正常运行且不易出现硬件损坏和逻辑错误等问题，对硬件内相关芯片进行控制选择完成硬件内模式控制，这方面具体通过各公司对自己的仪器进行调整设定。基本功能为完成扩增标准循环数，使相关传感器可以获得有效数据且具有时效性，使功能器件可以进行温度升降和适当荧光基团释放。其他快速核酸检测仪可以选择工作模式，这类对机器有个别主控单元的额外机器控制方向。因此，硬件方面主要是主控单元对机器进行编码和按序行动获取所需。

光源模块包含激发光源模块和光电检测模块。快速核酸检测仪实现 DNA 或 RNA 扩增时，为保证每个扩增循环内复制的 DNA 或 RNA 的数量可以被设备检测到，在配制时需要向原料中添加荧光基团或同位素标记信号，当激发光源给荧光基团或同位素信号一个激发光后，对方会反馈一个信号被光电检测模块检测到。由于荧光基团具有单一的光吸收峰，灵敏度高、特异性强，相比于有一定放射性和污染性的同位素标记，被更为普遍地应用于快速核酸检测仪，使得设备通光源模块实时检测荧光信号的积累数值，从而实时监测整个扩增过程。

光电检测模块主要在荧光能被检测到后记录循环扩增次数。由于扩增中核酸链越来越多，荧光基团所积累的光源也愈发强烈，因此选用一个荧光阈值作为测量信号并引入 C_t 值——最小荧光可检测循环数，作为循环判定依据。当光电检测模块通过荧光发生的电流达到 C_t 值的电流大小时，PCR 扩增结束并记录此时 C_t 值作为判断试剂内目标核酸链含量的主要依据。

温度控制单元向加热模块提供不同电信号，使加热单元进行加热、退火、延伸三种不同的状态切换，从而快速进行循环。加热温度大致为93℃，目的是使DNA或RNA双链解旋，双链解旋后变为单链，便于后两步的双链合成扩增和引物的结合。加热结束后进行退火，降温至53℃左右，此时被解旋的单链通过匹配试剂中补充的核苷酸或者脱氧核苷酸与DNA或RNA聚合的引物按碱基互补进行配对组合。最后一步延伸的温度在72℃左右，将Taq高温聚合酶加入试剂中进行DNA或RNA复制，此时DNA或RNA按照碱基互补配对原则在Taq酶的作用下按照半保留复制的原理进行复制，组合成一个全新的DNA或RNA。这一整个过程作为一个循环，循环过程中需要温度控制单元严格获取当前温度数据并进行调控，加热模块收取温控单元的具体指令来调整当前加热的模式为加热、控温还是降温。由于从开始到试验结束需要十几次甚至几十次的循环，快速的升温、降温、控温能够加速PCR扩增速度，因此，倘若需要更快地进行PCR扩增，温度控制单元和加热模块的精准控温和快速反应调控确实为不可或缺的重要部分。

磁导模块由步进电动机、同步带轮、同步带和磁钢托架部件等组成。主要帮助快速核酸检测仪内试管的位置调整，对试剂进行提取、转移、分液等工作。各品牌快速核酸检测仪的结构不同，磁导模块的功能也略有不同。其主要功能是在扩增循环过程中按需要添加荧光基团、引物、Taq聚合酶等标志物或扩增原料，需要在加热、退火、延伸三个不同的重要阶段进行添加。磁导模块准确来说就是内部机械控制部分，基本分为x方向和z方向的具体位置移动，对其中的移液泵能够做到上下左右前后的位置移动。步进电动机将电能转化为机械能来达到位置移动和液体拿取、释放等，为具体操作提供相关能源。一般匹配试剂条会有不止一个PCR管或者使用的是PCR四联管，每一个管内存放不同的试剂，需要在PCR扩增阶段按进度进行添加，这就需要有同步带轮和同步带，同步带轮、同步带将获得的机械能用作转移移液泵，移液泵取得对应试剂加入反应试剂中，以此来完成整个PCR扩增。磁钢托架部件组成整个快速核酸检测仪的物理架构，用于配套组合快速核酸检测仪内部模块的装配和其他外部模块的插入。

机械控制模块分别对热循环部件、传动部件和光电部件发出驱动指令使其动作。通过主控单元发出的指令对下层具体单元进行任务分配。主控单元作为最高级中枢，完成人机交互和数据指令获取，向作为次级中枢的机械控制模块发送机械的具体操控指令，包括移液泵位置移动，移液泵吸取和释放液体，试剂台的升高、降低，以及开始PCR扩增使热循环部件开始工作，过程中光电部件检测并发送循环中的光强。机械控制模块将收到的软件指令转化为机械语言，根据其内部储存的机械指令控制相关模块进行编辑和行动，从而使整个PCR扩增的进行有条不紊。当扩增的内部荧光基团光强达到光电检测仪的检测标准时，结束PCR扩增并向主控单元发送所有过程数据和C_t值。机械控制模块通过主控单元的硬件部分进行编辑，一般由开发公司对仪器进行具体调整，使用者无法通过快速核酸检测仪进行机械控制模块的修改编辑。

其中加热模块、光电检测模块是快速核酸检测仪的核心。整个过程的目的是检测目标核酸或脱氧核酸的含量范围。因此，在短时间内实现扩增试剂中含量太小的目标核酸或脱氧核酸并检测，也就是快速核酸检测的核心。由上文分析可知，加热模块中的加热单元的温度升降速度快和温度控制模块的精准度高，可以有效增加 PCR 扩增一个循环内的反应速度；从而影响到整个 PCR 扩增过程的反应速度；并且光电检测模块的灵敏度也关系到快速显示当前循环数荧光大小的量级。因此，以上两点为扩增快速出结果的根本因素。对以上两点进行改进和技术升级可以大幅缩短 PCR 技术的消耗时间，从几个小时缩短到 1h 甚至几十分钟。由此可见，加热模块和光电检测模块是快速核酸检测仪达到快速要求的核心。

(二) 匹配试剂

大多数快速核酸检测仪都需要匹配专用的试剂来实现。由于每类快速核酸检测仪的特点各异，使用方式不同，对试剂的要求也不同，这就需要快速核酸检测仪匹配对应的试剂，称为匹配试剂。由于试剂内存放蛋白质、酶、核苷酸等物质，这些物质需要低温储存、运输，否则容易变质失效，但是低温运输提高了试剂的运输成本，从而提高了试剂本身的成本。为此，有些公司正在研发新技术，通过特殊技术手段实现常温运输试剂。

(三) 耗材种类

大部分的快速核酸检测仪是可以使用通用 PCR 反应管作为耗材，无须额外增加特殊耗材使用成本。也有部分快速核酸检测仪使用专用全自动检测管，全自动一体化、全密闭式检测，匹配程度高；将核酸裂解、纯化、洗脱、扩增和检测全流程集成在全封闭检测管内。

耗材种类总共包括 PCR 管、管架、相关仪器等。PCR 反应过程根据快速核酸检测仪的具体需求向 PCR 管中加入不同的物质，甚至需要在不同位置的 PCR 管内加入不同量的物质，为了防止干扰和污染的发生，PCR 管需要作为一次性仪器材料出现。而其他的相关仪器例如离心机等，则在无损坏且无不可修复的情况下不需要进行更换。因此，使用频繁且作为主要消耗品的仅有 PCR 管，其他材料无特殊情况均无消耗。

除此之外，部分公司对 PCR 管和仪器技术进行研发，开发出了专用的全自动检测管。此种检测管可以做到不需要移液泵进行反复操作，大大缩短了 PCR 扩增中机械部件操作带来的其他时间消耗。对应快速核酸检测仪工作时，将里面所有的步骤集中在一个 PCR 专用反应管中，过程全自动，不需要人为对其进行其他操作，扩增检测过程全密闭，无空气中其他杂质细菌干扰，从加热开始的将核酸裂解，到退火的加入引物，到最后延伸半保留复制，整个检测过程集中在全封闭检测管内。此种 PCR 管作为该快速核酸检测仪对应耗材而不具有通用性。

二、软件

（一）软件概述

软件可实现设置试验，运行试验，试验数据显示、打印和导出。

软件部分是人机交互的核心，用于分析执行用户需求和试验内容，同时对使用过程的具体内容进行处理，使机器语言和程序语言互相翻译的过程和结果。

软件界面交互储存在中控单元的软件组成部分中，各个快速核酸检测仪依靠的软件撰写语言不同，因此软件的交互界面、具体内容分布、操作方式功能、数据查询方式、图表展示情况、打印输出方式的结果也大相径庭。但是以上快速核酸检测仪均具备完善的软件基础功能，可以满足每个使用者的需求。

首先是设置试验，普遍需要对设置试验准备充足的信息填写和需求选择。为了更好地对接下来的试验数据进行分类、储存，需要使用者建立更全面的信息环境。比如被检物、被检人的信息填写，试验名称填写，试验时间填写等。除此之外，试验需对不同的扩增片段选择不同的扩增程序，比如对呼吸道病毒的扩增与对生殖健康病毒的扩增所需要的温度、扩增体系容量等是不同的。有的公司具有其他的 PCR 扩增方式，也可以按照需求选择。确认所有信息填写正确后，对内容进行保存建立。软件应实现可以存储和输入以上数据所包含的文本输入框、选择框和按钮。

完成设置试验之后是运行试验。在建立试验后，使用者应可以选择开始运行试验。此按钮触发以后，PCR 由仪器内的机械控制单元储存的内部工作方案进行处理，机械控制单元获取主控单元发送的工作方式和检验类别来判断使用对应的工作方式。此时，根据 PCR 扩增时的工作进程，可以设置运行中的用户等待页面，于此页面用户可以对试验任务进行中断和中止，以按钮的方式展示在此页面内。在试验完成时可设置文字提示使用者试验完成，此时使用者可以退回功能菜单页面。

试验数据显示的内容包括建立的试验档案名、试验档案输入的病人或检测物的具体档案情况、试验检测方式、试验检测时间和试验检测人员。以上内容在档案建立时应该能够储存在一个合适的储存空间内，在查询时应该能够以人员所需要的方式打开并显示出来，一般以表格的方式建立和储存最便捷清晰。除此之外，系统应该可以对试验内容进行分析并绘制图表。由于快速核酸检测仪的试验数据不是那么容易看出试验内容的过程和情况，且倘若出现问题，探讨问题的根源和提出问题的方案具有一定困难。因此，系统需要绘制出相关数据显示出来的图形坐标画面，这类画面可以有效地看出数据的波动和数据内容的不合理点，也可使数据有时效性地展现出来。以上数据应实时获取且一并存放在试验建立的储存空间中。试验数据显示出来后根据公司风格可能会有按钮切换或者是平铺展示两种，但都应具备选择已存档试验列表即可调出试验内容的基础功能。

试验数据的打印各有不同，一般快速核酸检测仪均选择外部打印机进行试验数据的打印，也有公司的快速核酸检测仪产品自己带有热敏打印机，可以自行打印。此时在试验数据显示页面，使用者应能看到打印按键罗列在下方，在确认与打印机连接后即可进行打印。此时，软件应调取正在显示的试验数据，按照软件内容格式，将具体数据和绘制的列表清晰排布打印在纸上。

在设置试验数据结束后，试验数据保存在主控单元分配的储存空间中，需要导出时应通过外部储存设备进行连接，插入快速核酸检测仪或者与快速核酸检测仪相连接的计算机接口，在相关位置设置试验数据导出按键，按下按钮时应可以将试验数据从设备中获取并转换为 cbk、AGO、Excel 等格式进行输出，若在快速核酸检测仪上进行导出，在导出结束后应能看见相关的导出结束提示文本。

除此之外，软件内容还包括试验数据的删除功能，在到达试验数据有效期时或是试验数据由人为判断可消除后，试验数据应该可以被人为进行删除。若是快速核酸检测仪内部储存空间即将到达上限，可以适当导出数据后进行删除来清理内部空间，同时保证快速核酸检测仪的处理速度和使用流畅性。

（二）软件结构

用户主要分为普通用户和管理员，一般会在开始交互界面设计文本输入框用于登录账户输入和用户密码输入。除此之外，互动按键：登录、取消是实现人际交互和继续进程的关键。因此，还会设置两个按钮作为页面转换和判断。为了便于区分普通用户和管理员，同时会在开始登录页面设计身份选择作为区分信息。用户账号名称或者用户名作为使用者的登录账户，密码通过使用者注册设置。普通用户和管理员均使用已经注册好的账号密码在开始页面进行登录，且需要对登录身份进行具体选择，其中管理员可以对用户的账号密码进行修改和删除。

具体登录操作为：在输入完账号密码并选择身份后单击"登录"开始登录，登录成功则跳转进入功能菜单页面；登录失败则会提示使用者登录失败，失败的可能原因一般需要使用者自行发现，不排除其他公司软件结构会设置对失败原因的具体提示。若需退出登录可以单击"取消"在登录过程中退出登录，退出登录后则会返回开始登录页面。

由于快速核酸检测仪的软件交互主要在快速核酸检测仪自带的处理器和显示屏中完成，因此不能通过关闭窗口达到关闭软件或者用户退出的目的。并且反复的开关机器来退出用户登录对硬件单位有很大的损害，于是就产生了很大的安全问题和用户使用问题。因此，"注销"按钮作为用户停止使用后保护系统和用户账号安全的关键按钮，需要在登录成功后在功能菜单中设立。

用户在登录进入用户界面后，一般可在交互页面处单击选择"返回"或者"注销"按钮来退出当前登录的用户，若不想注销则单击"取消"按钮退出注销选择界面。部分交互页面中没有具体的注销按钮，需要人机交互进行页面跳转才可看到，比如单击个人名称便会出现注销当前用户登录的选择。

为了满足软件的基本功能，一般在软件功能菜单可以清楚地看到开始对一个试验进行操作的具体交互按钮，比如"开始实验""创建实验""新建实验"等。单击打开具体参数输入页面，以文本输入框的形式展现并读取用户输入的数据，单击如"保存""开始""取消"按钮完成对试验的存档、运行、放弃运行且返回上一界面。以上内容可用于完成试验内容的编辑和运行操作。

具体操作为：首先新建一个任务，任务内容需要输入基本信息，具体大致包括项目名称、试验项目、检测管编号、试剂编号。部分编辑界面需要选择检测模式和检测对象的个人信息（姓名、年龄、性别等）进行录入。录入结束后单击"保存"按钮完成对数据的存档。以上一个新的试验新建完毕。

在新建试验完成后单击"运行"开始进行快速 PCR 扩增。此时页面会显示任务正在进行中，若是想终止正在进行的任务，可在任务进程中选择"终止"按钮进行试验终止。

试实验结束后系统提示"实验完成"，此时单击"返回"按钮退回功能交互菜单。

在试验完成后，一般快速核酸检测仪会在交互菜单提供查看试验数据的按钮。单击"跳转数据存储界面"会展示已存储的所有试验内容，根据创建时所选择的试验内容名称选择要打开的内容，在内容中会有对试验数据提取的方式进行选择的按钮，比如"打印""导出"，还有对试验数据删除的按钮和返回上一界面的"返回"按钮。

具体操作为：当试验结束后，可选择查看 PCR 扩增时发生的温度曲线和扩增曲线，部分系统需要通过单击切换温度曲线和扩增曲线对应的显示图，或通过单击"查看试验数据"可以显示试验项目、试验参数、试验方法、试验时间等具体数据，其中试验参数包含试验基本信息和该试验 PCR 扩增时的温度曲线和扩增曲线。可以通过打开显示试验数据界面来选择试验数据的打印和导出。用户可以通过 U 盘将所需数据导出，在插入 U 盘后屏幕提示 U 盘连接成功，单击"导出"按钮，在提示导出成功后即可拔出 U 盘完成数据导出，部分公司设置数据导出以 EXCEL 表格形式储存。一般通过连接打印机后打印数据，选择需要打印的具体试验后，单击"打印"按钮，在提示打印结束后，即可在打印机出纸处获得所有打印纸张，其中打印的内容包含试验数据内部的所有存储信息。

以上功能实现结束后，可以通过单击"返回"按钮退回上一个功能菜单界面。

为了人为进行用户管理和用户信息查询，为管理员赋予了用户管理权限，权限包括用户添加、删除和修改。在完成管理员的用户登录后，管理员可以选择用户管理功能。由于系统不具备注册功能，所以在快速核酸检测仪出厂时内部会带有默认的管理员账号密码，用于用户添加和修改账号。

具体操作为：在功能菜单中，管理员会比一般用户多具备一个"用户管理"交互按钮，单击打开后显示用户列表和管理员列表，单击目标用户可查看该用户的账号密码，管理员可在此文本框内进行编辑，修改结束后单击"保存"完成此次对用户内容的删改。

添加用户操作：进入用户管理界面，单击界面中的"添加用户"按钮，会显示新建用户的登录用户名和登录密码的文本输入框，管理员可根据需求在文本输入框内进行设置，即可对新建用户进行编辑修改。

删除用户操作：单击目标用户，在该用户界面单击"删除"按钮，即可对该用户进行删除操作，部分软件系统会弹出提示窗口来确认此次操作并非失误，单击"确认"按钮后即可完成本次对用户账号进行删除的操作。

　　系统设置主要是对用户交互界面进行修改和设置，此功能为管理员特有功能，为了便于用户进行试验，管理员可以根据需求对软件 UI（用户界面）进行选择修改，内容包括但不限于时间 12 小时制或 24 小时制、地区、当前时间、系统语言和日期。同时部分快速核酸检测仪也具有对软件内相关交互页面的参数进行修改，包括但不限于字体大小、字体颜色、背景颜色、软件语言、UI 风格。

　　具体操作：初次使用或格式化后需要对语言、地区、小时制进行设定，对当前时间进行校准，以上为系统内部设定。

　　管理员登录后在功能菜单可以选择对系统进行设置，设置系统时间和系统语言，输入内容或者单击选择方式，单击"完成"按钮结束设置。

　　管理员或用户登录后可在功能菜单单击"软件设置"跳转进行软件内容的修改。在选择框选择要修改的选项，由于大部分快速核酸检测仪软件时间由管理员在系统时间设置后与系统时间同步，所以不能被修改。完成软件修改后单击"保存"按钮完成修改，否则单击"返回"按钮将退回修改前的用户界面。

第三节　快速核酸检测仪的操作及注意事项

一、快速核酸检测仪的一般操作

（一）操作顺序

1. 开机

开机自检通过进入启动界面；如外接计算机需同时打开计算机和仪器，然后双击仪器软件图标。

2. 程序设置

包括项目设置、温度步设置、时间设置、循环步设置、荧光采集点设置和检测通道设置。有些仪器配套的试剂盒已自带检测程序，只需录入条码即可。

3. 试验运行

按各仪器具体要求放置好试验耗材，新建文件，选择运行程序，选中孔位或模块，输入样本信息，单击"运行"。

（二）国内常见机型的操作实例

1. AGS8830-8/16 型实时荧光定量 PCR 仪

1）开机自检通过后进入启动界面，软件启动后自动进入系统界面，如图 2-6 所示。

图 2-6　系统界面

2）软件主界面如图 2-7 所示，主界面包含"DNA""RNA""自定义""文件"和"系统设置"五个子按钮。

单击"DNA"按钮，可进入 DNA 检测项目，快速运行 DNA 检测项目程序进行检测。

单击"RNA"按钮，可进入 RNA 检测项目，快速运行 RNA 检测项目程序进行检测。

单击"自定义"按钮，可根据需要自定义设置运行参数进行检测。

图 2-7　软件主界面

单击"文件"按钮，可进入文件操作界面进行文件的打开、删除、导入和导出操作。

"系统设置"包含判定标准、关于仪器、时间设置、用户设置和出厂设置。

3）参数编辑界面如图 2-8 所示，包含孔位显示区、功能区和按钮栏。

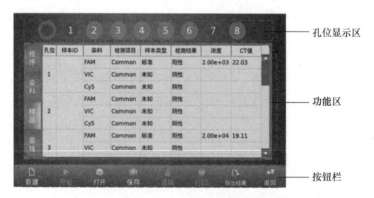

图 2-8　参数编辑界面

4）孔位可通过单击选中，可通过单击孔位前的全选图标进行全选。孔位排布如图 2-9所示，该图为 16 孔位的排布界面。

5）试验程序编辑界面如图 2-10 所示，可以编辑试验程序参数、染料、样品参数

图 2-9　孔位排布

以及查看荧光曲线和标准曲线。程序选项包含温度步设置、循环步设置、荧光采集点设置、删除和速度设置。

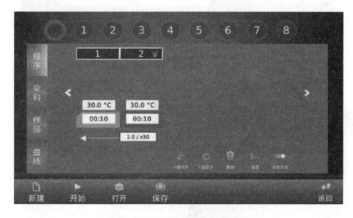

图 2-10　试验程序编辑界面

"+循环步"按钮：添加循环步，最大循环步数为 99。两个循环之间不能交叉，也不能嵌套。

"+温度步"按钮：添加温度步。

"删除"按钮：可以删除选中的温度步或者循环步。

"速度"按钮：可设置变温速度。

"读取荧光"按钮：设置需要采集荧光的温度步。

染料设置包含染料选择和对应染料的增益设置。

6）报告荧光和增益设置界面如图 2-11 所示。

"报告荧光"：可选择需要采集荧光的染料。

"增益设置"：设置选中的染料的增益。

7）样本参数编辑界面如图 2-12 所示，选项包括八项，分别为：孔位、样本 ID、染料、检测项目、样本类型、检测结果、浓度和 C_t 值。样本 ID，由英文字符和数字组成，最多 7 位；染料，显示的是选择的染料；检测项目，采用下拉列表的形式，内容是判定标准里的检测项目（DNA 和 RNA 为固定项目，不能修改）；样本类型，选择样本的类型即可；检测结果，根据检测项目来进行判断；浓度，是表示样本的浓度标准；C_t 值，显示分析后的当前染料的 C_t 值。样本编辑界面如图 2-13 所示，包含"增加"和"删除"按钮。当处于选中状态时，"删除"按钮可用，其他状态下不可用。

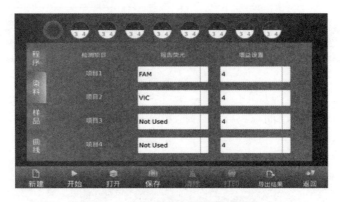

图2-11 报告荧光和增益设置界面

图2-12 样本参数编辑界面

图2-13 样本编辑界面

8）样本参数编辑界面的功能键包括：新建、开始、打开、保存、清除、导出结果和返回。

新建：单击"新建"，弹出新建对话框，可编辑文件名称，并在文件存储区域新建该文件。

开始：运行当前文件，运行之前需要设置热盖温度和增益，运行时需实时保存上传数据（拟合后的荧光数据和温度数据）。运行循环少于5个不分析。

打开：可打开历史文件。

保存：保存当前文件修改。

清除：清除选中孔位的样本信息。

导出结果：可以将试验的荧光曲线和结果导出到U盘。

返回：返回主界面。

9）运行界面如图2-14所示，单击"曲线"选项可以查看、导入和导出标准曲线。

10）运行曲线界面如图2-15所示，单击"曲线"选项运行程序，采集荧光过程中可以查看当前试验的实时荧光曲线、运行时间、剩余时间、模块温度、循环次数，可以设置显示的染料和染料荧光颜色；有试验结果时，可以查看试验分析结果、荧光

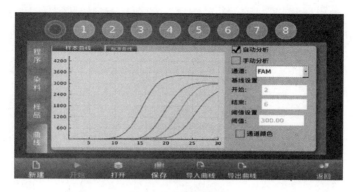

图2-14 运行界面

曲线，可以手动分析试验结果。

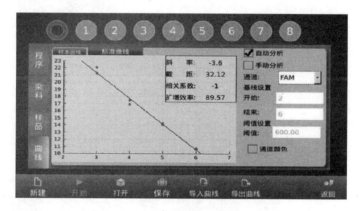

图2-15 运行曲线界面

左上角的全选图标，单击之后可以实现全选孔位，全取消孔位选中，而曲线界面会根据选中的孔位显示对应的分析曲线。

运行过程中，单击"停止"按钮，弹出警告对话框，确认"是否停止实验?"，单击"是"确认试验停止运行，单击"否"取消该动作，继续运行。停止运行后，如果运行的循环大于等于5个，则自动分析，否则不分析；然后进入样本界面。在运行中异常断电，系统会在重启之后提示是否继续试验。

2. Flash 20 实时荧光定量 PCR 仪

（1）操作过程 将配置完成试剂和样本的专用样品杯离心30s，需注意样品杯放入离心机的方向（盖子连接处在上方），离心后检测液体是否充满薄膜反应腔；样品杯不要涡旋振荡，管底部菱形区域管壁很薄，要避免按压变形。打开仪器反应槽的盖，将样品杯放入仪器各模块的反应槽内，轻按样品杯，使样品杯完全插入到反应槽底部，盖好反应槽盖。

（2）选择运行程序 程序运行主界面如图2-16所示。在"新建实验"栏中，单击"SARS – CoV – 2V1"程序。输入样本信息界面将会弹出，如图2-17所示。单击

"模块 1",将会弹出标题为"输入样本信息"的对话框,输入"样本编号""样本名称""样本类型",单击"确定"即可。四个模块均为独立的,均可单独运行。

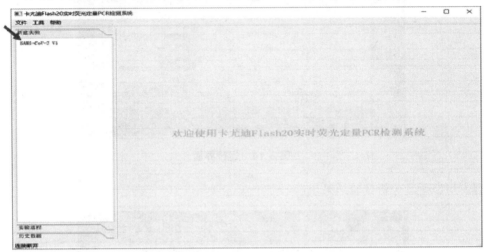

图 2-16　程序运行主界面

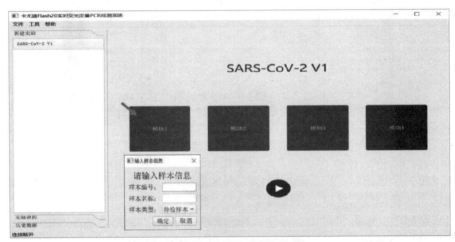

图 2-17　输入样本信息界面

（3）试验数据的保存及查看　试验运行结束后,将会弹出如图 2-18 所示的界面,可进行模块选择及通道选择,对试验结果进行查看。

若要调取历史数据,单击"历史数据",在界面右侧选择想要调取的数据,单击右键,再单击"查看实验信息",即可查看试验结果。实验数据查看界面如图 2-19所示。

（4）结果判读　质控结果必须通过,检测结果才可用。

1）质控品分析。阳性对照品（＋）:FAM&ROX,有明显的指数期扩增,且C_t值≤20。阴性对照品（－）:FAM&ROX,无明显扩增曲线,且无 C_t 值;HEX,有明显的指数期扩增,且 C_t 值≤20。

2）检测结果分析见表 2-1。

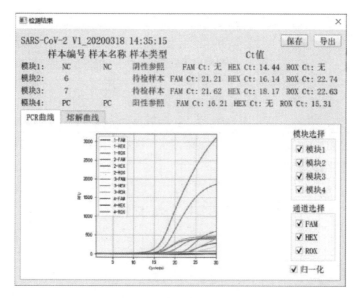

图2-18 试验运行结束后界面

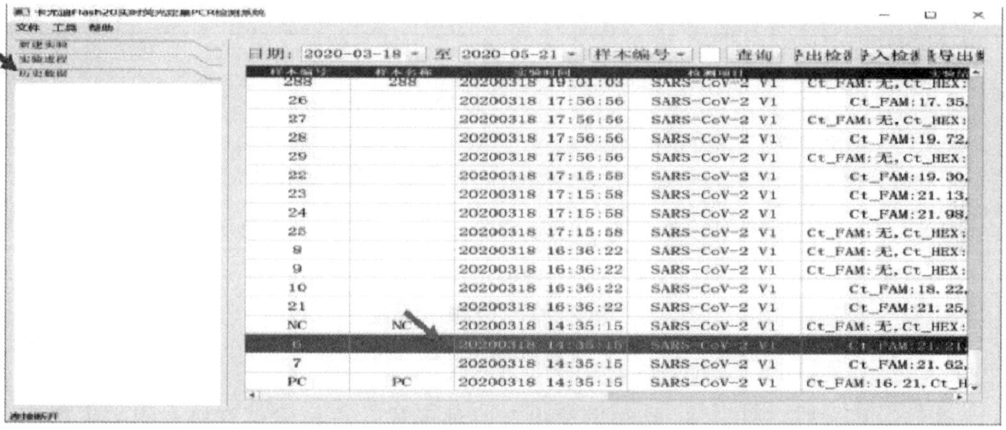

图2-19 试验数据查看界面

表2-1 检测结果分析

FAM	ROX	HEX	结果判读	检测结果
+	+	+ / -	ORF1ab 阳性; N 基因阳性	2019 - nCoV 阳性
+	-	+ / -	ORF1ab 阳性; N 基因阴性	复检,若复检结果至少一个基因仍为阳性,则判定2019 - nCoV 为阳性,否则判定为阴性
-	+	+ / -	ORF1ab 阴性; N 基因阳性	

（续）

FAM	ROX	HEX	结果判读	检测结果
–	–	+	ORF1ab 阴性； N 基因阴性	2019 – nCoV 阴性
–	–	–	结果无效，建议重新取样检测	—

注："+"代表有明显的指数期扩增，且 C_t 值≤27；"–"代表无明显扩增曲线，且无 C_t 值。

3）阴性阳性结果如图 2-20 所示。

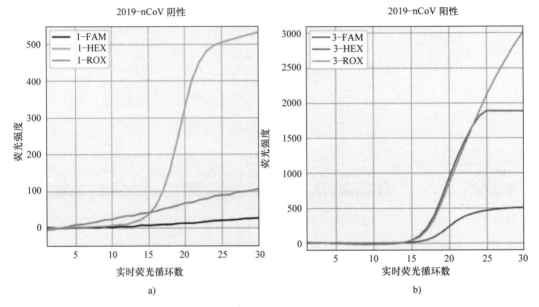

图 2-20　阴性阳性结果

a）阴性图谱　b）阳性图谱

（5）试验结果导出　试验结果导出有三种形式，若导出可直接查阅的表格模式，如图 2-21 所示，选中要导出的数据，单击位于界面右侧的"导出数据"，进行命名并选择保存位置，单击"保存"。若导出一组历史数据，如图 2-22 所示，可选中要导出的文件，单击"导出检测"，即可选择保存位置，单击"保存"。若导出所有历史数据，如图 2-23 所示，可单击"文件"，选择"导出数据库"，即可选择保存位置，单击"保存"。

图 2-21　试验结果导出表格界面

图 2-22　一组历史数据导出界面

图 2-23　所有历史数据导出界面

3. iPonatic 快速核酸检测分析仪

（1）界面操作　登录界面如图 2-24 所示，包含"用户组""用户名""密码""登录"和"取消"五个控件。仪器出厂后会默认内置一个医生用户和一个管理员用户，用户名和密码均为"sansure"。用户首先选择用户组，然后填写用户名和密码，最后单击"登录"按钮进行登录，单击"取消"按钮可以取消登录。

图 2-24　登录界面

（2）用户注销　用户注销界面如图 2-25 所示。

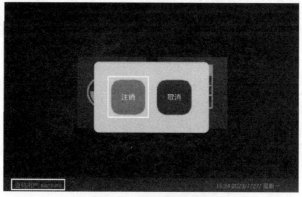

图 2-25　用户注销界面

（3）实验任务

1）实验任务添加界面如图 2-26 所示。首先填写完任务信息，然后单击"提交"按钮。

图 2-26　实验任务添加界面

2）实验任务删除界面如图 2-27 所示。首先在"任务列表"里选择要删除的任务，然后单击"删除"按钮进行任务删除。

图 2-27　实验任务删除界面

3）实验任务运行界面如图 2-28 所示。首先在"任务列表"里选择要运行的任务，然后单击"运行"按钮进行任务运行。

（4）试验过程　试验过程分为两部分：核酸提取和 PCR 扩增。

1）核酸提取界面如图 2-29 所示。核酸提取运行状态，进度以圣湘商标的填充进程显示，单击"暂停"按钮可暂停试验运行，单击"结束"则结束试验运行。

图 2-28　实验任务运行界面

图 2-29　核酸提取界面

2）PCR 试管转移界面如图 2-30 所示。核酸提取完成之后会提示转移 PCR 试管的信息，PCR 试管转移完成后单击界面中的"确认"按钮启动 PCR 扩增。

图 2-30　PCR 试管转移界面

3）PCR扩增界面如图2-31所示。在PCR扩增运行状态下，可实时显示温度曲线和扩增曲线，默认显示温度曲线。

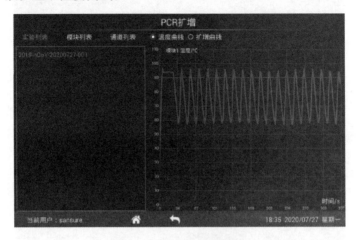

图2-31 PCR扩增界面

4）PCR扩增界面如图2-32所示。单击"扩增曲线"单选框，显示扩增曲线。

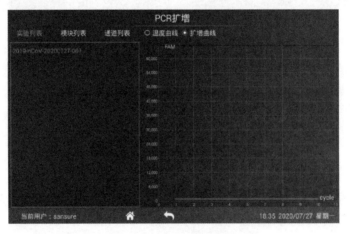

图2-32 PCR扩增界面

5）实验任务界面如图2-33所示。在"任务列表"中单击运行中的任务可切换到运行界面。

（5）实验数据 实验数据显示界面如图2-34所示。用户登录主界面后单击"实验数据"图标进入实验数据显示界面，该界面显示的内容为数据表格、温度曲线和扩增曲线。

1）温度曲线界面如图2-35所示。单击"温度曲线"单选框，显示温度曲线。

2）扩增曲线界面如图2-36所示。单击"扩增曲线"单选框，显示扩增曲线。

（6）数据打印 首先在试验列表中选择需要打印的试验条目，然后单击"数据打印"即可打印。打印采用热敏打印方式，纸张规格为57.5mm±0.5mm，打印内容显示

图 2-33 实验任务界面

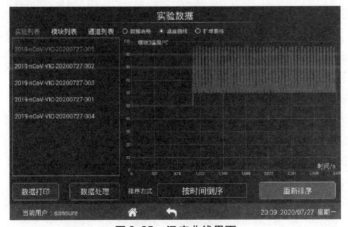

图 2-34 实验数据显示界面

图 2-35 温度曲线界面

基本信息与分析结果。检测报告实例如图 2-37 所示。

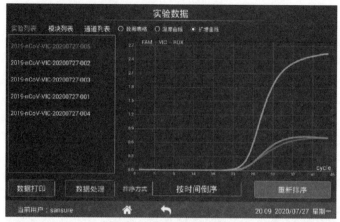

图 2-36　扩增曲线界面

4. UC0104 核酸扩增检测分析仪

（1）启动设备　将设备连接电源，开启设备右后侧的电源开关，设备进入初始化界面，如图 2-38 所示。

（2）登录　设备开启后请输入用户名和密码，单击"登录"，登录界面如图 2-39 所示，进入检测界面。（管理员的用户名为"admin"，默认出厂密码为"123"。）

（3）试剂检测　登录后为检测界面，如图 2-40 所示。在检测界面中，可通过单击模块 1、模块 2、模块 3 和模块 4 进行检测模块的选择。

1）选择检测模块后，被选模块会由灰色变成蓝色，扫描检测管上的二维码，录入检测

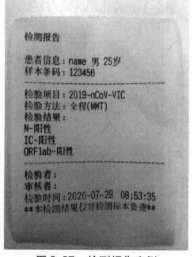

图 2-37　检测报告实例

管信息，成功录入后，对应字体将由灰色变为蓝色。扫描二维码时将检测管盖子上的二维码对准设备前部扫描口，尽量使二维码位于红色扫描光的中心。扫描完毕后，系统将录入检测管信息。

2）检测管二维码输入完毕后，设备将提示用户扫描试剂盒二维码信息，试剂盒二维码的扫描方法同检测管二维码的扫描，成功录入后，对应字体将由灰色变为蓝色。

3）试剂盒二维码和检测管二维码扫描完成后，设备将提示用户扫描样本条形码。样本条形码的扫描方法同检测管二维码的扫描，成功录入后，对应字体将由灰色变为蓝色。

4）样本条形码扫描完毕后，单击"选择样本类型"，即可选择样本类型（注：该项为非必选项）。

5）选择好样本类型后，请打开检测模块盖子，将检测管放入检测模块中。

6）插入检测管后盖上检测模块盖子。

图2-38 初始化界面

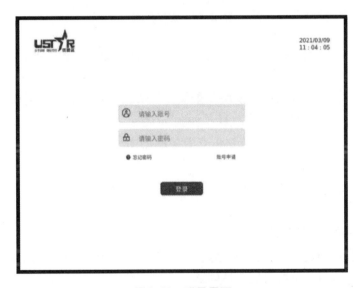

图2-39 登录界面

7）完成上述操作后，对话框右下方的"开始检测"按钮被激活并变为蓝色。

8）单击"开始检测"，设备开始运行自动检测程序，界面上将显示试验完成的剩余时间，此时模块背景将从灰色变为蓝色。

9）在试剂检测开始后，可通过单击检测界面中的"$\oplus$"按钮，实时查看检测扩增熔解曲线。

10）在所选模块开始检测后，选择另一模块可进行新的检测，检测的操作流程同上。

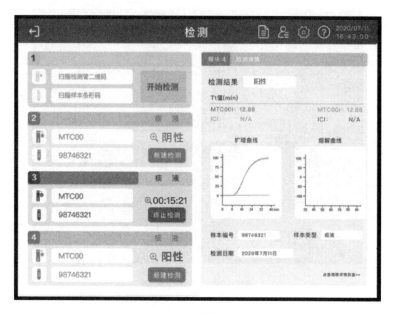

图2-40 检测界面

注: 用户可通过单击"检测"界面右上角的"⑦"按钮进入帮助界面, 如图2-41所示, 查看试剂检测操作说明。

检测结束后, 检测界面中的模块背景颜色会从蓝色变为绿色, 倒计时部位会转变为检测结果, 检测结果界面如图2-42所示。"阴性"结果为绿色字体显示, 其他结果为红色字体显示。单击"⊕"按钮可查看检测结果。测试完成后单击模块右下角的"新建检测"按钮, 可以开始新的检测。

二、操作前后的注意事项

(一) 使用前的注意事项

1) 操作者使用仪器前, 应经过系统的培训, 掌握仪器的正确使用方法和使用过程中的注意事项, 以及了解所有安全性问题。

2) 确认仪器放置在水平台上并配备不间断或稳压电源, 电源电压须与仪器要求电压相一致, 并连接可靠的地线。仪器不能靠近水池、火炉、腐蚀性物质、强磁场等影响仪器工作的地方。

3) 确认仪器四周留出了足够的间隙散热, 以免通风不佳而引起设备故障。

4) 确认环境的温湿度符合仪器要求。

5) 打开电源开关, 仪器开机自检, 确认自检无误。

6) 使用仪器配套耗材。

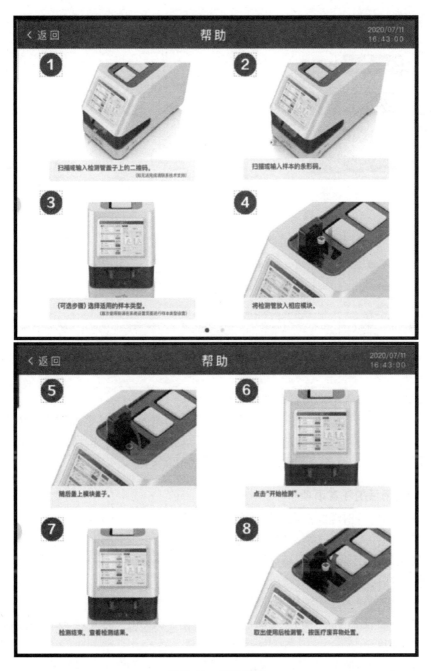

图 2-41　帮助界面

（二）使用中的注意事项

1）试验要取易于识别的文件名，可按检测项目代码再加年月日来编辑，必要时可加上样本序列号。

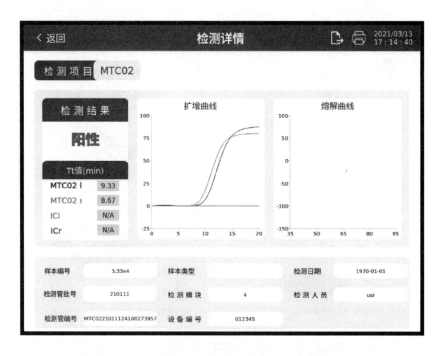

图 2-42　检测结果界面

2）试验运行过程中请勿打开模块盖子。

3）在下列情况下，请立即切断电源，将仪器的电源插头从电源插座上拔出，并联系厂家进行处理：有液体洒落进设备内；设备经水浇；设备工作异常，特别是有异常的声音或气味出现；设备掉落或外壳受损；设备功能异常。

（三）使用后的注意事项

1）在仪器进行清洗或消毒时，必须切断电源。

2）仪器部件不防水，清洁时请注意防水。

3）使用后可用医用消毒剂（75％乙醇）擦拭消毒，如医用消毒剂（75％乙醇）进入通道孔腔内，需要擦拭干净后再使用。

4）禁止仪器浸入任何液体中或使其接触强有机溶剂、酸性或碱性溶液。

5）禁止将仪器进行高压灭菌、蒸汽灭菌、环氧乙烷灭菌或放在超过 45℃（113℉）的温度下。

6）停止工作时应关闭电源，拔出反应管并盖好仪器的盖子以防止灰尘或异物进入。拔出反应管时可使用专用工具以免管盖松动，造成气溶胶污染实验室。反应管使用密封袋密封后按医疗垃圾丢弃。反应产物切勿开盖或用高压等处理。

7）长时间不使用时应切断电源，拔下电源插头。

第四节 快速核酸检测仪的使用场景及相应的生物安全防护

一、常见使用场景

快速核酸检测仪是新冠病毒肺炎疫情暴发后迅速发展起来的新型仪器。由于快速核酸检测技术的发展，实现了快速识别、准确捕获早期感染者咽拭子样本中的新型冠状病毒，为实现基层疫情常态化防控提供了技术保障。

（一）场景示意图

快速核酸检测仪的反应过程是全封闭的，生物安全风险低，检测通道相互独立，样本随到随检，一般 30min ~ 60min 出核酸检测结果，具有方便、快捷、便于携带等优点，因此使用场景较为广泛。使用场景示意图如图 2-43 所示。

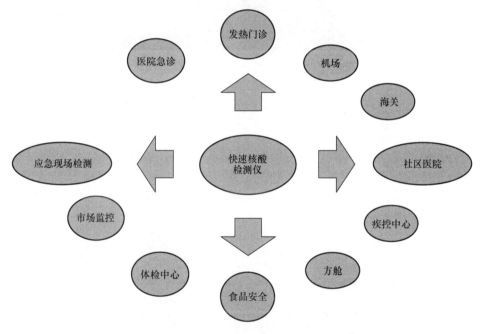

图 2-43 使用场景示意图

（二）场景说明

快速核酸检测仪通常使用于各种现场即时检测的情况下，例如：在医院的发热门诊和急诊，病人首先要进行核酸检测，快速判断是否病毒的感染者后才能进行后续的治疗；机场、海关等急需对外来入境人员、进口食品、贸易货物进行快速筛查的场所；去社区医院就诊的群体往往都是附近社区的孩子、老人等弱势群体，是风险意识相对较差的人群，因此社区医院对快速核酸检测更有需求；方舱及各种应急现场检测更适用于突发事件中急需得到帮助的人群。通过多个使用场景调研发现，如图 2-44 所示，多数快速核酸检测仪放置在生物实验室样品制备区或实验室生物安全柜内使用。

原中华人民共和国卫生部（以下简称卫生部）办公厅印发的卫办医政发〔2010〕194 号文件《医疗机构临床基因扩增检验实验室管理办法》对实验室布局、面积、风压、气流等具有严格的要求。原则上临床基因扩增检验实验室应设置以下区域：试剂准备区、样本制备区、扩增区和扩增产物分析区（见图 2-45）。这四个区域在物理空间上必须是完全相互独立的，应当始终处于完全的分隔状态，不能有空气的直接相通。

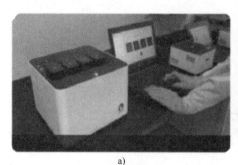 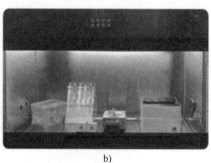

a)   b)

图 2-44　放置区域

a）生物实验室样品制备区　b）实验室生物安全柜

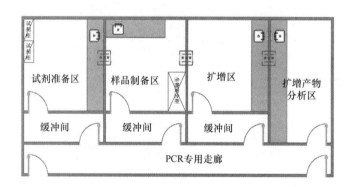

图 2-45　实验室分区

同时，《医疗机构临床基因扩增检验实验室工作导则》中又明确指出，根据使用仪器的功能，区域可适当合并。基层医疗机构若是使用一体化自动化核酸分析设备，试剂准备区、样品制备区和扩增区可合并为一区。因此，使用快速核酸检测仪进行核酸检测时，可以在一个区域内使用。不同生产厂家的快速核酸检测仪的检测原理、配套试剂盒、检出时间、准确性都各有各的特点，因此使用场景中的各实验室应该根据本单位的情况及工作特点进行充分的调研、科学的分析来选择合适的仪器。使用快速核酸检测仪的实验室需要在专家的指导下加强对快速核酸实验室的质量管理，加强对仪器及生物安全柜的校准检测，保证使用场景中实验室核酸检测结果的准确性和可靠性。

二、使用场景下的生物安全防护

目前，关于如何保障生物安全，国家并未出台建立快速核酸检测实验室的具体要求和细则。我们认为，无论是哪种使用场景，均可根据《新型冠状病毒实验室生物安全指南》（第二版）的要求进行生物安全防护。尤其是对人员与环境的生物安全防护。

（一）人员防护

1）培训相关人员，使其熟练掌握新冠病毒感染控制的知识、方法与技能。对国家发布相关法律法规要熟知；对实验室的管理体系、仪器设备操作、质控（质量控制）要求，尤其是对生物安全防护知识要进行培训；对病毒检测过程中可能发生的风险要有预期评估，要提前做好各种预案。

2）按照应用场景下实验室生物安全防护等级要求进行人员防护装备，如图2-46所示。包括医用口罩、防护手套、防护衣、安全防护镜，防止从样本采集到检测各个环节的检测人员直接接触到标本，吸入飞沫或气溶胶。

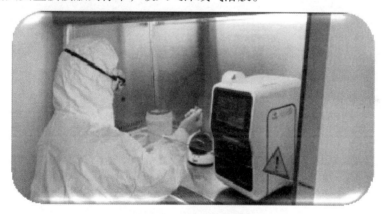

图 2-46　人员防护装备图

3）将试管从反应模块中取出后不要打开试管，否则其中的高浓度核酸将污染实验室。尽管接触的是高度净化的核酸，但还是要小心防范所有生物物质的潜在危害。

4）试验完成后，反应后的产物及 PCR 反应管不能重复使用。处理或丢弃这些废物时必须遵守当地的有关安全规范。若不小心发生飞溅或泄漏，应马上用适当的消毒液进行消毒，以防止实验室人员及设备的污染。

5）人员防护装备要严格按照医务人员防护用品选用原则及穿脱流程的防护要求进行正确的选用和穿脱。

6）加强医学监测和检测人员的健康体检，尽早明确是否发生感染。

（二）环境防护

1）应用场景下生物实验室是一个相对密闭的空间，样本浓度较高，应避免各种污染环境的事情发生。

2）加强对生物安全柜的检测，小心操作，防止产生样本的溢出和泄露，减少产生气溶胶。

3）经常维护仪器设备，防止仪器设备的故障产生病毒暴露而污染环境。

4）按照 PCR 试验要求，将试验结束后的反应管、废枪头、试剂、操作手套等进行生物安全处理。

5）检测完成后要进行正确的消杀和灭菌。

6）监督后勤对环境的打扫、清洗和去污流程。

第三章 Chapter

快速核酸检测仪的使用与管理 3

第一节　快速核酸检测仪管理的相关法规制度

快速核酸检测仪是一种基于核酸的体外诊断检验设备，可对来源于病原微生物及人体的靶核酸样本进行检测和鉴定，属于第三类医疗器械。为了使检测过程准确、快速、高效，须对检测过程的人、机、环境各环节加以规范。

一、快速核酸检测的相关管理法规简介

（一）相关法律

1.《中华人民共和国标准化法》

1988 年 12 月 29 日颁布，2017 年 11 月 4 日进行修订，是我国标准化工作的基本法，规定了我国标准化工作的方针、政策、任务和标准化体制等，它是国家推行标准化以及实施标准化管理和监督的重要依据。依据本法规定，快速核酸检测仪的设备及配套试剂的制造生产应当遵照有关国家标准、行业标准、地方标准、团体标准和企业标准执行。

2.《中华人民共和国传染病防治法》

快速核酸检测仪常用于传染性病原体的快速检测，其检测结果的报告及病例、样本处置应遵照《中华人民共和国传染病防治法》的规定执行。

1989 年 9 月 1 日颁布，2004 年 8 月 28 日修订并于 2004 年 12 月 1 日起施行。因传染病病种的调整，2013 年 6 月 29 日再次进行修正。传染病防治法包括总则，传染病预防，疫情报告、通报和公布，疫情控制，医疗救治，监督管理，保障措施，法律责任，以及附则，共九章 80 条。该法修改后突出了对传染病的预防和预警，健全了疫情的报告、通报和公布制度，完善了传染病暴发、流行的控制措施，增加了传染病医疗救治的规定，加强了对传染病防治的网络建设和经费保障，进一步明确了地方政府、卫生行政部门等各方面的责任和义务，建立了比较完善的传染病防治法律规范。

3.《中华人民共和国生物安全法》

快速核酸检测的重要应用领域之一是微生物鉴定，是生物安全领域的重要检测方法之一。其各场景使用、检测结果报告及生物安全处置应遵照《中华人民共和国生物安全法》的规定执行。

《中华人民共和国生物安全法》于 2020 年 10 月 17 日颁布，自 2021 年 4 月 15 日起施行。这部综合性生物安全法律填补了我国生物安全领域的法律空白，对于维护国家卫生安全、保障人民生命健康意义重大。

《中华人民共和国生物安全法》共十章 88 条，主要针对重大新发突发传染病、动植物疫情，生物技术研究、开发与应用安全，病原微生物实验室生物安全，人类遗传资源和生物资源安全，以及生物恐怖袭击和生物武器威胁等生物安全风险，分设专章，做出了针对性强，又具有可操作性的明确规定。

（二）行政法规中关于仪器设备使用与管理的要求

1.《医疗器械监督管理条例》

《医疗器械监督管理条例》（以下简称《条例》）于 2000 年 1 月 4 日首次颁布，之后在 2014 年 2 月 12 日、2017 年 5 月 4 日、2020 年 12 月 21 日分别进行了修订，最后一次修订自 2021 年 6 月 1 日起施行。快速核酸检测仪作为病原体鉴定的重要医疗器械，近几年在各医疗机构得到了前所未有的迅速普及，其临床使用管理应严格遵照本条例规定实施。

本条例的制定是为了保证医疗器械的安全、有效，保障人体健康和生命安全，以及促进医疗器械产业发展。在中华人民共和国境内从事医疗器械的研制、生产、经营、使用活动及其监督管理，适用本条例。医疗器械监督管理遵循风险管理、全程管控、科学监管、社会共治的原则。

最后一次修订重点体现以下内容：

1）全面实施医疗器械注册人、备案人制度，落实其义务，夯实企业主体责任，释放市场活力。自 2021 年 6 月 1 日起，凡持有医疗器械注册证或者已办理第一类医疗器械备案的企业、医疗器械研制机构，应当按照新《条例》规定，分别履行医疗器械注册人、备案人的义务，加强医疗器械全生命周期质量管理，对研制、生产、经营、使用全过程中医疗器械的安全性、有效性依法承担责任。

2）医疗器械注册、备案管理，落实改革举措，简化、优化评审、审批程序，完善临床评价和临床试验管理，鼓励行业创新发展。国家药品监督管理局已起草有关免于经营备案的第二类医疗器械产品目录，目前正在公开征求意见。符合新《条例》规定的免于临床评价情形的，可以免于临床评价。

3）进一步丰富监管手段，完善监管制度，提高监管效能。

4）加大对医疗器械违法行为的查处、处罚力度，落实处罚到人措施，提高违法成本，将严重违法者逐出市场，为守法者营造良好的发展环境。

2.《病原微生物实验室生物安全管理条例》

2004 年 11 月 12 日颁布，2016 年 2 月 6 日、2018 年 3 月 19 日修订。快速核酸检

测仪是各类微生物实验室的重要设备之一，其使用应当遵照本条例的规定实施，确保实验室生物安全。本条例分为总则、病原微生物的分类和管理、实验室的设立与管理、实验室感染控制、监督管理、法律责任及附则，共七章72条。本条例的制定是为了加强病原微生物实验室（以下称实验室）的生物安全管理，保护实验室工作人员和公众的健康。对中华人民共和国境内的实验室及其从事试验活动的生物安全管理，适用本条例。本条例所称试验活动，是指实验室从事与病原微生物菌（毒）种、样本有关的研究、教学、检测、诊断等活动。

（三）行政规章中关于仪器设备使用与管理的要求

1. 《医疗器械临床使用管理办法》

2020年12月4日发布，2021年3月1日起施行。快速核酸检测仪的临床使用应遵照本办法纳入医疗机构医疗器械进行统一管理。

《医疗器械临床使用管理办法》共分八章，包括总则、组织机构与职责、临床使用管理、保障维护管理、使用安全事件处理、监督管理、法律责任及附则，共51条，适用于各级各类医疗卫生机构临床使用医疗器械的监督管理工作。医疗器械的临床试验管理不适用本办法。

（1）关于总则　明确医疗卫生机构主要负责人是本机构医疗器械临床使用管理的第一责任人，要求医疗卫生机构建立并完善本机构医疗器械临床使用管理制度，对医疗器械实行分类管理。

（2）关于组织机构与职责　明确医疗卫生机构相关部门、科室和人员在医疗器械临床使用管理方面的职责，并规定医疗卫生机构配备专业人员、相关专业人员的资格条件以及使用科室职责等。规定了医疗卫生机构组织开展医疗器械临床使用管理继续教育和培训、加强信息管理以及开展自查、评估、评价等方面的职责。

（3）关于临床使用管理　明确医疗卫生机构在医疗器械评估、购进、安装及验收等环节中的职责，要求医疗卫生机构建立医疗器械验收验证制度。明确医疗卫生机构及其医务人员临床使用医疗器械的原则、规范及注意事项等。要求医疗卫生机构建立医疗器械临床使用风险管理制度，对生命支持类等重点医疗器械实行使用安全监测与报告制度，对大型医疗器械以及植入和介入类医疗器械进行病历记录，开展医疗器械临床使用评价，对存在安全隐患的医疗器械立即停止使用并通知维修。

（4）关于保障维护管理　明确医疗器械保障维护管理应当重点进行检测和预防性维护，医疗卫生机构应当记录和分析维护与维修记录，同时应当具备与医疗器械品种、数量相适应的贮存场所和条件。

（5）关于使用安全事件处理　明确了医疗器械使用安全事件可疑即报和及时报告的原则；根据医疗器械使用安全事件产生的损害程度不同规定了不同的处理程序；对影响较大的，县级以上地方卫生健康主管部门可以采取风险性提示、暂停辖区内医疗卫生机构使用同批次同规格型号的医疗器械，以有效降低风险。

（6）关于监督管理、法律责任及附则　对违反本办法规定的违法行为规定了相应处罚。在附则中明确了医疗器械使用安全事件的概念和调整范围。在附则中对医疗器械使用安全事件的概念进行了界定。

2.《医疗器械使用质量监督管理办法》

2015 年 9 月 29 日发布，2016 年 2 月 1 日起施行，共六章 35 条。快速核酸检测仪的临床使用应按照本办法的规定进行全生命周期质量监测管理。

（1）关于总则　明确了立法目的、适用范围、监管权限、医疗器械使用单位建立使用质量管理制度并承担本单位使用医疗器械的质量管理责任等要求。

（2）关于采购、验收与贮存　要求医疗器械使用单位对医疗器械采购实行统一管理，由其指定的部门或人员统一采购。建立执行进货查验及记录制度，对购进的医疗器械应验明供货者资质和产品合格证明文件，明确了进货查验记录的保存期限。规定了贮存医疗器械的场所和设施要求、温湿度环境条件的监测和记录要求以及对贮存医疗器械的定期检查记录要求。

（3）关于使用、维护与转让　要求医疗器械使用单位建立医疗器械使用前质量检查制度、植入和介入类医疗器械的使用记录制度，以及医疗器械维护维修管理制度。规定医疗器械使用单位要按照产品说明书的要求开展医疗器械的定期检查、检验、校准、保养、维护工作。进一步明确了医疗器械使用单位可以要求医疗器械生产经营企业按照合同约定提供医疗器械维护维修服务，也可以委托有条件和能力的维修服务机构或者自行对医疗器械进行维护维修；使用单位委托第三方或者自行对医疗器械进行维护维修的，医疗器械生产经营企业有义务按照合同约定提供维护维修手册、零部件、维修密码等维护维修必需的材料和信息。规定医疗器械使用单位之间转让在用医疗器械的，应当经有资质的检验机构检验合格后方可转让。医疗器械使用单位之间捐赠在用医疗器械的，参照转让的有关规定办理。

（4）关于监督管理　规定食品药品监督管理部门对使用单位建立、执行医疗器械使用质量管理制度的情况进行监督检查，按照风险管理原则，对有较高风险的医疗器械实行重点监管；可以对相关的医疗器械生产经营企业、维修服务机构进行延伸检查。食品药品监督管理部门应当加强对使用环节医疗器械的抽查检验，并由省级以上食品药品监督管理部门及时发布医疗器械质量公告。医疗器械使用单位应当对其医疗器械质量管理工作进行自查。

（5）关于法律责任　明确了对医疗器械使用单位有关违法行为按照《医疗器械监督管理条例》第六十六条、第六十七条、第六十八条的规定进行处罚的情形。按照规章设定行政处罚的权限，对医疗器械使用单位、医疗器械生产经营企业、维修服务机构违反本办法的有关行为规定了警告和罚款的处罚。

（6）关于附则　明确了医疗器械使用单位中临床试验用医疗器械的质量管理按照医疗器械临床试验有关规定执行，医疗器械使用行为的监管按国家卫生和计划生育委员会的规定执行。

本办法的出台进一步丰富了《医疗器械监督管理条例》的配套规章体系，对加强医疗器械监督管理、保障使用安全具有重要意义。

3.《医疗器械临床使用安全管理规范（试行）》

原卫生部于 2010 年 1 月 18 日发布。快速核酸检测仪临床使用中的不良事件应当遵照本规范的规定进行报告、处置。《医疗器械临床使用安全管理规范（试行）》包含总则、临床准入与评价管理、临床使用管理、临床保障管理、监督和附则，共六章 36 条。本规范所包括的医疗器械是指依照相关法律法规取得市场准入，与医疗卫生机构中医疗活动相关的仪器、设备、器具、材料等物品。医疗器械临床使用安全事件是指获准上市的质量合格的医疗器械在医疗卫生机构的使用中，由于人为、医疗器械性能不达标或者设计不足等因素造成的可能导致人体伤害的各种有害事件。

4.《医疗卫生机构医学装备管理办法》

原卫生部 2011 年 3 月 24 日发布。医疗卫生机构引进快速核酸检测仪后，其全生命周期管理应当按照本办法执行。《医疗卫生机构医学装备管理办法》包含总则、机构与职责、计划与采购、使用管理、处置管理、监督管理和附则，共七章 53 条。本办法所称的医学装备，是指医疗卫生机构中用于医疗、教学、科研、预防、保健等工作，具有卫生专业技术特征的仪器设备、器械、耗材和医学信息系统等的总称。医疗卫生机构利用各种资金来源购置、接受捐赠和调拨的医学装备，均应当按照本办法实施管理。

5.《医院感染管理办法》

原卫生部 2006 年 6 月 15 日发布，自 2006 年 9 月 1 日起施行。快速核酸检测仪的重要应用场景之一是用于病原微生物检定，判定为医院内感染的应及时报告医院感染控制部门进行相应处置。《医院感染管理办法》包含总则、组织管理、预防与控制、人员培训、监督管理、罚则和附则，共七章 39 条。医院感染管理是各级卫生行政部门、医疗卫生机构及医务人员针对诊疗活动中存在的医院感染、医源性感染及相关的危险因素进行的预防、诊断和控制活动。各级各类医疗卫生机构应当严格按照本办法的规定实施医院感染管理工作。医务人员的职业卫生防护，按照《中华人民共和国职业病防治法》及其配套规章和标准的有关规定执行。

6.《医疗机构临床实验室管理办法》

原卫生部于 2003 年 2 月 27 日发布，2006 年 6 月 1 日起实施，2020 年 7 月 15 日进行修订。快速核酸检测仪作为医疗机构临床实验室重要设备之一，其管理应当符合本办法相关规定，并应当参加室间质量评价机构组织的临床检验室间质量评价。

《医疗机构临床实验室管理办法》共 6 章 56 条。第一章总则 5 条；第二章医疗机构临床实验室管理的一般规定 16 条；第三章医疗机构临床实验室质量管理 11 条；第四章医疗机构临床实验室安全管理 11 条；第五章监督管理 9 条；第六章附则 4 条。

7.《医疗机构临床基因扩增检验实验室管理办法》

是对《临床基因扩增检验实验室管理暂行办法》（卫医发〔2002〕10 号）的修订，原卫生部卫办医政发〔2010〕194 号文件颁布，本办法包括附件《医疗机构临床基因扩增检验实验室工作导则》，2010 年 12 月 6 日实施。快速核酸检测仪作为常规 PCR 实验室检测手段的重要补充，常配置在基因扩增实验室，其管理应当符合本管理办法。

8. 医疗机构新冠病毒核酸检测工作手册（试行第二版）

中华人民共和国国务院（以下简称国务院）应对新型冠状病毒感染肺炎疫情联防

联控机制医疗救治组 2020 年 12 月 28 日发布。核酸检测设备因新型冠状病毒肺炎疫情得到快速普及，成为各检测单位鉴定新冠病毒的重要检测手段，其使用及管理流程应遵照本手册的规定制定并实施。本手册为保证检测质量，提高检测效率，满足新冠病毒核酸检测需求而制定，适用于所有开展新冠病毒核酸检测的医疗卫生机构，规范了新型冠状病毒核酸检测的技术人员、标本单采、标本混采、标本管理、实验室检测、结果报告等工作。

（四）卫生标准、国家标准、指南

快速核酸检测仪的制造应符合以下关于电器安全及核酸扩增、微生物鉴定的相关标准和指南。

1. GB/T 39367.1—2020（ISO/TS 17822-1：2014）《体外诊断检验系统 病原微生物检测和鉴定用核酸定性体外检验程序 第 1 部分：通用要求、术语和定义》

国家市场监督管理局、中国国家标准化管理委员会于 2020 年 11 月 19 日发布，2022 年 6 月 1 日实施。本标准对用于人体样本中微生物病原体检测和鉴定的体外诊断核酸定性检验程序的相关概念进行了界定，并建立了其设计、开发和性能方面的通用原则。本标准适用于为检测和鉴定人类标本中的微生物病原体而开发基于核酸的定性体外诊断检验程序的体外诊断医疗器械制造商、医学实验室和科研实验室，以及为检测和鉴定人类标本中的微生物病原体而进行基于核酸的体外诊断检验的医学实验室。

2. GB/T 18268.26—2010（IEC 61326-2-6：2005）《测量、控制和实验室用的电设备 电磁兼容性要求 第 26 部分：特殊要求 体外诊断（IVD）医疗设备》

中华人民共和国国家质量监督检验检疫总局、中国国家标准化管理委员会于 2011 年 1 月 14 日发布，2011 年 5 月 1 日实施。本标准根据体外诊断医疗设备的特性及其电磁环境，规定了其电磁兼容性的抗扰度和发射的基本要求。

3. GB/T 14710—2009《医用电器环境要求及试验方法》

中华人民共和国国家质量监督检验检疫总局、中国国家标准化管理委员会于 2009 年 11 月 15 日发布，2010 年 5 月 1 日实施。本标准规定了医用电气设备环境实验的目的、环境分组、运输试验、对电源的适应能力、基准试验条件、特殊情况、试验程序、试验顺序、试验要求、试验方法及引用本标准时应规定的细则，适用于所有符合医疗器械定义的电气设备或电气系统，目的是评定设备在各种工作环境和模拟贮存、运输环境下的适应性。

4. GB 9706.1—2020（IEC 60601-1：2012，MOD）《医用电气设备 第 1 部分：基本安全和基本性能的通用要求》

国家市场监督管理局、中国国家标准化管理委员会于 2020 年 4 月 9 日发布，2023 年 5 月 1 日实施。本标准的全部技术内容为强制性，适用于医用电气设备和医用电气系统，是有源医疗器械的一个基础性的重要标准，所有的医用电气设备都必须符合本标准的要求。新版标准与前版标准相比，标准的名称、整体结构有很大的变化，涵盖要求的范围更广，不仅强调了风险管理的重要性，同时对器械的防护安全、基本性能等提出了更高的技术要求，是对我国的监管部门、制造商、检验机构、使用方等各执行标准方的新挑战。

5. GB 4793.9—2013（IEC 61010 – 2 – 081：2009，IDT）《测量、控制和实验室用电气设备的安全要求 第9部分：实验室用分析和其他目的自动和半自动设备的特殊要求》

中华人民共和国国家质量监督检验检疫总局、中国国家标准化管理委员会于2013年11月21日发布，2014年11月1日实施。自动和半自动实验室设备由仪器或系统组成，用于测量和改变样品的一种或多种特性或参数，执行的全部过程不需要手动介入。构成该系统一部分的设备适用于本标准。本标准的目的是确保设计和使用的构建方法为操作人员和周围环境对一个允许风险提供高级别的防护，特定条款使用风险管理见其附录AA。

6. YY0648—2008（IEC 61010 – 2 – 101：2002，IDT）《测量、控制和实验室用电气设备的安全要求 第2 – 101部分：体外诊断（IVD）医用设备的专用要求》

国家食品药品监督管理局于2008年4月25日发布，2009年12月1日实施。本标准的全部内容为强制性。适用于预期用作体外诊断（IVD）的医用目的，包括自测体外诊断医用目的的设备。

7. YY/T 1173—2010《聚合酶链反应分析仪》

国家食品药品监督管理局于2010年12月27日发布，2012年6月1日实施。本标准是评价聚合酶链反应分析仪产品质量的依据。规定了聚合酶链反应分析仪（以下简称PCR仪）的术语和定义、分类和命名、要求、试验方法、标志和使用说明书、包装、运输和储存等内容。适用于对核酸样本进行扩增、检测、分析的PCR仪。

二、快速核酸检测设备的相关管理制度

（一）准入评估制度

各医疗卫生机构及实验室应当建立快速核酸检测设备准入评估制度，从多角度建立评估指标体系，全面评估设备的先进性、可靠性、经济性等。

（1）评估设备的先进性 医疗卫生机构设备管理部门应当在收集国内外相关设备情况信息的基础上，跟踪调研、动态比对，做好市场调研摸底。

（2）评估设备的可靠性 所有准入设备应能通过：

1）性能验证。设备应能通过性能验证，性能指标包括但不限于精密度（至少要有重复性）和最低检测限。

2）室内质控。设备应能用于并通过《国家卫生健康委办公厅关于医疗机构开展新型冠状病毒核酸检测有关要求的通知》（国卫办医函〔2020〕53号）要求开展的室内质控。

3）室间质评。设备应能用于常态化参加国家级或省级临床检验中心组织的室间质评。因设备问题导致室间质评结果不合格，或检测结果质量问题突出的设备不得用于开展核酸检测。

（3）评估设备的经济性 应当根据本单位的实际核算情况结合财务核算部门来选

择相应的评估方法，类似的评估方法有：投资回收期法、投资收益率法、本量利分析法、净现值（NPV）法、内含报酬率法等。

（二）市场调研选型与采购制度

医疗卫生机构应当根据国家相关法规、制度以及本机构的规模、功能定位和事业发展规划，科学制订医学装备发展规划。医疗卫生机构要优先考虑配置功能适用、技术适宜、节能环保的装备，注重资源共享，杜绝盲目配置和闲置浪费。

各医疗卫生机构应当制订招标采购管理制度，通过信息化手段了解市场动态，通过调研掌握主流产品信息。采购制度应该建立详细的评价规范及监管措施。采购制度应包括设备使用申请、配置论证、资质预审、谈判、招标、产品验收等环节。

医疗卫生机构购置设备应实行预算管理，编制医疗设备购置计划。购置医疗设备所需经费应当纳入本单位年度预算，按照规定程序和权限审批后实施。

采购部门严禁购置无注册证、无合格证明、技术淘汰的设备，严禁购置二手设备。

（三）主要技术参数的确定原则

医疗卫生机构使用部门基于使用需要提交设备技术要求，设备管理部门通过对设备调研，编制出设备的基本技术参数，对主要技术参数进行充分讨论，技术参数的确定应遵循以下几条原则：

1）公正、公平原则，不得具有指向性。依据《政府采购法》及相关法律法规，进行主要技术参数制定和论证时，此原则为第一原则，设备主要技术参数原则上必须满足三家以上供应商能符合要求。

2）主要技术参数应当明确、全面。确定主要技术参数时，对量化的条目要写明确，对核心技术参数要写全面。

3）主要技术参数要突出核心、放宽通用。对于关键性的、能衡量设备水平的主要技术参数，采购评分时，应赋予较高的评分权值，但应突出核心，不宜太多。对一些通用的技术参数，则可以适当放宽，以广泛调动供应商的竞争积极性，节约成本。

4）主要技术参数要有据可查。有据可查是指可以通过产品注册证或者检验报告来判断和甄别。可通过要求厂家提供技术白皮书（data sheet）和产品说明书等材料，作为核准技术指标的依据。

（四）设备的安装与验收制度

购置设备应实行安装与验收制度。购置设备后，医疗卫生机构应当严格按照购置合同、质量标准，组织对设备进行验收，办理验收手续、出具验收报告。医疗卫生机构也可委托具有相应资质或技术能力的第三方机构负责验收。未经验收或者验收不合格的，医疗卫生机构不得接收相应设备。

（五）设备使用管理制度

1. 使用登记制度

医疗卫生机构及实验室应当加强核酸检测设备的质量安全管理，建立健全设备质量安全管理制度，定人使用、定人保管、定期维护保养和安全检查检测，建立设备使用管理登记制度，及时对设备进行登记，并妥善保管。使用和保管人员工作变动时，应当严格履行交接手续。设备使用管理登记应包括基本信息、使用记录、维修记录、检测记录、质量等级、交接记录等内容。

2. 质控与计量制度

医疗机构应定期对医疗设备开展质量控制工作，同时医疗设备应当按照规定采取计量检定、校准、测试等质量控制措施，确保医疗设备安全可靠、准确有效。按照《中华人民共和国计量法》对列入国家强制检定目录的医疗设备，须进行强制周期检定、检测。未列入国家强制检定目录的医疗设备，为保证试验结果的真实性、可靠性，须对设备定期进行性能验证。未经检定、校准、测试或者检定、校准、测试不合格的，不得使用。

3. 日常维护制度

设备的日常保养，通常由医疗卫生机构使用科室或实验室承担。医疗卫生机构及实验室应当建立设备日常维护制度，明确设备管理责任人，定人定期对设备维护保养和安全检查检测，建立设备维护保养登记制度，及时记录设备维护保养中发现的异常情况，保障使用寿命，降低故障发生率。应采取以下措施避免因使用人员或维护人员操作不当而导致的设备损坏：

1）设备使用人员及维护人员应当具有相应的专业技术知识，否则不得从事设备操作工作。

2）医疗卫生机构及实验室应当适时组织设备使用人员及维护人员进行操作使用和维护保养培训，建立培训档案并定期组织考核。未经培训和考核或者经培训后考核不合格的，不得操作使用医疗设备。

3）设备使用人员及维护人员应当熟练掌握操作技术，严格遵守操作规程，确保医疗设备使用安全。未按操作规程使用医疗设备，造成不良后果的，必须按照有关规定追究当事人的责任。

4. 故障异常报告及维修制度

设备在使用中发生异常情况，应当立即停止使用，并组织进行检修。经检修达不到规定标准的，不得使用。

设备维修一般由医疗卫生机构设备管理部门组织。对本单位无法修复的医疗设备，可以委托生产厂家和地方具有医疗设备维修资质的维修机构进行维修。医疗设备使用科室不得擅自拆装、维修医疗设备。医疗设备维修后必须进行检测。

医疗卫生机构及实验室应实行医疗设备不良事件报告制度。医疗设备不良事件报告程序和处理方法，按照《医疗器械不良事件监测和再评价管理办法》的有关规定执行。

5. 报废制度

医疗设备若出现大部分或关键部件因长时间使用造成磨损、老化，导致设备故障，维修费用较大或极不合理时即可申请报废。设备的报废，由设备使用部门提出申请，医疗卫生机构设备管理部门组织技术鉴定，医疗设备管理委员会审查，经本单位领导办公会议批准后，相关设备即可进行报废处理，仍有残值的应按照资产管理及财务管理相关规定处置。

（六）试剂管理制度

快速核酸检测设备配套使用的试剂应当选择国家药品监督管理部门批准的试剂，且试剂要与检测仪器相匹配。所有试剂应当严格按照要求条件妥善保存，并在有效期内使用。在用于临床标本检测前，实验室应对试剂进行必要的性能验证，性能指标包括但不限于精密度（至少要有重复性）和最低检测限［建议选用高灵敏的试剂（检测限≤500 拷贝/mL)］。

三、快速核酸检测环境的相关管理制度

快速核酸检测在临床实践上一般应用于病原微生物的快速检测。其中多数病原微生物具有一定传染性，其检测环境一般应当充分考虑所检测病原微生物致病性的危险等级，按照相应实验室防护等级要求进行建设，以符合医疗卫生机构的感染控制要求。应急使用情况下也应当采用合理配置试验空间、配备生物安全柜、做好工作人员防护、规范进行环境消毒等基本生物安全措施。其他用于非致病性微生物检测等特殊专用应用领域的，其检测环境一般应按照实际工作要求设置。首先要满足设备正常工作的温度、湿度、空气洁净度、稳定供电等要求，其次要符合标本流转、试剂储存、结果登记发放、废弃标本及废液处理等工作流程要求。具体执行中可以参照病原微生物实验室建设及传染性病原体检测环境的要求，对非必要条件进行放宽。

四、风险管理相关制度

（一）风险管理制度

医疗器械是一种有使用风险的产品，为了能有效地控制产品质量，长期以来各医疗器械标准化技术委员会制定了大量标准，其中有些标准涉及面广，是大多数医疗器械产品应该采用的标准。这些重要的医疗器械标准基本覆盖了主要医疗器械产品在安全方面的要求，构成了医疗器械安全方面的标准化体系。

1. YY/T 0316—2016（ISO 14971：2007 更正版，IDT）《医疗器械　风险管理对医疗器械的应用》

国家食品药品监督管理局于 2016 年 1 月 26 日发布，2017 年 1 月 1 日实施。

ISO 14971 是国际公认的用于医疗器械风险管理的标准，目前国内遵循的 YY/T 0316—2016 就是等同转化的 ISO 14971：2007 更正版。

本标准为制造商规定了一个过程，以识别与医疗器械［包括体外诊断（IVD）医疗器械］有关的危险（源），估计和评价相关的风险，控制这些风险，并监视控制的有效性。

本标准从风险管理通用要求、风险分析、风险评价、风险控制、综合剩余风险的可接受评价、风险管理报告、生产和生产后信息等方面给出相应标准，适用于医疗器

械生命周期所有阶段的风险管理。

本标准涉及管理风险的过程，主要是对患者的风险，但也包括对操作者、其他人员、其他设备和环境的风险。

2. ISO 14971：2019《医疗器械 风险管理对医疗器械的应用》

本标准由 ISO/TC 210 技术委员会（医疗设备的质量管理和相应的一般方面）和 IEC/SC 62A（医疗实践中使用的电气设备的常见方面）编写，2019 年 12 月出版。第三版取消并替代了经过技术修订的第二版（ISO 14971：2007）。

3. YY/T 0287—2017（ISO 13485：2016）《医疗器械 质量管理体系 用于法规的要求》

国家市场监督管理总局于 2017 年 1 月 19 日发布，2017 年 5 月 1 日实施。

本标准规定了质量管理体系要求，涉及医疗器械生命周期的一个或多个阶段的组织能依次要求进行医疗器械的设计和开发、生产、贮存和流通、安装、服务和最终停用处置，以及相关活动（例如技术支持）的设计和开发或提供。本标准的要求也能用于向这种组织提供产品（例如原材料、组件、部件、医疗器械、灭菌服务、校准服务、流通服务、维护服务）的供方或其他外部方。该供方或外部方能自愿选择符合本标准的要求或按合同要求符合本标准的要求。

（二）不良事件监测管理制度

关于快速核酸检测仪不良事件监测管理（如不良事件的定义、各主体的主要义务、不良事件的报告途径、不良事件报告的时限要求等）的处理具体可参照《医疗器械不良事件监测和再评价管理办法》（国家市场监督管理总局令第 1 号）。

五、相关人员岗位职责

（一）设备采购人员职责

1）负责预算范围内的设备采购工作。

2）进行市场调研，了解主流设备的产地、型号、性能、质量，对市场主流产品和服务进行调研、考察、评估，按相应规定筛选合适设备。

3）参与器械规划的分析论证，根据设备使用和维修部门提交的采购申请计划，在对现有设备功能局限、老化程度、使用年限情况进行评估论证的基础上，编制采购计划并呈批。

4）按照批复计划选择合适采购方式进行采购，不得擅自更改采购计划，不得接受未经批准的采购计划。

5）负责采购实施和采购后的公示工作，严格审查设备生产及销售资质，杜绝采购伪劣残次产品及无证产品。及时查验并要求厂商更换过期证件。

6）监管合同的执行情况，负责验货。经验收不合格的，应负责与有关厂家、公司交涉。收集用户反馈信息，组织对器械的产品质量和服务进行评价。

7）做好采购资料的收集汇总并建立档案。

8）严格遵守廉洁纪律，不得以任何形式收取厂商的回扣和礼品。

（二）实验室设备管理员的职责

1）知晓和履行相关制度和岗位职责，检查设备使用人员的上岗资格。

2）熟悉设备相关操作流程、应知晓医疗设备应急管理、应急预案及保障措施。严格按照《病原微生物实验室生物安全管理条例》及相关技术规范要求开展试验活动，防止实验室泄露或人员感染，确保实验室生物安全。

3）协助医务人员正确使用防护用品。

4）负责设备的日常保养。

5）提出设备配置申请。

6）做好设备使用记录，负责不良事件的监测与报告。

（三）设备维护人员的职责

1）参加设备的安装调试和验收。

2）负责设备的维修，坚持预防为主，按预防性维护计划定期进行巡检并做好记录。

3）收到医疗设备维修申请后，应及时对故障进行检查，按照维修流程执行。

4）定期对设备的安全使用情况进行检查，提出安全使用的意见、建议。

5）对自行维修的医疗设备应认真填写设备维修报告，注明设备故障的原因、现象和解决方案，存档备查。

6）对拟报废的设备提出技术鉴定意见。

7）参加主管部门对设备使用情况的检查评价，对医疗设备的完好率和功能开发利用率进行评估。

8）拟定维修备品、备件的购置计划。

9）对医疗设备事故或不良事件提出分析意见。

第二节　快速核酸检测仪的使用管理

快速核酸检测仪应在符合上述实验室资质要求和分区要求环境下使用，采样及检测等技术人员应经过上岗培训和定期考核，保证其掌握实验室技术规范、操作规程、生物安全防护知识和实际操作技能。对于培训考核合格的人员给予参与检测与报告授权，对于考核不合格或长期不在岗的人员解除授权。

一、相关设备的使用管理

快速核酸检测实验室应当配备快速核酸检测仪、生物安全柜、病毒灭活设备、冰箱或冰柜、离心机、振荡仪、移液器、不间断电源（UPS）等与开展核酸快检相适宜的仪器设备。设备应按照一般医疗设备管理要求做到专人使用、专人保管、定期维护保养，并做好安全检查检测；建立设备档案及使用管理登记制度，应包括设备基本信息、使用记录、维修记录、检测记录等；使用和保管人员工作变动时，应当严格履行交接手续并登记在案。关键设备使用中还要做好以下几个方面的工作。

（一）设备性能评价

新购置的核酸检测设备或试剂盒在正式用于检测临床标本前，应对其最低检测限、特异性、准确度、抗干扰能力等性能进行验证，确认检测系统的随机分析误差符合临床要求。精密度性能是检测系统的基本分析性能之一，也是其他方法学评价的基础，如果精密度差，其他性能评价试验则无法进行。目前国内关于精密度性能评价的试验方案多种多样，其中有些缺乏科学依据。美国国家临床实验室标准化委员会（CLSI）颁布了两个指导性文件 EP5 – A2《定量测量方法的精密度性能评价：批准指南　第 2 版》和 EP15 – A《用户对精密度和准确度性能的核实指南》，以满足不同需要。

（二）维护保养

核酸快检仪器使用人员负责对仪器进行定期的、必要的维护和保养，填写《设备运行情况登记表》，要严格按照具体设备的操作保养规程进行操作，并认真做好仪器设备使用和保养情况记录。保养内容包括：机器外观检查，如声音、温度、指示灯等；对易松动的螺钉和零件进行紧固；清洁风扇、过滤网、机内的除尘；年度维护中，需要对仪器内部线路板连接口进行检测并加固；对设备的主体部分或主要组件进行检查，检查仪器绝缘程度，主要检查电源线及各带电导线、导体等有无破损漏电，机壳有无漏电；校验，确保良好的机器性能。

1. 日保养

每天使用后，需对仪器进行日常维护，并做好日保养记录。通常由医疗卫生机构使用科室或实验室承担。

2. 定期保养

除了日常维护外，在仪器运行 6 个月或长时间储存后再使用时，需要进行定期保养。设备的定期保养，通常由设备供应商承担，由设备管理责任人与厂家技术人员对接，定期对设备进行维护保养和安全检查检测，及时记录设备维护保养中发现的异常情况，保障使用寿命，减少故障发生率。

3. 校准

要求每年厂家工程师均对快速核酸检测仪进行一次校准，对设备的主体部分或主要组件进行检查，调整精度，必要时更换易损部件，保证结果准确可靠。

4. 仪器异常维护保养

试验过程中出现意外情况无法处理，应停止试验，断开电源适配器并联系工程师进行检测。

维护保养的具体操作方法见表3-1。

表 3-1　维护保养的具体操作方法

保养项目	保养细则	方法
日常清洁	显示屏清洁（1 次/日）	用干燥软布对屏幕进行清洁，严禁使用任何有机溶剂、酸性或碱性溶液
	PCR 检测孔清洁（1 次/日）	用软布蘸取 75% 乙醇、洁净水分两步进行清洁擦干。清洁时严禁清洁液流入检测插口
	仪器表面清洁（1 次/日）	用软布蘸取 75% 乙醇、洁净水分两步进行清洁擦干
	仪器提取室清洁（1 次/日）	用软布蘸取 75% 乙醇、洁净水分两步进行清洁擦干
	其他（1 次/日）	通风、紫外线照射、废弃物处理等，应遵循实验室常规处理方案
仪器校准	1 次/年	联系厂家工程师进行校准
特殊维护	以上项目出现污染时	用软布蘸取 DNA 消除剂、洁净水分两步进行清洁擦干
防污染措施	严格分区实验室及遵守工作流程，使用化学清洁试验台面，使用紫外线照射和 UNG 酶法（尿嘧啶－N－糖基化酶）消除扩增产物污染等	

二、试剂使用管理

根据 CNAS－CL02：2012《医学实验室质量和能力认可准则》，实验室应制定文件化程序用于试剂的接收、储存、验收试验和库存管理，同时要做好相应的记录。试剂管理程序宜包括目的、适用范围、职责、工作程序、支持性文件、相关记录等内容。

（一）试剂出入库

1. 管理

实验室应设置试剂管理员至少一名，协助实验室负责人规范试剂管理过程中的招标、订购、验收、入库、申领、出库、保存、盘点、报废等各个环节。实验室应配备使用方便、简洁的试剂管理信息系统。

2. 招标

试剂管理员协助实验室负责人对试剂进行招标。招标前，试剂管理员要对拟招标试剂进行调查。拟招标试剂的供应商应注册合法、证件齐全，其提供的产品应具有生产批准文号或进出口注册证。在同类产品中选择成本小、质量高的产品。

3. 订购

试剂管理员根据试剂的使用情况，有计划地订购试剂。订购时间可以以周期性固定的形式进行，如每月××日和××日，试剂管理员需要在指定日期前提交试剂的电子订购申请，生成"采购申请单"，并由实验室负责人审核。

4. 验收

试剂到货后，必须由试剂管理员和设备处工作人员共同办理验收手续，仔细核对试剂的名称、规格、批号、数量、有效期等。发现试剂盒破损、试剂渗漏及过期试剂一律给予退回。验收完毕，由试剂管理员和设备处工作人员在销售明细上共同签字。

5. 入库

试剂入库时，需由试剂管理员和实验室负责人共同办理电子入库手续，保证账物相符。试剂按照待验区、存储区分别放置。试剂在冰箱的摆放要按有效期进行，有效期较近的试剂摆放在前面，方便优先使用。试剂批号发生变化时，要在试剂外包装醒目的地方注明"新试剂"字样，方便在使用试剂时及时识别试剂批号的变化。库房的温度和湿度记录实行实时电子化监控，如有报警，试剂管理员接收到信号后须立即处理并记录。

6. 申领

快速核酸检测试验人员根据用量需求每周固定时间，如周一、三、五上午9时前从库房申领当日或次日所需试剂，电子申领单须由负责人（分子组组长或核酸组组长）审核。

7. 出库

试剂管理员根据提交的电子申领单完成出库，有效期在前的优先出库，并形成试剂出库记录。

8. 试剂的性能验证

实验室应对新批号或同一批号不同货运号的试剂进行验收，验收试验至少应包括：

1）外观检查：肉眼可看出的，如包装完整性、有效期等。

2）性能验证：快检试剂的验证应选择阴性和弱阳性的样品进行试剂批号验证，且必须符合预期。

9. 试剂的记录

试剂的记录包括但不限于以下内容：

1）试剂的标识。

2）制造商的名称、批号或货号。

3）供应商或制造商的联系方式。

4）接收日期、失效期、使用日期、停用日期（适用时）。

5）接收时的状态（例如：合格或损坏）。

6）制造商说明书。

7）试剂初始准用记录。

8）证实试剂持续可使用的性能记录。

（二）试剂保存

快速核酸检测试验人员负责本岗位所涉及试剂的保存，试剂冰箱的温度和实验室环境的温度、湿度要做到每日查看、记录。试剂保存温度以试剂盒说明书要求的温度为宜。

（三）试剂分装

根据设备说明对试剂进行提前分装。

（四）试剂配置

1）快速核酸检测试剂配置须在 PCR 室试剂准备区进行。

2）在试剂配置前，提前将所需配置的试剂盒从冷冻冰箱中取出，恢复至室温（酶可暂时存放于 4℃冰箱中）。

3）开启超净工作台，准备配置试剂所需的相应耗材，如各种规格的滤芯吸头，去 RNA 酶的 1.5mLEp 管、八连管等。

4）根据检测样本量的多少计算所需试剂各组分的体积量。

5）待试剂融化恢复至室温后，振荡短暂离心。吸取各组分相应的体积量置一个去 RNA 酶的 1.5mLEp 管中，混合均匀，短暂离心，分装于八连管中，连同"PCR 试验流程记录表"一起由传递窗传送至样本制备区。

（五）试剂盘点

试剂管理员每月组织快速核酸检测岗位人员清点当月试剂的申领量、消耗量，以及目前的库存量，形成电子报告并打印。

（六）试剂报废

由于超过有效期或其他原因导致试剂报废时，试剂管理员协助快速核酸检测岗位工作人员查找原因，并形成书面报告，交组长审核。组长审核后交实验室负责人批准后方可报废。

（七）试剂的不良事件报告

由试剂直接引起的不良事件和事故，应按照医疗卫生机构或公司的要求进行调查，向监管部门报告并记录。

（八）记录的保存

上述涉及的所有记录均需要保存两年，保存形式不限于纸张，可以是电子媒介（如实验室试剂管理系统、实验室温度管理系统等）。

三、安全管理

（一）检测人员安全防护

致病微生物检测人员试验操作时，必须按照安全防护要求着防护服、戴口罩、戴帽子。新型冠状病毒核酸检测操作者应戴两层乳胶手套、穿两层工作服，其中内层为一般性的长袖工作服（可高压清洗再使用），外层为一次性防护服；戴医用防护口罩和帽子，戴护目镜。发生以下意外伤害时需要采取必要措施并记录。

1）试验过程中如发生血清飞溅到衣服，应立即更换工作服，并将污染衣物放置在污染待消毒的衣桶中。

2）如发生血清飞溅到皮肤，应立即用流水和清洁肥皂清洗 5 次 ~7 次，并彻底洗澡；如发生血清飞溅入眼，应立即使用实验室配置的台式洗眼器持续冲洗眼部

10min ~ 15min。

3）试验过程中如需使用锐器操作，应严格遵循操作要求。如不慎被锐器刺破皮肤时应立即脱下手套，尽可能快速由近心端向远心端彻底挤出伤口血液，然后用流水和清洁肥皂洗涤，用碘酒、乙醇消毒。如侵入皮肤或黏膜的污染物为强传染性标本应立即报告科室负责人，当事人应按照医疗卫生机构的传染病锐器伤流程要求，立即抽血检测、注射相关疫苗或进行预防性治疗，并进行医学观察。

4）新型冠状病毒核酸检测实验室的工作人员在试验过程中发生意外，如感染性标本试管破碎造成的意外感染（如刺伤、扎伤、划伤），感染性物质或培养物溢出或溅洒到试验台面、体表、口鼻眼内，以及使用离心机过程中，含有危险品的离心管意外破裂等造成的感染，视为实验室事故。发生实验室事故应及时报告实验室主管负责人。在紧急处理的同时必须向有关专家和领导汇报，并详细记录事故经过和损伤的具体部位和程度等，由专家评估是否需要进行预防性治疗。

（二）标本的安全管理

标本运送、交接、前处理、存放和废弃样本处置详见第四章第二节"一、样本采集、接收、保存及核酸提取"；在试验过程中检测标本外漏时，应立即用 0.2% 含氯消毒剂消毒后用纸巾遮盖 1h，然后移到垃圾桶，再用 0.55% 含氯消毒剂将污染处擦拭干净后使用清水擦拭干净。

（三）实验室检测的安全管理

1. 标本检测过程的安全管理

（1）基本要求 标本灭活及检测应当在生物安全二级实验室进行，开展新冠病毒核酸检测的实验室应当采用生物安全三级实验室的个人防护。

（2）试验前的安全要求 应使用 0.2% 含氯消毒剂或 75% 乙醇进行桌面、台面及地面的消毒。消毒液需每天新鲜配制，存放时间不超过 24h。转运至实验室的标本转运桶应在生物安全柜内开启。转运桶开启后，使用 0.2% 含氯消毒剂或 75% 乙醇对转运桶内壁和标本采集密封袋进行喷洒消毒。取出标本采集管后，应首先检查标本管外壁是否有破损、管口是否泄露或有管壁残留物。确认无渗漏后，推荐用 0.2% 含氯消毒剂喷洒、擦拭消毒样品管外表面（此处不建议使用 75% 乙醇，以免破坏样品标识）。如发现渗漏应立即用吸水纸覆盖，并喷洒 0.55% 含氯消毒剂进行消毒处理。新冠病毒核酸检测标本渗漏不得对标本继续检测操作，消毒处理后做好标本不合格记录后需立即进行密封打包，压力蒸汽灭菌处理后销毁。实验室操作人员在进行标本热灭活时，温浴前需旋紧标本采集管管盖，必要时可用封口膜密闭管盖；温浴过程中可每隔 10min 将标本轻柔摇匀 1 次，以保证标本均匀灭活；温浴后标本需静置至室温或至少 10min 使气溶胶沉降，随后再开盖进行后续核酸提取。

（3）核酸提取和检测安全要求 进行标本的核酸提取和检测时应尽可能在生物安全柜内操作。如为打开标本管盖或其他有可能产生气溶胶的操作，则必须在生物安全柜内进行。

（4）试验结束后的安全要求 需对实验室环境进行清洁消毒

1）实验室空气消毒。实验室每次检测完毕后应进行房间紫外线消毒30min或紫外线消毒机照射消毒1h。必要时可采用核酸清除剂等试剂清除实验室残留核酸。

2）工作台面消毒。每天试验后，使用0.2%含氯消毒剂或75%乙醇进行台面、地面消毒。

3）生物安全柜消毒。试验使用后的耗材废弃物放入医疗废物垃圾袋中，包扎后使用0.2%含氯消毒液或75%乙醇喷洒消毒其外表面。手消毒后将垃圾袋带出生物安全柜放入实验室废弃物转运袋中。试管架、试验台面、移液器等使用75%乙醇进行擦拭。随后关闭生物安全柜，紫外线灯消毒30min。

4）转运容器消毒。转运及存放标本的容器使用前后需使用0.2%含氯消毒剂或75%乙醇进行擦拭或喷洒消毒。

5）塑料或有机玻璃材质物品消毒。使用0.2%含氯消毒剂、过氧乙酸或过氧化氢擦拭或喷洒消毒。

2. 产物处理和消毒

（1）产物处理 将核酸提取产物加样后的容器移出生物安全柜后，装入双层黄色垃圾袋中扎口。试验结束后，将与标本操作相关的医疗废弃物置于实验室内的高压灭菌器中，经121℃、30min高压消毒后沿医疗废物通道转运出实验室；扩增后的反应管严禁在实验室内打开，须倒入专用废物桶中，消毒后送环保部门集中销毁。

（2）消毒 每次试验结束后采用0.55%含氯消毒剂对试验操作台进行常规清洁擦拭，注意按照单一方向流程的原则依次清洁试剂准备区、样品制备区和扩增区的试验操作台。各区域的清洁消毒工具均专用，待操作台干燥后采用紫外线灯照射30min~60min。

疑似样本处理流程详见第四章第二节"一、样本采集、接收、保存及核酸提取"。

（四）环境消杀

1. 一般环境消杀程序

1）试验前开启各区域的通风系统。

2）试验后，由相关人员分别在试剂准备区、样品制备区和扩增区用各区专用工具以10%次氯酸钠溶液擦洗地面和试验操作台及加样枪。每区均有专用拖把和抹布。使用75%乙醇日常擦拭清洁试验操作台，并经紫外线灯消毒60min后，依次关闭各区紫外线灯并记录照射时间。

3）每周使用70%乙醇清洗PCR仪样品槽，以免有灰尘或其他残留物影响扩增管与金属模块充分接触，从而影响扩增效果。

2. 新型冠状病毒核酸检测环境消杀程序

试验结束后清洁消毒试验台面和地面，先使用0.2%含氯消毒剂，作用0.5h后再用清水擦拭，各区抹布分开使用，或使用一次性纸巾按照从试剂准备区、样品制备区到扩增区的单一流向进行。每区紫外线灯距台面60cm~90cm照射60min，如有需要可延长照射时间。

（五）环境样本定期监测

定期检测实验室是否发生核酸污染：将1个或多个打开的空管静置于样品制备区30min～60min，然后加入扩增反应混合液，同时以水替代核酸样本扩增，如为阳性，而同样操作的未打开空管扩增结果为阴性，则说明实验室有扩增产物的存在。应停止本实验室的使用，及时进行通风，喷洒纯净水使气溶胶沉淀，用10%次氯酸钠溶液擦洗地面和试验操作台及加样枪，各区分别喷洒核酸去除试剂，并经紫外线灯消毒60min，每天处理直至污染消除方可恢复实验室的使用。

（六）工作人员安全防护的具体措施

1. 工作人员防护装备

工作人员防护装备要求按照《关于印发医疗机构新型冠状病毒核酸检测工作手册（试行第二版）的通知》（联防联控机制医疗发〔2020〕313号）执行。配备：N95型及防护等级更高的口罩、护目镜、防护服、乳胶手套、防水靴套；如果接触患者血液、体液、分泌物或排泄物，那么要戴双层乳胶手套；手套被污染时，及时更换外层乳胶手套。每采一个人应当进行严格手消毒或更换手套。

2. 工作人员实验室检测安全防护

1）核酸检测应当在生物安全二级实验室进行，开展新冠病毒核酸检测的实验室应当制定实验室生物安全相关程序文件及实验室生物安全操作失误或意外的处理操作程序，并有记录。

2）试验前应使用0.2%含氯消毒剂或75%乙醇进行桌面、台面及地面消毒。消毒液需每天新鲜配制，存放时间不超过24h。转运至实验室的标本转运桶应在生物安全柜内开启。转运桶开启后，使用0.2%含氯消毒剂或75%乙醇对转运桶内壁和标本采集密封袋进行喷洒消毒。取出标本采集管后，应首先检查标本管外壁是否有破损、管口是否泄露或是否有管壁残留物。确认无渗漏后，推荐用0.2%含氯消毒剂喷洒、擦拭消毒样品管外表面（此处不建议使用75%乙醇，以免破坏标本标识）。如发现渗漏应立即用吸水纸覆盖，并喷洒0.55%含氯消毒剂进行消毒处理，不得对标本继续进行检测操作，做好标本不合格记录后需立即进行密封打包，并经压力蒸汽灭菌处理后销毁。

3）试验应尽可能在生物安全柜内进行操作。如为打开标本管盖或其他有可能产生气溶胶的操作，则必须在生物安全柜内进行。

4）试验结束后需对实验室环境进行清洁，消除可能的核酸污染。实验室空气清洁：实验室每次检测完毕后，可采用房间固定和/或可移动紫外线灯进行紫外线照射2h以上，必要时可采用核酸清除剂等试剂清除实验室残留核酸。

① 工作台面清洁：每天试验后，使用0.2%含氯消毒剂或75%乙醇进行台面、地面清洁。

② 生物安全柜消毒：试验使用后的耗材废弃物放入医疗废物垃圾袋中，包扎后使用0.2%含氯消毒剂或75%乙醇喷洒消毒其外表面。手消毒后将垃圾袋带出生物安全

柜放入实验室废弃物转运袋中。试管架、试验台面、移液器等使用 75% 乙醇进行擦拭。随后关闭生物安全柜，紫外线灯照射 30min。

③ 转运容器消毒：转运及存放标本的容器使用前后需使用 0.2% 含氯消毒剂或 75% 乙醇进行擦拭或喷洒消毒。

④ 塑料或有机玻璃材质物品的清洁：使用 0.2% 含氯消毒剂、过氧乙酸或过氧化氢擦拭或喷洒。

3. 实验室污染的处理

1）标本污染生物安全柜的操作台造成局限污染时，立即用吸水纸覆盖，并使用 0.55% 含氯消毒剂进行喷洒消毒。消毒液需要现用现配，24h 内使用。

2）标本倾覆造成实验室污染时，保持实验室空间密闭，避免污染物扩散。立即使用润湿有 0.55% 含氯消毒剂的毛巾覆盖污染区。必要时（如大量溢洒时）可用过氧乙酸加热熏蒸实验室，用量为 $2g/m^3$，熏蒸过夜；或用浓度为 $20g/L$ 的过氧乙酸消毒液用气溶胶喷雾器喷雾，用量为 $8mL/m^3$，作用 1～2h；必要时还可用高锰酸钾 - 甲醛熏蒸：高锰酸钾溶液的浓度为 $8g/m^3$，放入耐热耐腐蚀容器（陶罐或玻璃容器）后，加入 40% 甲醛，用量为 $10mL/m^3$，熏蒸 4h 以上。熏蒸时室内湿度为 60%～80%。

3）清理污染物时严格遵循活病毒生物安全操作要求，采用压力蒸汽灭菌处理，并进行实验室换气等，防止次生危害。

（七）废弃物处理的流程及措施

1. 废弃物处理的基本要求

1）所有的危险性医疗废物必须按照统一规格化的容器和标示方式，完整且合规地标示废物内容。容器有效封口，确保封口严密，确保医疗废物包装无破损、无渗漏。

2）应当由经过培训的人员使用适当的个人防护装备和设备处理危险性医疗废物。

3）实验室及医疗卫生机构应建立医疗废物处理记录，定期对实验室排风过滤器进行更换，定期对处理后的污水进行监测，并监测压力灭菌效果。

2. 废弃物处理的措施

医疗废物的处理是控制实验室安全的关键环节，必须充分掌握生物安全废弃物的分类，并严格执行相应的处理程序。对实验室内的医疗废物要做到及时清运，对实验室场地要定时消毒，杜绝环境污染。此外，实验室还应配备相应人员进行终末消毒和医疗废物转运。

（1）废液的处理 实验室产生的废液可分为普通污水和感染性废液。普通污水产生于洗手池等设备，对此类污水应当排入实验室水处理系统，经统一处理达标后进行排放。感染性废液即在试验操作过程中产生的废液，需采用化学消毒（用 0.55% 含氯消毒剂处理）或物理消毒（紫外线照射 30min 以上）方式处理，确认彻底消毒灭活后方可排入实验室水处理系统，经统一处理达标后进行排放。污水消毒处理效果按 GB 18466—2005《医疗机构水污染物排放标准》的相关规定进行评价。

（2）固体废物的处理　实验室固体废物应当分类收集。固体废物的收集容器应当具有不易破裂、防渗漏、耐湿耐热、可密封等特性。实验室内的潜在感染性废物不允许堆积存放，尤其对检测结果为阳性的样本，需将生物安全柜和试验核心区的医疗废物在产生地点进行高压蒸汽灭菌，然后按照感染性废物收集处理；如检测结果为阴性，确认检测结果无误后可立即将阴性样本检测产生的医疗废物进行规范包装，按照医疗废物处理流程进行处置。废物处置之前，应当存放在实验室内指定的安全位置。小型固体废物（如检测耗材、个人防护装备等）须使用双层防渗漏专用包装袋打包密封后经过压力蒸汽灭菌处理，再转运出实验室。实验室每次高压灭菌均须进行消毒效果验证并保存消毒和验证记录。根据生物风险评估，可以每月或每季按照操作要求进行一次高压灭菌效果的生物监测。体积较大的固体废物如HEPA（高效空气过滤器），应当由专业人士进行原位消毒后，装入安全容器内进行消毒灭菌。不能进行压力蒸汽灭菌的物品（如电子设备）可采用环氧乙烷熏蒸消毒处理。经消毒灭菌处理后，移出实验室的固体废物须集中交由医疗废物处理单位进行处置。

3. 废弃物清运管理

（1）确定管理单位　核酸检测实验室或医疗卫生机构可以自主选择具有相应资质的医疗废物收集处置单位承担医疗废物的清运、无害化处置任务。当卫生健康部门需要大量增加核酸检测任务，导致医疗废物的运输能力与产废量发生矛盾时，当地生态环境部门可以根据辖区医疗废物收运企业现行收运路线，按照就近便利原则，合理分配收运任务，提高收运效率。

（2）确保及时清运　核酸检测实验室或医疗卫生机构应根据暂存场所的医疗废物贮存情况与收运单位约定清运时间，清运应避免大风、雷雨天气。收运单位要优化运输车辆调度，合理安排收运路线，做好医疗废物清运保障。当大量增加核酸检测任务时，应适当增加清运频次。

（3）强化清运防护　核酸检测实验室或医疗卫生机构应划定医疗废物搬运专用通道，使用专用货（楼）梯。医疗废物清运人员应做好个人防护（搬运普通医疗废物前应穿戴工作服，搬运感染性医疗废物前应穿戴防护服），并正确佩戴防护口罩、防护手套等防护用品，搬运过程中应尽量避免与其他工作人员的接触。医疗废物清运人员按约定时间将医疗废物沿专用通道送至指定场所，应确保医疗废物不落地，不得丢弃、遗漏医疗废物。清运交接过程中，要明确告知该批次医疗废物是否属于"感染性医疗废物"。每次医疗废物清运工作结束后，应对清运人员的防护用品进行消毒后按照医疗废物进行管理，且应对门把手等清运人员接触部位、转运区域环境〔如搬运专用通道、货（楼）梯、暂存场所清空处〕、设施、转运车及容器等进行全面消毒。

（4）落实台账与联单制度　核酸检测机构（实验室）应建立医疗废物管理台账制度，及时登记医疗废物的产生量、清运量、清运单位等情况。医疗废物转移应填写《医疗废物转移联单》并按要求存档备查。

第三节　快速核酸检测仪的应急管理

一、概述

应急管理对象是指突然发生的，与快速核酸检测仪相关，且需要紧急处理的情况。这些紧急情况包括且不限于：

1) 设备运行过程前或过程中突然发生的故障。
2) 设备正常运行的环境条件发生重大变化。
3) 出现质控失败、高致病性病原体阳性等需要紧急处理的情况。

二、总体要求

快速核酸检测仪的应急管理应对仪器故障、环境影响等进行快速排查处理，需要考虑样品、试剂的特殊要求，并结合仪器本身的特点综合施策。快速核酸检测仪的应急管理应具有快速、安全、短期正常运行的准连续性和准复现性等特征。

快速核酸检测仪作为实验室的关键设备，应编写应急预案以及应急处理流程，并在工作时间中不断补充完善、持续改进。预案中应包括相关人员的职责、常规故障的处理措施以及报告的流程。实验室还可绘制应急管理流程图，表明相关程序、设备、人员均为受控闭环。

快速核酸检测仪的应急管理预案及相关管理程序还应符合实验室内特别是 PCR 技术相关设备的通用要求，且在制定快速核酸检测仪的应急管理制度时应尽量保证这些设备的使用人员及管理人员职责一致，避免混淆。

三、快速核酸检测仪检测过程的应急管理

（一）污染应急管理

目前，快速核酸检测仪不同厂家的检测方式不一，有些已达到整个检测过程密闭完全不开盖，有些还需在扩增前进行必要的样本处理和试剂准备，无论哪种设计，在污染应急管理中还应依据相关文件，如 WHO 颁布的《实验室生物安全手册（第三版）》、美国 CDC（疾病预防控制中心）颁布的《微生物和生物医学实验室生物安全手册（第五版）》及我国《病原微生物实验室生物安全通用准则》（WS 233—2017）等，在遵循传统 PCR 检测方法所要求的防污染原则上调整管理方案。

1. 检测区生物源性污染的概述

生物污染包括天然基因组 DNA 的污染、试剂污染（贮存液或工作液）以及样本间交叉污染。在 SARS‑CoV‑2 核酸检测过程中，使用非采样、检测一体化的快速核酸检测仪应至少配备独立检测房间和一台生物安全柜，在生物安全柜内进行核酸检测工作，工作人员应采用三级防护措施。对于高度疑似 SARS‑CoV‑2 病毒感染患者或密切接触者，应严格执行生物安全操作，避免核酸检测区及工作人员的生物污染，接

触过的器具、台面，以及放置过可疑样本的区域更要使用含氯消毒剂或75%乙醇严格消毒。不同快速核酸检测仪所用试剂的集成化程度不同，有的完全集成在一个试剂条中，不需要单独加试剂；有的仪器还需要简单的试剂配制。因此，快速核酸检测仪也会涉及试剂污染的情况。如2021年2月2日下午，湖北省襄阳市南漳县通报了南漳县人民医院核酸检测实验室的核酸检测由于试剂污染所致新冠病毒核酸检测阳性事件。阳性样本也会导致样本间发生交叉污染，所以操作时均应独立操作避免携带污染。此外，还应依据《新型冠状病毒感染的肺炎疫情医疗废物应急处置管理与技术指南（试行）》的要求，将检测的剩余样本以及检测过程中产生的医疗垃圾高温蒸汽消毒灭菌（60min～90min，不低于134℃），做无害化处理。

2. 检测区核酸污染的应急处理

在PCR实验室，核酸污染是令工作人员最头疼的问题，这也是导致实验室出现假阳性结果的主要原因。核酸扩增的假阳性来源于检测方法的特异性不高而导致的非特异性扩增、样本间存在交叉污染和操作或处理不当产生的气溶胶和（或）扩增产物等。基因扩增检测的是病原体核酸中极小的一部分，通常一二百个核苷酸，实时荧光PCR的扩增产物更小，仅十几个核苷酸，这么小的分子可以说无孔不入。基因扩增经历重复高温变性、低温退火、中温延伸等简单的三个温度循环，在短时间内将极微量的靶核酸扩增百万倍以上（10^9拷贝～10^{12}拷贝），得到大量待测目的基因片段。即使是最小的气溶胶颗粒都含有10^6拷贝的扩增产物，这些产物随着空气流动会落到实验室的各个地方，包括试剂、耗材、加样系统、仪器设备甚至通风系统，而且这种污染在短时间内很难消除。因此，预防核酸污染在快速核酸检测仪的检测过程中仍是重中之重。当出现阳性结果时，首先考虑按下列步骤对结果进行确认：

1）对阳性结果进行复核。

2）通过重新采集样本、更换新的试剂或送其他实验室进行验证以排除样本和试剂污染。如结果仍显示所有的样品及阴性对照均为阳性，可推测是实验室环境或检测仪器出现污染。

3）通过环境采样以排除环境、设备污染，并对设备和环境进行彻底的消毒清洁。

一旦确认发生污染，应启动应急预案，主要措施包括：封闭管理污染区域，使用污染源清除方法清洁消毒扩增及产物分析区，启用备用实验用房及仪器设备。按照污染源清除方法对扩增及产物分析区实行七天清洁消毒去污染源后，对该区域的操作台面、快速核酸检测仪扩增仓、空气等环境监测点连续三天进行SARS-CoV-2核酸监测。若连续三天检测SARS-CoV-2核酸阴性，则判定为污染源清除成功，实验室可正常运行使用。若短时间难以清除，则可以用针对其他靶区域的试剂盒替换进行检测。

3. 核酸污染的预防

要防止核酸污染，必须在试验过程中严格按照相关要求进行操作。常规PCR实验室实行严格分区管理，而快速核酸检测仪由于其使用属性，虽不必放置于PCR检测实验室严格执行分区管理操作，但也应该对其检测区域严格管理，尤其是SARS-CoV-2的检测一旦出现假阳性结果，会造成不必要的恐慌以及大量人群的隔离、医疗资源的浪费。预防及处理过程可按下列步骤进行：

1）快速核酸检测仪放置场所不一定是实验室，操作人员可能是采样护士、医生等非专业检验人员。因此，培训一定要到位，操作应严格按照相应 SOP（标准作业程序）文件的规定进行。

2）对人员、组织机构、应急通信、检测程序等应制定相应管理程序及应急措施。制定质量管理体系文件（质量手册、程序文件、作业指导书、制度、生物安全评估等），包括个人生物安全防护、污染源隔离及消毒、人员场地隔离控制等应急预案。仪器负责人应定期组织组员的评审和更新。

3）有些厂家通过特殊的反向防污染开盖设计来避免热盖意外弹起导致的核酸污染，这也是较为推荐的方法。

4）向 PCR 反应体系中添加尿嘧啶 – N – 糖基化酶（uracil – N – glycosylase，UNG）可在一定程度上消除 PCR 产物污染。UNG 酶可将反应体系中已有的 U – DNA 污染物中的尿嘧啶碱基降解，并在变性条件下使 DNA 链断裂，消除污染。同时 UNG 酶被灭活，不再降解新的扩增产物 U – DNA，从而保证扩增结果的特异性、准确性。

5）试验结束后，使用 84 消毒液等含氯消毒剂进行台面、器材的擦拭消毒，生物安全柜紫外线灯消毒至少 30min，必要时使用核酸清除剂擦拭工作区域。

6）对剩余样本以及医疗垃圾进行高压蒸汽灭菌可以杀死样本中残留的病毒，但高压同时也会使扩增产物随蒸气溢出，导致气溶胶和扩增产物污染。一次性吸头、样本管、反应管等一次性试验耗材也可不必高压灭菌，直接弃入盛有 10% 次氯酸钠溶液或浓度为 1mol/L 的盐酸溶液的容器中降解消除核酸。废弃试验耗材进行高压处理前一定要与 SARS – CoV – 2 检测后的废弃样本置于黄色医疗废物垃圾袋中严格密封，高压处理后不能立即开盖，待压力降至最低并且容器冷却后再开盖处理废弃物。

（二）快速 SARS – CoV – 2 核酸疑似阳性结果

新型冠状病毒肺炎对社会的影响巨大，因此其核酸检测阳性结果的报告要非常慎重，避免引起不必要的恐慌。

1. 快速核酸检测阳性结果的判定及复检要求

不同核酸检测试剂盒阴性结果的判读基本一致，即所有靶区域扩增阴性、内标阳性时即判为阴性。但阳性结果判读规则各不相同，PCR 反应过程中，内对照是否为阳性是对该标本结果是否有效的基本判断。但 ORF1ab 基因和 N 基因同时阳性时，即 FAM 和 VIC 通道 C_t 值≤40，且有明显的扩增曲线，可判样品为 SARS – CoV – 2 阳性，无关内对照结果如何。有一些试剂盒，内对照和靶区域扩增没有体系竞争关系，判读为阳性结果时同时也需要内对照结果为阳性。不同试剂针对的把区域数目和类型不同，判读阳性规则也略有不同，会间接导致复检的要求不同。详细判读标准及要求参见第四章第三节。试验过程中应警惕并排除上文所述污染导致假阳性的情况。

对于疑似阳性结果应立即使用剩余 RNA 分别于快速核酸检测仪和常规 PCR 检测仪中复检（快速核酸检测仪和常规 PCR 检测仪的核酸提取过程不同），若复检结果仍为阳性，需考虑重新采集样本采用常规 PCR 扩增进行复检，仍阳性则要进行其他确认，如试验平行操作验证并排除实验室污染的可能性。

2. 核酸检测阳性结果的上报

核酸检测阳性结果应及时上报科室主任，通过上述复检审核，如仍为阳性结果，应由科室主任按照所规定的流程及时上报各单位防控办，报相关部门领导，由专家组会诊评估病例，形成书面报告，报相关疫情防控工作指挥部、所在地疾控中心等医疗卫生机构，并可送中国疾控中心进行核酸检测。核酸检测结果阳性的，连同检测结果、患者病例等资料上报专家组审核，经专家组审核确认为确诊病例，转诊至定点医疗卫生机构进行集中隔离治疗。

（三）快速核酸检测质控失控及检测失败的应急处理

快速核酸检测应制定系列有计划的质量控制措施以保障试验结果的准确可靠性。图文并茂、具有可操作性的 SOP 文件是必备的材料。实际工作中，人、机、料、法、环无论哪个环节出问题都会导致质控失控或检测失败。

1. 质控失控的原因分析

快速核酸检测的室内质控一般使用阴性质控样本和弱阳性质控样本跟随样本同时检测。这些质控样本的任何一个失败都代表质控失控，检测结果无效，不可以发出报告，应分析原因，必要时重新检测。质控失控常见于下述原因：

（1）试验操作错误　工作人员未按正确操作流程进行核酸检测而引起失控，包括试剂使用错误，加样顺序、加样量错误，质控品位置放错，试剂人为污染等。

（2）随机误差引起的失控　包括不同人员间的操作误差，核酸提取过程中靶核酸的丢失，样本残留抑制物的影响，核酸酶对 RNA 的降解，扩增产物的气溶胶污染，核酸提取过程中样本间的交叉污染等。

（3）系统误差引起的失控　阴阳性质控品保存不当使其检测结果变异，更换不同批号质控品未及时更新检测值，试剂储存不当、污染变质、批号更换等原因导致的试剂因素，加样器误差导致加样量或试剂量偏差，扩增仪孔间温度差异，所用耗材有扩增抑制物等。

1）导致阴性质控失控，即发生假阳性的原因可能有：阳性质控品污染；床标本、强阳性样本的交叉污染；扩增产物气溶胶污染；检测环境中的阳性生物污染或靶核酸污染；管盖崩开导致的污染；扩增反应的试剂污染等。

2）导致阳性质控失控，即发生假阴性的原因可能有：病毒核酸引物结合区发生变异；核酸提取失败；样本中存在抑制物没有彻底去除；外源性抑制物的影响；核酸酶对 RNA 的降解等。

2. 质控失控的应急处理措施

1）当发生质控失控时，应首先及时分析质控样本和临床验本的结果，确定误差类型，推测发生的可能原因。

2）重新检测样本或使用新的质控样本，确认失控问题，如仍不能解决，必要时应重新采集患者样本，重新检测。

3）准确填写快速核酸检测失控记录表，失控记录必须清楚、完整，见表3-2。

表 3-2　快速核酸检测失控记录表

日期：	项目：	仪器：	质控品批号：	操作者：
质控规则：	预期值：	实测值：	判断结论：拒绝或接受	
失控原因				
纠正措施				
预防措施				
纠正结论				
检验者：		审核者：		责任人：

4）依据失控原因及纠正措施来及时修订 SOP 文件，并进行人员培训，避免发生重复错误。

3. 样本检测失败应急处理

当排除质控品问题，样本检测失败时，如无内标扩增、假阳性、假阴性、非特异性扩增等时，应按照实验室预先制订好的核酸检测结果复验流程及时处置。当前在新冠病毒肺炎疫情防控形势下，任何一个疑似阳性结果事件的报告都会引起巨大的社会恐慌，尤其假阳性，往往导致虚惊一场。因此，出具阳性结果需要及时但非常慎重。

（1）无内标扩增　内标也称内对照，用来监控体系，内标扩增与否是对该标本是否有效的基本判断。无内标扩增一般预示着该样本检测失败。但也可能会因体系竞争关系，当 FAM 和 VIC 通道为阳性检测通道时，Cy5 通道（内标通道）结果可能为阴性；内标阴性，FAM 和 VIC 也为阴性时，说明体系受抑制或检测失败，需要复检。如是内源性内对照还应考虑该样本在采集、核酸提取过程中发生的问题，必要时须重新采集样本。实验室也要定期监测不含内对照的阴性质控品（如纯水）以预防内对照污染，内标污染就失去了对体系的监控作用。

（2）假阳性　特点为假阳性的渐进式、散发式、突发式增多，并伴随阳性孔位不确定性，阴性对照、空白对照或者样本核酸扩增出现"翘尾"现象，甚至是明显的 S 形"阳性"扩增曲线。同一样本初检复查均为阳性，但流行病学及临床资料并不支持诊断，再次采样结果为阴性。这种情况往往是标准品或阳性对照品污染了样本或试验环境，或者是样本管理出错。发现任何可疑的阳性结果，都应一一排查鉴别。

快速核酸检测结果为阳性时，首先应将已提取的核酸送常规 PCR 复验，取消反转录步骤直接进行扩增，排除是否存在污染。如仍为阳性，则应重新采集样本进行核酸检测，或将样本送其他实验室进行平行验证比对，通过比对验证确认是否发生检测污染。可采取更换试剂（根据试剂说明书提供基因不同检测靶点选择所要更换的试剂）验证检测结果，还可以进行测序。测序结果如是标准品片段或质粒片段，则可能是标准品污染或扩增产物污染。如是新冠病毒全序列，则应该区分是自然毒株还是疫苗株。新冠病毒灭活疫苗包含了新冠病毒的全序列，在接种过程中疫苗针头排气容易产生气溶胶，会飘散在操作区域，甚至工作人员的身上也会携带，如疫苗接种点和快速核酸检测点距离较近，或者从事疫苗接种的工作人员又去参与新冠病毒核酸采集、快速检测工作，极有可能造成污染。如果是自然毒株，就应紧急核查并结合流行病学及临床资料以确定是否支持新冠病毒感染；如可排除，则要考虑同批次样本是否出错，是否有其他阳性样本检出等情况发生。

（3）假阴性　在核酸检测过程中，假阴性的概念局限于所采集样本有足够病毒载量却未被检出。也就是说必须确保采集到含有病毒的细胞且细胞中有一定的病毒载量。在新冠肺炎疫情期间，常有临床医生反应患者临床和影像学结果高度怀疑 SARS - CoV - 2 病毒感染，而 SARS - CoV - 2 核酸检测结果为阴性。在感染潜伏期及恢复期时，往往病毒载量低，此时采样就会因低病毒载量导致假阴性。有报道称感染两周内的病毒载量及核酸检测的阳性率比较高。样本采集部位也会引起假阴性，下呼吸道阳性率明显高于上呼吸道。多部位采集样本或在疾病的不同时间采集样本有助于提高检出率。

四、快速核酸检测仪设备故障的应急管理

根据故障的分类可分为：

（一）简单故障的即时处理

要求实验室人员具备识别简单故障的能力。例如黑屏、软件无响应、舱门卡住等情况的处理，以及通过联系厂家工程师并在其远程指导下解决问题的能力（应将技术工程师的联系方式贴于明显位置方便及时联系）。设备恢复后，实验室应通过相关制度赋予相关人员确认结果有效性的权力。这些人员应能证明其具有相关的业务能力并受到持续的监督。

（二）结构性故障的应急处理

因快速核酸检测仪结构的复杂性，如发生短时无法修复的机械故障或系统故障，实验室应有制度评估故障可能造成的危害、尽量保证工作的连续性。这些制度涉及的人员、设备、记录均应在管理制度中有所体现，并能通过相关的资质证明、技术文件证明其有效性。如设备的故障触发实验室相关安全管理制度，应严格遵守相关管理制度中的规定。

（三）阶段性故障的应急处理

有些仪器的故障会因为环境条件的微小变化或试验人员的主观判断误差造成故障判定的不确定性或偶发性，实际上还是仪器本身的缺陷所致。对于此类问题，大多数情况下不应作为应急管理中的一项进行讨论。针对此类问题，还应从实验室日常管理出发，强化设备质量监测，例如做好实验室环境条件的记录与维护，做好仪器的计量溯源、质控、留样以及期间核查，做好内部试验人员之间、设备之间的比对。

五、环境条件变化的应急管理

快速核酸检测仪作为一种特殊用途的高精度分析仪器，其使用环境应严格遵守国

家相关法律、法规、部门规章，实验室建设相关标准，以及仪器使用说明书的要求，并有相关法律技术文件支持其有效性。这些环境条件包括且不限于：工作地点、温度、湿度、电力供应、空调系统、强磁或辐射干扰等。当改变工作地点时，实验室也应制定相应的应急预案，配备相应的符合要求的使用人员以及管理人员。以下为常见典型的环境条件变化及其应急解决方案。

（一）工作中突发断电的应急处置措施

1）仪器本身由于超负荷工作造成的过载断电。先检查仪器后盖上的保险丝是否熔断，如果熔断，立即更换备用保险丝并检测工作电流，排除因电路板故障导致的电流过载引起的保险丝熔断；如果保险丝并未熔断，则可能为仪器超负荷使用，计算机主板由于温度过高启动了过载保护，需要关闭仪器电源，等待仪器主板降温后，重启仪器。

2）如果外路电压不稳定，也会造成仪器工作不正常。需要在仪器外接电源之前加装延时稳压电源用以保护，延时稳压电源应能够在外路电源停电时发出预警，并能够保持仪器继续工作 10min 以上。

3）如果是外路电源断电，在短时间内无法排除的情况下，则立即启用实验室备用电源，以保证检测工作继续进行。备用电源供应系统包括切换至第二路电源和燃油发电机组。

4）实验室还应储备仪器专用保险丝和延时稳压电源，必要时设置备用电力供应系统（双路供电保障或燃油发电机组）。

（二）实验室环境条件突发变化时的应急措施

1）温度突发变化一般为空调系统故障造成实验室温度无法保证在 15℃～25℃之间，则应立即停止检测。在短时间内无法恢复正常控温的情况下，需要立即启用备用空调系统。如中央空调系统发生故障，则启用室内立式空调进行温度控制。

2）湿度发生变化的情况一般多为相对湿度过大（超过80%），需要立即启用实验室排风系统进行换气操作。如果室外正在下雨，换气不能保持室内温度下降的情况下，还需要专门配备空气除湿仪器或者除湿系统来保证检测实验室的相对湿度低于80%。

3）实验室应设置中央空调和室内立式空调两套系统；空气通风换气系统；空气除湿系统以及温度和湿度报警装置。

（三）使用中突发强磁或辐射干扰的应急措施

1）强磁或辐射干扰一般在固定实验室中不多见，多出现在临时安排的检测实验室中。一般强磁干扰源头为大型电力变压器或燃油发电机组等。辐射干扰多为 X 射线辐射源及其他大型辐射诊疗设备。

2）强磁或辐射干扰会造成仪器检测数据失准，如遇强磁或辐射干扰，应立即停止检测，在短时间内无法排除强磁或辐射干扰的情况下，应立即更换检测场地。

3）实验室可配备电磁脉冲干扰报警器和电离辐射干扰报警器。

第四节　快速核酸检测仪的档案管理

一、设备档案管理概述

（一）设备档案的分类

设备档案分为管理类资料和技术类资料。

1. 管理类资料

管理类资料包括与检验检测有关的法律法规、规章制度、技术标准，来自于认可机构、上级机构、监督管理机构、设备厂商、客户等形成文件的检验检测方法、图纸、软件、指导书、上级文件等。

2. 技术类资料

仪器设备管理员收集整理并保管仪器设备档案，技术类资料包括：

1）名称、编号及安装放置场所。

2）产品出厂文件，包括说明书、图纸、合格证、保修卡、检定证书、装箱单等。

3）采购验收资料，包括申请表、采购计划、中标标书、采购合同、售后服务承诺、验收记录和报告等。

4）检定或校准的证书报告，检定或校准的计划。

5）维护计划、使用记录、维修及验收记录。

6）期间核查的计划及实施记录。

7）租（借）出、入的批准及验收记录。

8）降级使用及报废的批准记录。

9）作业指导书。

设备的验收、检定校准证书，确认记录，期间核查及维护保养等相关记录，一般保存期限为设备报废后五年以上。

3. 试剂档案

试剂入库时，对产品资料、品种、规格型号、数量、标识、包装、外形、保存期等进行查验，填写《物品入库单》。验收完成后需填写《服务和供应品验证记录表》并保留相关原始记录。领用时填写《出库单》作为出库凭证。使用时，由检测室填写《检测试剂保存登记卡》。

4. 样品档案

实验室应有运输、接收、处置、保护、存储、保留、清理或返还检测物品或校准物品的程序，包括为保护检测物品或校准物品的完整性以及实验室与客户利益需要的所有规定。在处置、运输、保存、候检、制备、检测或校准过程中，应注意避免物品变质、污染、丢失或损坏。应保存并遵守随物品提供的操作说明。

实验室应有清晰标识以区分检测物品或校准物品的系统。物品在实验室负责的期间内应保留该标识。标识系统应确保物品在实物上、记录或其他文件中不被混淆。适当时，标识系统应包含一个物品或一组物品的细分和物品的传递。

如物品需要在规定环境条件下储存或调置时，应保持、监控和记录环境条件。

5. 检验数据档案

《样品信息确认及制样表》作为样品接收凭证。业务接待员与客户沟通，确认无误后双方在《检测委托书》签字。样品管理员按照《样品信息确认及制样表》的要求完成制样，业务接待员下达《检测任务书》，随样品流转到检测室。检测后样品交由安全管理员集中灭菌进行无害化处理，并及时填写《留样（处理）登记表》，再交由有资质的单位处理。

实验室应确保每一项实验室活动的技术记录包含结果、报告和足够的信息，以便在可能时识别影响测量结果及其测量不确定度的因素，并确保能在尽可能接近原条件的情况下重复该实验室活动。技术记录应包括每项实验室活动以及审查数据结果的日期和责任人。原始的观察结果、数据和计算应在观察或获得时予以记录，并应按特定任务予以识别。

实验室应确保技术记录的修改可以追溯到前一个版本或原始观察结果。应保存原始的以及修改后的数据和文档，包括修改的日期、标识修改的内容和负责修改的人员。

实验室应确保能方便获得所有的原始记录和数据，记录的详细程度应确保在尽可能接近条件的情况下能够重复实验室活动。只要适用，记录内容应包括但不限于以下信息：样品描述；样品唯一性标识；所用的检测、校准和抽样方法；环境条件，特别是实验室以外的地点实施的实验室活动；所用设备和标准物质的信息，包括使用客户的设备；检测或校准过程中的原始观察记录以及根据观察结果所进行的计算；实施实验室活动的人员；实施实验室活动的地点（如果未在实验室固定地点实施）；检测报告或校准证书的副本；其他重要信息。

实验室应在记录表格中或成册的记录本上保存检测或校准的原始数据和信息，也可以直接录入信息管理系统中，设备或信息系统也可以自动采集数据。对自动采集或直接录入信息管理系统中的数据的任何更改，应满足一定的要求。

（二）设备档案管理制度

1）应加强设备文件档案资料的管理工作，保证与实验室质量体系有关的文件和资料档案及时归档和妥善保管。

2）所有档案资料应登记、分类、编号，并由专人保管。实验室文件资料主管应了解实验室的工作业务，掌握实验室文件资料的归档范围，收集保管实验室的文件资料。档案资料多时，可建立索引便于查阅。

3）认真执行定期归档制度，并向各部门办好交接签收手续。对于实验室的文件资料，在平时应收集归卷，每月月底前应将归档文件资料归档完毕，并按年度立卷。档案资料应注意完整、规范、保密，不得用圆珠笔写、不得用热敏打印纸、不得任意抽样或遗失，不得向无关人员泄露。

4）外来人员查阅或借阅档案资料均应经科主任同意。未经科主任同意不得复制、外传、外借，注意保密工作。承办人员借用文件资料时，文件资料主管应积极地做好服务工作，并办理临时借用文件资料登记手续。借阅文件应严格履行借阅登记手续，按时归还。

5）实验室在工作活动中形成的各种有保存价值的档案资料，都要按规定归档。必须将有归档价值的文件资料向文件资料主管办理交接手续。

6）因工作变动或离职时应将经办或保管的档案资料向接办人员交接清楚，不得擅自带走或销毁。如发现文件丢失，必须及时查明原因和责任者，并如实向上级领导报告。

7）文件的销毁：对于多余、重复、过时和无保存价值的文件，文件资料主管应定期清理并按有关规定办理申请销毁手续。经审核同意销毁的文件，应在文件资料主管和上级领导的共同监督下销毁。

8）实验室人员档案管理：实验室文件资料主管负责收集实验室所有人员的档案材料，建档工作做到认真、细致，对原始文件材料进行仔细校对、核实，杜绝遗漏、差错，确保档案的完整和准确。文件材料等要及时做出更新，保证档案信息完整、准确。

9）记录由操作人员妥善保存。一般记录保留两年；检验结果、室内质量控制和室间质量评价记录至少保留十年。

10）患者信息：承担检验任务的人员对临床医生提供的患者信息负责接收、保管、保密和流转过程中的控制。

11）检验结果以报告形式发出，通常是向临床医师、患者本人或患者家属报告结果。只有经患者同意或按照法律法规规定的条款才可向其他方面报告。用于诸如流行病学、人口统计学或其他统计分析学，必须是与所有患者识别资料分离后的检验结果。传染病上报按照国家相关法律、法规执行，任何人不得自行向外透露相关疫情。

12）原始数据由产生该原始数据的工作人员负责日常管理，不得随意乱放，其他人员不得随意翻阅。贮存分析结果和检验报告的计算机，必须指定专人进行管理；检验分析工作人员必须获得授权，设定密码，通过密码进入操作系统，才能上传检验报告单、查阅和修改检验报告；若检验报告单审核时发现有问题，则只能由检验者本人对结果进行修改，其他人无权修改其内容。

13）参加能力验证和室间质评的检验结果，其所有权属于实验室，实验室必须对其结果负保密责任。文件资料主管负责对能力验证和室间质评试验的结果采取保密措施。参加能力验证和室间质评的检验结果不可以和其他实验室交流。

14）其他信息如质量体系的各层次文件和相应运行资料应保密，未经上级领导同意，所有人员不得将质量体系的各层次文件和相应运行资料外泄。

15）法律、法规或管理机构要求保密的信息所有人员必须保密，并遵守各单位网络安全规定。

二、人员档案

人员档案里应包括人员的教育经历、专业资格、职称证书、学术成就、技能经验、培训考核结果、有效性评价记录和授权记录等。一般保存期限为六年以上，且离职人员档案参与检测活动的也需要视情况留存。

实验室应有以下活动的程序，并保存相关记录：

1）《人员培训计划表》。

2）《培训登记表》。

3）《人员培训记录表》。

4）《上岗资格考核记录表》。

5）《人员考核登记表》。

6）《人员授权一览表》。

7）《年度人员监督、监控计划》。

8）《人员监督、监控记录表》。

三、相关记录表格

相关记录表格见表 3-3 ~ 表 3-11。

表 3-3　仪器设备总表

序号	名称	规格型号	生产厂家	购置日期	统一编号	性能状态	备注

表 3-4　实验室人员简历表

姓名		性别		出生年月		年龄	
学历学位		职务			职称		
所学专业		毕业院校			毕业年月		
PCR 相关证书情况说明							

工作简历：

表 3-5　标本接收登记表

日期	时间	姓名	住院/门诊号	送检科室	送检项目	标本种类	标本编号	实验室接收人	备注

表 3-6　标本检测流程记录表

日期：　　年　月　日

试剂准备区

试剂准备：

检验项目：　　　　　　　本次试验用量：　　　人份

仪器设备状态：

离心机：　　□ 正常 □ 不正常　　□ 常规维护

移液器：　　□ 正常 □ 不正常　　□ 常规维护

冰箱：　　　□ 正常 □ 不正常　□ 常规维护

试验后：

□ 用 75% 乙醇消毒试验台面

□ 用 75% 乙醇擦拭仪器：　□ 移液器　　□ 离心机

□ 打开紫外线灯照射 1h 以上消毒空气

□ 打开紫外线消毒车照射 45min 以上消毒试验台面

□ 用 75% 乙醇消毒 "1 号传递窗"

□ 打开 "1 号传递窗" 紫外线灯照射 45min 以上

□ 处理废弃物

□ 填写记录

（续）

标本制备区

试验前：□打开通风设备

仪器设备状态：
生物安全柜：□正常 □不正常 □常规维护
恒温金属浴：□正常 □不正常 □常规维护
漩涡混匀器：□正常 □不正常 □常规维护
离心机： □正常 □不正常 □常规维护
移液器： □正常 □不正常 □常规维护
冰箱： □正常 □不正常 □常规维护

室内质控品：批号： 靶值：_____

试验后：
□用75%乙醇消毒试验台面
□用75%乙醇消毒仪器：□生物安全柜 □恒温金属浴 □离心机 □漩涡混匀器 □移液器
□打开紫外线灯照射1h以上消毒空气
□打开紫外线消毒车照射45min以上消毒仪器和试验台面
□打开生物安全柜紫外线灯照射45min以上
□用75%乙醇消毒"2号传递窗"
□打开"2号传递窗"紫外线灯照射45min以上
□处理废弃物
□关闭通风设备
□填写记录

扩增分析区

仪器设备状态： 扩增仪：□正常 □不正常 □常规维护

标本编号：

编号	1	2	3	4	5	6	7	8	9	10	11	12
A												
B												
C												
D												
E												
F												
G												
H												

结果是否在控：□是 □否
如失控，失控原因：

试验后：
□用75%乙醇消毒试验台面
□用75%乙醇消毒仪器
□打开紫外线灯照射1h以上消毒空气
□打开紫外线消毒车照射45min以上消毒仪器和试验台面
□填写记录

操作人： 日期： 年 月 日

表3-7　设备维护保养记录

设备名称	1	2	3	4	5	6	7	8	9	10	11	12	13	14	15	16	17	18	19	20	21	22	23	24	25	26	27	28	29	30	31
每日保养																															
操作者																															

每周保养记录

每周保养	
操作者	

每月（季）保养记录

每月（季）保养	
操作者	

特殊保养维修记录

日期	问题原因	处理方法	记录者
维修者			

表 3-8　仪器使用记录

日期	运行情况	开始使用时间	使用目的	完成时间	使用者	备注

表 3-9　不合格标本及处理意见登记表

接收日期	姓名	送检机构	送检项目	标本种类	标本编号	不合格原因	处理意见	记录人	送检人

表 3-10　耗材领用及质检记录表

耗材名称		生产厂家		领用日期	
耗材规格		领用数量		领用人	
质检程序	外包装：　□完好　　　□破损　　□其他				
	运输状态：□冷藏　　　□冷冻　　□室温　　　□其他				
	耗材有效期：□六个月以上　　　□六个月以内　　　□超过有效期　□其他				
离心管	质检方法：随机抽取 12 个离心管用于试验检测，将这 12 个离心管加 0.5mL 自来水后，12000r/min 离心 20min，如发现有管盖爆开或漏液情况，即认为该批离心管不符合本试验要求				
	结论：				
	质检人：　　　　　质检日期：				
带滤芯吸头	质检方法：每盒随机抽取 5 个吸头用于质量检测，检查有无吸孔堵塞、漏气现象发生。如果吸头的最大体积为 100μL，则将加样器吸取体积调为 110μL～120μL，再套上吸头吸取 1%～2% 甘油及色素的水溶液。如果吸头好，则有色液体不应出现在滤塞之上，否则说明滤塞不严。在排除移液器因素后，如有异常发现，即认为该批吸头不符合本实验室的试验要求				
	结论：				
	质检人：　　　　　质检日期：				
备注：					

注：以上耗材质检后，进行验证试验，空白对照、阴性对照无扩增，阳性对照扩增，室内质控品在控，曲线光滑呈"S"形，C_t 值均在相应的范围内，阳性标准品导出的标准曲线的斜率、截距、相关性均在使用范围内，表明该批耗材良好，无抑制物，可以投入临床使用。

表 3-11　职业暴露登记表

姓　　名		暴露方式	
暴露部位		暴露时间	

暴露程度估计：

暴露后应急处置措施：

预防性用药		
药品名称	用药起止时间	效果测定

（续）

免疫性接种				
疫苗名称	接种时间	接种地点	接种后抗体测定	随访与追踪

第五节　人员要求、资质认证与岗位培训

一、人员要求

以下部门规章和标准性文件分别明确了对医疗卫生机构和检验检测机构人员的要求。

（一）《医疗机构临床基因扩增检验实验室管理办法》

依据卫办医政发〔2010〕194 号文件，为进一步规范临床基因扩增实验室管理，保证临床诊断的科学、合理，原卫生部于 2010 年对《临床基因扩增检验实验室管理暂行办法》（卫医发〔2002〕10 号）进行了修订，制定了《医疗机构临床基因扩增检验实验室管理办法》。在本办法第三章第十四条中指出：医疗机构临床基因扩增检验实验室人员应当经省级以上卫生行政部门指定机构技术培训合格后，方可从事临床基因扩增检验工作。

（二）《医疗机构新型冠状病毒核酸检测工作手册（试行第二版）》

为落实国务院应对新型冠状病毒感染肺炎疫情联防联控机制《关于做好新冠肺炎疫情常态化防控工作的指导意见》（国发明电〔2020〕14 号）的要求，进一步规范新型冠状病毒（以下简称新冠病毒）核酸检测的技术人员、标本单采、标本混采、标本管理、实验室检测、结果报告等工作，保证检测质量，提高检测效率，满足新冠病毒核酸检测需求，特制定本手册。本手册适用于所有开展新冠病毒核酸检测的医疗卫生机构。依据本手册中对技术人员的基本要求，实验室检测技术人员应当具备相关专业的大专以上学历或具有中级及以上专业技术职务任职资格，并有两年以上的实验室工作经历和基因检验相关培训合格证书。实验室配备的工作人员应当与所检测项目及标本量相适宜，以保证及时、熟练地进行试验和报告结果，保证报告的准确性。

（三）RB/T 214—2017《检验检测机构资质认定能力评价　检验检测机构通用要求》

中国国家认证认可监督管理委员会（以下简称国家认监委）2018 年 5 月 11 日颁

布了《关于检验检测机构资质认定工作采用相关认证认可行业标准的通知》（国认实〔2018〕28号），要求从2018年6月1日起启用《检验检测机构资质认定能力评价 检验检测机构通用要求》（RB/T 214—2017），替代2016年5月31日国家认监委印发的《国家认监委关于印发〈检验检测机构资质认定评审准则〉及释义》。此标准规定了对检验检测机构进行资质认定能力评价时，在机构、人员、场所环境、设备设施、管理体系方面的通用要求。标准4.2对人员进行了要求。

检验检测机构应建立和保持人员管理程序，对人员资格确认、任用、授权和能力保持等进行规范管理。检验检测机构应与其人员建立劳动、聘用或录用关系，明确技术人员和管理人员的岗位职责、任职要求和工作关系，使其满足岗位要求并具有所需的权力和资源，履行建立、实施、保持和持续改进管理体系的职责。确定人员的教育和培训目标，明确培训需求和实施人员培训，培训计划应与检验检测机构当前和预期的任务相适应。检验检测机构应保留人员的相关资格、能力确认、授权、教育、培训和监督的记录，记录包含能力要求的确定、人员选择、人员培训、人员监督、人员授权和人员能力监控。检验检测机构中所有可能影响检验检测活动的人员，无论是内部还是外部人员，均应行为公正，受到监督，胜任工作，并按照管理体系要求履行职责。

（四）CNAS-CL01-G001：2018《CNAS-CL01〈检测和校准实验室能力认可准则〉应用要求》

CNAS-CL01-G001：2018明确了CNAS-CL01《检测和校准实验室能力认可准则》相关条款的具体实施要求。

除非法律法规或CNAS（中国合格评定国家认可委员会）对特定领域的应用要求有其他规定，实验室人员应满足以下要求：

1）从事实验室活动的人员不得在其他同类型实验室从事同类的实验室活动。

2）从事检测或校准活动的人员应具备相关专业大专以上学历。如果学历或专业不满足要求，应有10年以上相关检测或校准经历。关键技术人员如进行检测或校准结果复核、检测或校准方法验证或确认的人员，除满足以上要求外，还应有三年以上本专业领域的检测或校准经历。

3）授权签字人除满足上述第二条要求外，还应熟悉CNAS所有相关的认可要求，并具有本专业中级以上（含中级）技术职称或同等能力。

其中"同等能力"指需满足以下条件：

1）大专毕业后，从事专业技术工作八年及以上。

2）大学本科毕业，从事相关专业工作五年及以上。

3）硕士学位以上（含），从事相关专业工作三年及以上。

4）博士学位以上（含），从事相关专业工作一年及以上。

（五）CNAS-CL01：2018《检测和校准实验室能力认可准则》

本准则等同采用ISO/IEC 17025：2017《检测和校准实验室能力的通用要求》。本准则包含了实验室能够证明其运作能力，并出具有效结果的要求。符合本准则的实验室通常也是依据 GB/T 19001—2016（ISO 9001：2015，IDT）的原则运作。其中对人员给出了下列要求：

1）所有可能影响实验室活动的人员，无论是内部人员还是外部人员，应行为公正、有能力，并按照实验室管理体系要求工作。

2）实验室应将影响实验室活动结果的各职能的能力要求制定成文件，包括对教育、资格、培训、技术知识、技能和经验的要求。

3）实验室应确保人员具备其负责的实验室活动的能力，以及评估偏离影响程度的能力。

4）实验室管理层应向实验室人员传达其职责和权限。

5）实验室应有以下活动的程序，并保存相关记录：确定能力要求、人员选择、人员培训、人员监督、人员授权、人员能力监控。

6）实验室应授权人员从事特定的实验室活动，包括但不限于下列活动：开发、修改、验证和确认方法；分析结果，包括符合性声明或意见和解释；报告、审查和批准结果。

（六）CNAS‐CL01‐A024：2018《检测和校准实验室能力认可准则　在基因扩增检测领域的应用说明》实验室工作人员应具备以下条件：

1）应熟悉生物检测安全知识和消毒知识。

2）应得到与其工作内容相适应的培训，具备相应的实际操作技能。

3）当实验室使用数据库软件、专业分析软件对检测的结果进行检索、处理时，对检测报告中所含意见和解释负责的人员必须对相关软件性能、操作等有充分的了解。

4）所有专业技术人员应有相关专业的教育经历。

5）授权签字人应具有相关专业本科以上学历，且在本专业领域工作五年以上，或具有同等能力。

（七）GB/T 27020—2016《合格评定　各类检验机构的运作要求》

1）检验机构应规定所有与检验活动相关的人员的能力要求，包括教育、培训、技术知识、技能和经验，并形成文件。

2）检验机构应雇佣或签约足够的人员，这些人员应具有从事检验活动的类型、范围和工作量所需的能力，需要时，还应包括专业判断力。

3）负责检验的人员应具备与所执行的检验相适当的资格、培训、经验和符合要求的知识。这些人员还应具备以下相关知识：相关产品的过程运行和服务提供的技术；产品使用、过程运行和服务提供的方式；产品使用中可能出现的任何缺陷、过程运行中的人和时效、服务提供中的任何缺失。他们应理解与产品正常使用、过程运行、服务提供有关的偏离导致的重要影响。

二、资质认证与岗位培训

（一）CNAS‐CL02‐A001：2021《医学实验室质量和能力认可准则的应用要求》

CNAS‐CL02‐A001：2021 是为了进一步规范和协调医学实验室认可，旨在明确

CNAS－CL02：2013《医学实验室质量和能力认可准则》相关条款的具体实施要求。其中对人员的资质认定及岗位培训做出了要求。

1. 总则

实验室应制定文件化程序，对人员进行管理并保持所有人员记录，以证明满足要求。

2. 人员资质

实验室管理层应将每个岗位的人员资质要求文件化，该资质应反映适当的教育、培训、经历和所需技能证明，并且与所承担的工作相适应。特殊岗位技术人员应取得相关规范要求的上岗证。对检验做专业判断的人应具备适当的理论和实践背景及经验。实验室技术负责人应具备足够的能力，从事医学检验（检查）工作至少三年（可依据适当的教育、培训、经历、职称或所需技能证明等进行能力评价）。认可的授权签字人应达到中级及以上专业技术职务资格要求，从事申请认可授权签字领域的专业技术/诊断工作至少三年。

3. 岗位描述

实验室应对所有人员的岗位进行描述，包括职责、权限和任务。

4. 新员工入岗前介绍

实验室应有程序向新员工介绍组织以及他们将要工作的部门或区域、聘用的条件和期限、员工设施、健康和安全要求（包括火灾和应急事件），以及职业卫生保健服务。

5. 培训

实验室应为所有员工提供培训，包括以下内容：

1）质量管理体系。

2）所分派的工作过程和程序。

3）适用的实验室信息系统。

4）健康与安全，包括防止或控制不良事件的影响。

5）伦理。

6）患者信息的保密。

7）对在培人员应始终进行监督指导。

8）定期评估培训效果。

6. 能力评估

实验室应根据所建立的标准，评估每一位员工在适当的培训后，执行所指派的管理或技术工作的能力。实验室应制定员工能力评估的内容、方法、频次和评估标准。评估间隔以不超过一年为宜。对新进员工，尤其是从事形态识别及微生物检验的人员，在最初六个月内应至少进行两次能力评估。应定期进行再次评估。必要时，应进行再培训。

可采用以下全部或任意方法组合，在与日常工作环境相同的条件下，对实验室员工的能力进行评估：

1）直接观察常规工作过程和程序，包括所有适用的安全操作。

2）直接观察设备维护和功能检查。

3）监控检验结果的记录与报告过程。

4）核查工作记录。

5）评估解决问题的技能。

6）检验特定样品。如先前已检验的样品、实验室间比对的物质或分个样品。

当职责变更时，离岗六个月以上再上岗时，或政策、程序、技术有变更时，应对员工进行再培训和再评估，合格后才可继续上岗，并进行记录。

7. 员工表现的评估

除技术能力评估外，实验室应确保对员工表现的评估考虑了实验室和个体的需求，以保持和改进对用户的服务质量，激励富有成效的工作关系。其中实施评估的员工宜接受适当的培训。

8. 继续教育和专业发展

应对从事管理和技术工作的人员提供继续教育计划；员工应参加继续教育；应定期评估继续教育计划的有效性；员工应参加常规专业发展或其他的专业相关活动。

9. 人员记录

应保持全体人员相关教育和专业资质、培训、经历和能力评估的记录。这些记录应随时可供相关人员利用，并应包括（但不限于）以下内容：

1）教育和专业资质。

2）证书或执照的复件（适用时）。

3）以前的工作经历。

4）岗位描述。

5）新员工入岗前介绍。

6）当前岗位的培训。

7）能力评估。

8）继续教育和成果记录。

9）人员表现评估。

10）事故报告和职业危险暴露记录。

11）免疫状态（与指派的工作相关时）。

（二）CNAS－CL01－A024：2018《检测和校准实验室能力认可准则在基因扩增检测领域的应用说明》

CNAS－CL01－A024：2018 中提及应对工作人员定期进行持续技能培训和重新确认，并提供记录。例如：每 12 个月至少进行一次技能确认，在一个认可周期内，对主要检测和技术管理人员的确认内容应覆盖其所从事技术工作的全部内容。当检测人员或授权签字人职责变更或离开岗位六个月以上再上岗时，应重新考核确认。

（三）GB/T 22576.1—2018（ISO 15189：2012，IDT）《医学实验室　质量和能力的要求　第 1 部分：通用要求》

此指导性技术文件为医学实验室如何实施质量管理体系，从而满足 GB/T

22576.1—2018 对质量能力的专用技术和管理要求提供了指南。认可医学实验室能力的机构也可使用本指导性技术文件帮助实验室建立质量管理体系以满足国家要求和符合相关国际要求。其中对人员的岗位培训要求如下：

1）质量管理体系。

2）所分派的工作过程和程序。

3）适用的实验室信息系统。

4）健康与安全，包括防止或控制不良事件的影响。

5）伦理。

6）患者信息的保密。

对在培人员应始终进行监督指导，应定期评估培训效果。

（四）CNAS – CL01 – G001：2018《CNAS – CL01〈检测和校准实验室能力认可准则〉应用要求》

此标准中对实验室人员的培训、监督和人员能力进行了要求：

1）实验室应制订程序对新进技术人员和现有技术人员新的技术活动进行培训。实验室应识别对实验室人员的持续培训需求，对培训活动进行适当安排，并保留培训记录。

2）实验室应关注对人员能力的监督模式，确定可以独立承担实验室活动人员，以及需要在指导和监督下工作的人员。负责监督的人员应有相应的检测或校准能力。

3）实验室可以通过质量控制结果，包括盲样测试、实验室内比对、能力验证和实验室间比对结果、现场监督实际操作过程、核查记录等方式对人员能力实施监控，做好监控记录并进行评价。

（五）GB/T 27020—2016《合格评定 各类检验机构的运作要求》

此标准中对检验机构岗位培训给出了细则：

1）检验机构应让每一人清楚他们的职能职责、责任和权限。

2）检验机构应有形成的文件和程序，用于检验员以及其他与检验活动相关的人员的选择、培训、正式授权和监督。

3）形成文件的培训程序应分为以下阶段：上岗培训阶段、在资深检验员指导下的实习工作阶段、与技术和检验方法发展同步的持续培训阶段。

4）所需的培训应取决于每个检验员以及其他与检验活动相关的人员的能力、资格和经验，也取决于监督的结果。

5）熟悉检验方法和程序的人员应监督所有检验人员以及其他涉及检验活动的人员，以确保检验活动符合要求。监督结果应作为识别培训需求的一种方式。

6）应对所有检验员安排现场观察，除非有足够支持性证据表明该检验员是持续胜任的。

7）检验机构应保存涉及检验活动的每个人员的监督、教育、培训、技术知识、技能、经验和授权的记录。

第六节　快速核酸检测仪的维护保养与维修

一、维护保养

（一）日常维护的主要内容

快速核酸检测仪在临床使用过程中，良好的日常维护可以延长设备的使用寿命，保证设备具有良好的性能参数，减少设备故障发生的频次和严重性，提升开机时长，保证设备的完好率。快速核酸检测仪受环境温度和湿度变化、设备元器件老化、散热等因素的影响，常常导致其性能变化、测量结果出现偏差，严重的情况下甚至出现结果异常和设备故障，所以设备使用人员都应认真做好仪器的日常维护工作。设备的日常维护通常由设备使用人员完成。

1. 建立设备使用登记制度

快速核酸检测仪在医疗卫生机构常常配置在发热门诊、急诊、传染性病房等，使用人员相对不固定。设备所属科室应为每台设备配置使用登记本，由每天的使用人员记录设备使用状态，包括：日期、开机时间、工作状态、环境温度和湿度，以及使用人员信息等，出现问题应及时联系设备维修管理部门的工程师。

2. 设备使用前检查

快速核酸检测仪使用人员开机前应进行外观检查并按照正确步骤开关设备。

快速核酸检测仪使用前必须对仪器进行功能性测试（能够完成开机自检），显示一切正常方可使用。仪器的智能化可减轻操作人员的工作量，但也容易产生依赖心理，忽视检测仪使用过程中的状态指标，因此不能只依赖于声光报警系统。

注意用电安全。快速核酸检测仪长期使用后，其固定按键上的保护层及电源线等因长期磨损或过度扭曲导致保护层破坏，容易漏电，造成事故，因此在使用仪器前要仔细检查，发现磨损要及时更换；检测仪电源线需连接到正确安装的具有保护接地的电源插座上，以避免因超过额定负载、插头接触不良、接地不良等原因导致设备工作异常。

确保快速核酸检测仪处于备用状态：使用者要按时检查仪器状态，确保快速核酸检测仪处于最佳的备用状态，操作人员要严格按照操作说明书进行开关机，使用前待机 20min 左右，待检测仪处于稳定状态后再进行样本检测。

3. 设备使用环境维护

使用人员应按照操作规程正确操作检测仪，并保证设备始终工作在合适的环境条件下。

快速核酸检测仪的一般工作环境温度为 4℃ ~ 40℃，相对湿度为 0 ~ 95%（无冷凝）；最佳的工作温度为 18℃ ~ 25℃，相对湿度为 40% ~ 70%。为了设备工作稳定，建议设备所处温度变化不超过 5℃/h，湿度变化不超过 30%/日。

检测仪工作场所应保持洁净，避免灰尘影响设备的光学系统，堵塞设备散热口和空气过滤器；在日常使用过程中应定期检查过滤器滤网，及时清理以保证滤网清洁。检测仪应避免在含易燃麻醉气体、一氧化二氮及腐蚀性物质，如盐、酸性和碱性环境下使用。

检测仪使用时，仪器四周的通风孔与最近物体的距离应不小于 1cm，以利于设备的通风和散热。

4. 专机专用

专机专用包含两方面的内容，一是使用设备配套或经过检测符合标准的耗材。二是设备配置的计算机、移动存储介质仅用于设备本身；严禁其他存储介质连接设备，避免操作系统故障和感染计算机病毒。

5. 定期开关机和校准

快速核酸检测仪属于应急医疗设备，长时间处于开机状态。为了加快检测速度，保证设备系统运行稳定和工作效率，设备应保证每周至少开关机一次。

快速核酸检测仪属于精密检测设备，其核酸扩增、检测装置受温度和器件老化等因素影响易发生漂移和偏差，影响检测结果，需定期进行校准检测。

6. 仪器的保洁与消毒

用户操作时应注意保持快速核酸检测仪表面清洁，避免仪器表面被酸、碱性实验液体浸蚀。使用干布擦拭设备表面来清洁，也可使用75%乙醇对仪器表面进行擦拭消毒以保持表面洁净。严禁使用腐蚀性清洗剂。

如果仪器不是每天使用，在仪器工作完成0.5h后，最好用仪器布罩将仪器罩严，保持仪器的清洁。

每次使用完仪器后，应使用取杯器逐一将模块中的样品杯从模块中取出，同时将模块上盖盖好，勿将其置于打开状态。

（二）预防性维护

1. 预防性维护的概念

预防性维护又称预防性维修，是指在设备没有发生故障或尚未造成损坏前即开展的，通过对设备的系统性检查及测试发现故障征兆，或定期更换易损配件以防止故障发生，使其保持在规定状态所进行的全部维修维护活动。

2. 预防性维护的重要意义

预防性维护以预防关键设备发生故障为目的实施故障前保养维护，实践证明预防性维护可有效降低设备故障率，提高使用效率。通常，医疗卫生机构的快速核酸检测设备数量有限，不具备完全互补和可替代性，所以实施预防性维护以有效降低医疗设备的故障率更显重要。

3. 预防性维护的主要方式

典型的预防性维护一般指计划维修，还包括状态维修、主动维修等方式。

（1）计划维修　计划维修是一种以时间线为基准的维修方式，在对设备易损件设计寿命和故障规律有充分了解的前提下，根据规定的维修间隔或设备的累计工作时间，按照计划进行维修维护工作，一般不考虑设备当时所处状态。本方式适用于停机影响较大而劣化规律随时间变化较为明显的设备，如放射类设备的球管等射线发生器、电解质检测设备的电极等。这种方式突出了维修计划性，可提前预购设备配件，便于安排维修人力，设备停机时间可控，从而保证了较高的维修质量，减少故障导致的不良影响。其劣势在于设备并没有发生实际故障就进行了维修，容易产生过度维修的问题。

（2）状态维修　状态维修是采取设备状态监测技术，将设备可能发生功能故障的各种信息进行周期性检测、分析，推断出设备当前所处的运行状态，并以此为依据安排必要的预防性维护。状态维修分点检状态维修和远程监测状态维修两种方式，前者由检测人员利用检测设备定期检查，后者依靠设备中嵌入的监测系统自动采集设备运行数据并对故障趋势进行分析。状态维修的要点在于状态监测和故障隐患识别，因此对设备状态监测技术有较高要求。目前，医疗设备信息化程度高，部分设备可在短时间内不影响正常使用的情况下，通过开机自检、故障码报警等方式提示设备故障隐患，为状态维修提供依据。

（3）主动维修　主动维修是发现接下来可能导致设备故障发生的直接因素，如对机械系统异常噪声、电路板原件老化等进行识别，主动采取一些事前的维修工作，将这些导致故障的因素尽量消除，以预防设备发生故障或故障扩大。

4. 快速核酸检测仪预防性维护的主要内容

快速核酸检测仪为追求"样本进、结果出"的床边诊断（POCT）的基本要求，目前市场的主流产品仅需要手工把专门的提取液和样本同时加到全自动检测管中上机检测即可。自动检测管一般将核酸提取、扩增和检测等步骤集中在一根检测管中，还有采用微流控技术的芯片检测卡等，均属设备配套使用专门耗材，后续样本裂解、核酸分离提取、恒温扩增、抑制物清除、实时荧光定量检测，以及电化学检测等检测流程全部由设备自动完成。不同厂家设备通道数量、主要部件组成和核心技术有一定差别，通常由控制部件、热盖部件、热循环部件、传动部件、光电部件、嵌入式软件和分析软件、热敏打印、电源部件等组成，部分产品设计有仪器内部负压装置以保证生物安全性能，总体上为一体化紧凑结构，无特殊易损耗配件，预防性维护与一些大型设备相比简单易行。可根据仪器的原理、结构确定仪器的预防性维护内容，具体可参照生产厂家提供的技术资料和维护建议确定预防性维护方案，一般应包括以下内容：

（1）外观检查　检查仪器开关、电源线、插头等有无锈蚀或接触不良，控制系统显示屏显示是否正常，机械系统及散热排风噪声、温度等有无异常，设备内外有无漏液痕迹。

（2）清洁与保养　对仪器表面、空气过滤网等部分进行清洁，根据污染情况决定是否对内部电路板、机械部分进行清洁或润滑。

（3）功能检查　开机自检是否正常，检查指示灯、显示屏等显示是否正常，进入各功能设置，检查设备功能是否正常，有无故障代码显示与报警，盖板开合是否顺畅，机械系统运转是否正常，热敏打印是否清晰等。

（4）更换维修　对已经达到使用寿命及性能下降、不符合使用要求的原件或使用说明书中要定期更换的配件进行及时更换，预防可能的故障发生、扩大或造成整机故障。检查电路板元件状态，有无焊点锈蚀、电容是否膨胀变形、插件是否牢固等，配有充电电池的要定期充电，根据生产厂家建议及时进行软件升级等。

（5）性能检查　根据日常使用情况，了解阴性及阳性对照品检测结果及标本检测值有无倾向性偏差，是否顺利通过室内质检及室间质评，发现问题并分析产生的原因，及时进行针对性维修。

（6）安全检查　检查电源线、接地线有无破损，接地线有无漏电电流，设备安装环境是否符合要求，机器放置是否牢固等。

（7）检查人员应按照检验部门及疾病预防控制部门要求进行必要的个人生物安全防护。

二、维修

（一）设备报修及维修流程

设备报修及维修流程如图 3-1 所示。对影响检测项目开展的设备故障要向业务管理部门报告，并通知相应科室或对送检客户做好解释工作，涉及维修费用按照各单位规定的经费审批权限进行审批。

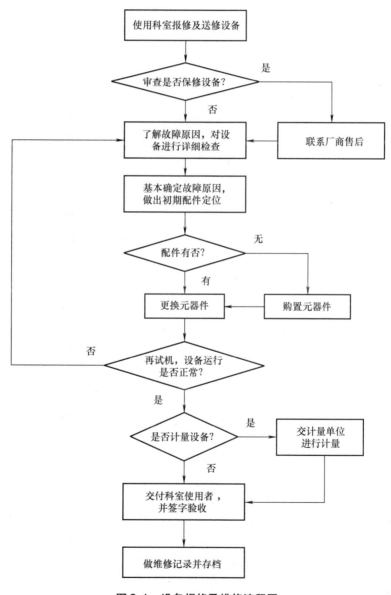

图 3-1　设备报修及维修流程图

（二）常见故障判断及处理

1）控制模块常见故障及处理方法见表3-12。

表3-12　控制模块常见故障及处理方法

故障现象	可能原因	故障处理方法
仪器不联机	① 仪器与计算机的通信线连接不良好 ② 仪器没有给计算机发送通信信号 ③ 工作电压不正常	① 连接好仪器通信线 ② 在计算机端"控制面板"中的"程序和功能"中寻找仪器的驱动程序，重新安装；若是通信板故障，则返厂维修 ③ 检测电源电压
控温不准和反应液挥发最终导致曲线不扩增，呈斜线上升	热盖失效或故障	① 可通过曲线判断热盖是否故障，若确定热盖已坏，建议可以在每个 PCR 反应管中加入一层矿物油（矿物油可避免反应液挥发） ② 上机测试曲线结果是否正常。如曲线仍然异常，直接更换热盖
仪器和软件无法正常连接	① 开机顺序问题 ② 连接问题	① 打开仪器电源，让仪器通过自检后，再打开软件 ② 检查连接线是否插紧，再重启软件

2）温控模块常见故障见表3-13。

表3-13　温控模块常见故障

故障现象	可能原因	故障处理方法
扩增过程温度异常跳动	① 加热片上的温度传感器异常 ② 加热面未很好地贴附样品 ③ 加热支架夹子变形 ④ 加热片上的排线出现虚接	返厂更换模块
模块指示灯变红	① 温度超过100℃，警示 ② 加热片的排线已断 ③ 加热片的温度传感器异常	加热片温度超上限报警，如果加热片能继续正常工作，无须更换 若是原因②、③导致的故障，应返厂更换模块
扩增过程降温异常、超过60s	① 风扇插头与插座连接不良 ② 风扇线断 ③ 制冷系统故障	① 连接好风扇插头 ② 更换整台风扇 ③ 对风冷制冷的 PCR 仪要较彻底地清理反应底座的灰尘；对其他制冷系统应检查相关的制冷部件或返厂维修

3）光电检测模块常见故障及处理方法见表3-14。

4）激发光源模块常见故障及处理方法见表3-15。

表3-14 光电检测模块常见故障及处理方法

故障现象	可能原因	故障处理方法
荧光检测异常	① 外界强光源照射 ② 程序运行时热盖开启 ③ 光电系统不可靠	① 关闭外界光源 ② 关闭热盖（检测结果将不可靠） ③ 联系厂家维修
无试管状态下各孔的荧光差异增大或本底差异很大	① 试管孔或热盖被污染 ② 增益设置太高，信号饱和	① 清除污染物 ② 确认增益是否合适，推荐使用自动增益
曲线异常，如呈曲折上升状	① 热盖问题 ② 荧光检测装置出现问题	① 更换热盖 ② 联系厂家维修
若仪器某一孔或几孔的荧光值明显高于其他孔位	可能仪器的孔槽或检测光路受到荧光污染	① 清洁仪器的孔槽（先打开盖子，再用无水乙醇浸泡样品池5min，然后用移液器吸去液体，加入去离子水进行二次清洁，用移液器吸去液体；打开PCR仪，设定保持温度为50℃的PCR程序并使之运行，让残余液体挥发去除，一般5min~10min即可） ② 检测光路是否受到荧光污染

表3-15 激发光源模块常见故障及处理方法

故障现象	可能原因	故障处理方法
曲线的荧光值与平时相比，明显降低	光源老化	需要更换仪器光源（尤其是卤素灯，其光源寿命约2000h）

（三）应急维修

1. 报修流程

使用快速核酸检测仪的医务人员或者操作人员发现故障或者故障隐患时及时上报部门负责人后，部门负责人应立刻通知设备维修人员，同时填写《报修申请单》交于维修人员。

维修人员接到维修通知第一时间赶赴现场对设备故障进行诊断并维修，维修类型一般分为四种。

（1）一般维修 快速核酸检测仪故障情况通过报修途径报告至设备维修人员，维修人员及时对故障情况进行确认，确定快速核酸检测仪故障维修的复杂系数，对故障简单分类后，列出维修所需材料。对于快速核酸检测仪维修系数低的设备故障，由维修人员直接现场维修。根据快速核酸检测仪故障情况领取专用设备配件以及维修工具，组织维修人员实施维修工作。

（2）上报维修 对于快速核酸检测仪发生较复杂的故障并且影响检测的工作进度，则需上报设备部门负责人与其沟通是否进行维修。在维修中发现缺少维修零件，需要联系购买时，设备维修人员要在《报修申请单》注明，由设备维修部门通知采购部门购买配件。

（3）外委维修　快速核酸检测仪的故障情况依靠设备维修部门自己的维修力量不能解决，需要联系快速核酸检测仪设备生产厂家维修时，维修人员要将此情况及时报告设备部门负责人，由设备部门负责人与生产厂家联系维修事宜。在快速核酸检测仪维修过程中，设备操作人员或相关医务人员要在现场以便维修人员及时了解快速核酸检测仪的情况。

（4）紧急维修　对于快速核酸检测仪所产生的故障影响到检测，或对医疗流程产生较大影响的情况，使用科室可报告医务管理部门及时通知设备管理门派人维修，维修完毕后根据维修内容及费用补报《报修申请单》。

2. 应急维修可行性判定

应急维修可行性判定要综合考虑能否根据故障现象快速判定发生故障的原件或模块，该原件或模块备件是否能够及时获得，维修费用是否可以接受，电源或机械类通用性配件有无相似品替换等因素。

（1）故障的不可逆性　快速核酸检测仪的故障具有明显的不可逆特性，表现在两个方面：①设备在长期使用过程中性能和质量会明显下降，更换旧的部件，可以解决大部分安全隐患，但却无法达到预期的效果，无法彻底解决设备的问题；②快速核酸检测仪在使用一段时间后，部分精度较高、成本较高的部件很难更换，也是造成其不可逆故障的重要原因。

（2）故障发生的多样性　因快速核酸检测仪的特殊用途，需要长时间连续操作，易引起疲劳、腐蚀、磨损等问题，造成这些问题的原因比较复杂，如快速核酸检测仪设备自身存在的问题，快速核酸检测仪设备周围环境存在的问题等，这些都是快速核酸检测仪设备故障的主要原因，所以针对具体情况，对快速核酸检测仪的管理与维修要进行科学和针对性的管理。

3. 应急维修策略

1）要以较为恰当的人力资源安排，合理的库存配备件，以及最经济的方法完成核酸检测仪设备的维护和保养任务。

2）保持对相关维修人员的技术培训，并审核维修人员的技术资格，以达到在最少人力的情况下能保证快速核酸检测仪正常运作的目标。

3）定期检查快速核酸检测仪备件的库存量，保障正常消耗的备件在快速核酸检测仪突发故障时能及时更换，既要保证快速核酸检测仪的正常运转，又要做到维修配件资金积压在合理的水平线下。

4）对快速核酸检测仪设备进行分类管理，按其在运作中的重要性、价值等级和故障发生率综合考虑分为：

事后维修类，即快速核酸检测仪设备出故障才维修，对那些同种设备较多或不是关键工序位的设备，即设备出故障后，在一段时间内对检验流程影响不大的设备，可确定为事后维修类，这样可提高维修资源的利用率。

预防维修保养类：一是定期维修保养，指那些重要的快速核酸检测仪设备，大型、连续性生产的设备；二是检查后修理，对快速核酸检测仪做定期检查，可减少不必要的维修人力资源的支出和维修保养的费用；三是机会维修，利用检验空隙和其他停机机会对快速核酸检测仪进行局部或全面的检修，这样可以最大限度地提高快速核酸检测仪的利用率，减少快速核酸检测仪停机的修理时间；四是预知维修，对那些位于快速核酸检测仪的关键工序，自动化程度高、连续运转的或精密昂贵的部件，要对其使用中的技术状态进行监测和诊断，既可节省修理费用，又可大大地提高快速核酸检测仪的利用率。

（四）三方维修及保修

快速核酸检测仪作为临床诊断的重要工具和科学研究的重要平台，新冠病毒肺炎疫情暴发以来需求量激增。不同厂家为了抢占市场，在第一时间内堆出各种型号的新设备。大量新的设计思路、制造工艺和元器件应用在产品的制造之中。其中设备的软件设计是否成熟，硬件质量是否过关，软硬件之间连接是否适配、合理，在使用过程中都会慢慢显露出来。另外，大量新的实验室、检测机构短周期内建成，设备安装的环境条件，例如温度、湿度、电源的波动和屏蔽，以及接地、亮度、抗震、气路压力等因素都会诱发医疗设备内在的隐性系统性故障。所以快速核酸检测仪精确的诊疗结果和良好的运行状态离不开完善的售后服务支持。

1. 医疗设备维修模式

医疗设备维修管理是贯穿整个医疗设备生命周期的一项工作。面对日益复杂的维修管理工作，如何采取科学合理的维修管理模式，保障医疗设备正常运行，实现医疗设备效益最大化，已是摆在医疗卫生机构维修管理人员面前的重要问题。目前医疗设备维修主要有三种模式：医疗卫生机构的工程师维修、原厂维修、第三方服务机构维修。医疗卫生机构的工程师对医疗器械设备进行的维修具有全方位性、时效性好的特点，特别适合大量基础设备、常用设备的维护。对于设备的一些标准配件如显示屏、充电电池等完全可做到自主维修。但是对于快速核酸检测仪等专用设备，在维修过程中存在手段相对落后，缺乏相关的器械设备检测标准和方法，受维修资料和配件所限，单纯凭借传统方法或者经验进行故障查询，难免会造成维修效果不理想，且快速核酸检测仪对维修时限要求必定较高。医疗卫生机构一般会首先求助于原厂，但是面对市场竞争，各生产厂商和代理商采取降价策略来应对招标，所以更加追求售后服务的利润，从而导致原厂在维修过程中存在两个比较突出的问题。第一个问题：个别厂家需要先付费再维修，在费用审批、付款流程中延长整体维修时间；第二个问题：维修过程中喜欢更换整体模块，不做元器件级别的维修，导致维修费用偏高。这时引入第三方服务机构，才能对厂家形成有效的制衡，打破厂家在售后服务上的垄断性，提高维修效率，降低维修费用。近几年来，医疗设备的维修维护服务已经逐渐形成了一个新兴的市场。一批中小型医疗设备维修企业应运而生，他们利用自己的优势，为各级医疗卫生机构提供技术服务，有着自己的客户群和市场。这种方式具有服务灵活、费用低等优势，但也存在管理不规范、风险大等缺点。如何选择第三方服务机构，采取何种方式与第三方维修服务机构合作，如何加强维修过程监管，成为医疗设备维修管理中的一项重要工作。

2. 保修注意事项

售后服务根据不同的服务内容分为整机保修、部分配件保修、技术保修、单次服务维修等方式。医疗卫生机构应该根据医学工程技术人员的专业技术情况、医疗设备运行情况、临床作用影响度等，选择最佳的医疗设备售后服务模式及服务内容。

无论哪种模式都需要符合合同的规范要求。其中核心条款必须包括维修设备明细、设备维修模式、响应时间、付款方式、预防性保养次数。

1）维修设备明细：包括设备的名称、型号、数量、序列号、保修时间以及突发故障后的联系电话。

2）设备维修模式：整机保修、部分配件保修、技术保修、单次服务维修等。

3）响应时间：接到报修后，承诺工程师到达现场维修的时间，如更换配件导致设备停机，是否能够提供备用机，并安排紧急加班维修服务。

4）付款方式：规定时间内全额支付或支付全额的百分比，余下尾款支付时间视维修后设备运行的具体情况而定。

5）预防性保养次数：每年提供至少若干次的预防性保养，待保养结束后需要有工程师的签字确认，并提供保养记录单存档。

医疗卫生机构的医学工程技术人员在维修期间也要积极地参与其中，协助测量一些技术参数，分析故障原因，逐步熟悉设备的原理、结构和常见故障的检修方法，对第三方维修工程师提出正确的意见和合理的要求，发挥自己能够第一时间到达现场的优势，从而保证机器的开机率，使得检测工作得以顺利进行。

快速核酸检测流程及报告解读 **4**

第一节 快速核酸检测的性能验证

一、概述

GB/T 22576.1—2018《医学实验室 质量和能力的要求 第 1 部分：通用要求》明确规定对厂家声称的分析性能指标，临床实验室要进行验证，以确保检验结果的准确性，简称性能验证。性能验证是用来衡量一个检测系统在特定工作负载下的响应能力及稳定性，同时通过性能报告分析和优化系统的质量标准，提高检测准确性。目前，绝大部分快速核酸检测的 IVD 产品都是基于实时荧光定量 PCR 技术。因此，下文主要依据 WS/T 492—2016《临床检验定量测定项目精密度与正确度性能验证》，以 2019 - nCoV 快检为例介绍快速核酸检测的性能验证。

二、准确度

准确度是测量结果中系统误差与随机误差的综合，指检测结果和真实结果的一致程度。检测结果的准确程度通过正确度和精密度两个指标体现。准确度常用误差来表示，当用于一组测试结果时，由随机误差分量（精密度）和系统误差分量（正确度）组成。

正确度又称真实度，指由大量测试结果得到的平均数与接受参照值间的一致程度。正确度的度量通常以偏倚来表示，可表示测试结果中系统误差的大小。偏倚是指测试结果的期望与真值（接受参照值）之差，其可能由一个或多个系统误差引起，是系统误差的总和。偏倚小说明正确度高，反之则说明正确度低。对于病原体核酸检测，准确度的性能验证通常可通过方法学比对进行。以中山大学达安基因股份有限公司生产的 2019 - nCoV 核酸检测试剂盒为例，原则上要覆盖所有预期样本类型的阴性及阳性样本，样本数不低于 20 例，通常为 40 例 ~ 50 例或更多。选取咽拭子和痰液两种样本进行，SARS – CoV – 2 阴性及阳性样本各 20 例，金标准为参比方法或临床诊断，根据检测结果与金标准的一致性，计算阳性符合率和阴性符合率。如果实验室计算得到的 PPA（阳性符合率）和 NPA（阴性符合率）均不小于 95%，则认为可达到厂家宣称的准确度。阳性样本最优为 COVID – 19 确诊患者的临床样本，也可选择人工模拟样本。准确度性能验证见表 4-1。

表 4-1　准确度性能验证

检测结果	金标准		合计
	患病	未患病	
阳性	a	b	a + b
阴性	c	d	c + d
合计	a + c	b + d	a + b + c + d

根据表 4-1，可求出阳性符合率和阴性符合率：

$$阳性符合率(PPA) = \frac{a}{a + c} \times 100\%$$

$$阴性符合率(NPA) = \frac{d}{b + d} \times 100\%$$

三、精密度

对新购置的检测系统或新开展的项目在正式用于检测临床标本前，对其不精密度性能进行验证，确认检测系统的随机分析误差符合临床要求是至关重要的。精密度性能是检测系统的基本分析性能之一，也是其他方法学评价的基础，如果精密度差，其他性能评价实验则无法进行。目前，国内关于精密度性能评价的试验方案多种多样，其中有些缺乏科学依据。美国国家临床实验室标准化委员会（CLSI）颁布了两个指导性文件 EP5 – A2《定量测量方法的精密度性能评价——批准指南　第二版》和 EP15 – A《用户对精密度和准确度性能的核实指南》，以满足不同需要。

（一）精密度的相关基本概念

1. 精密度

在一定条件下所获得的独立的测定结果之间的一致性程度，以不精密度来间接表示。随机误差是测定不精密度的主要来源，以标准差（S）和（或）变异系数（CV）表示。当 S 或 CV 越小，则表示精密度越好，反之则越差。精密度表示试验的重复性与再现性，高的精密度是保证获得良好准确度的先决条件。一般说来，精密度不高，就不可能有良好的准确度。反之，精密度高，准确度不一定好，这种情况表明测定中随机误差小，但系统误差较大。

2. 不精密度

不精密度是指特定条件下各独立测量结果的分散程度。

3. 重复性

重复性是指在相同检测条件（相同地点、相同检测系统、相同测量程序、相同操作人和相同操作条件）下对同一或相似被测物质进行连续测量所得结果的接近程度，也称批内精密度。

4. 重复性条件

在同一实验室由同一操作者在短的间隔时间内使用同一仪器设备和同一方法所获得相同测定项目的独立测定结果的条件，称为重复性条件。

5. 重现性

重现性是指在不同检测条件（不同地点、不同检测系统和不同操作人）下对同一或相似被测物质进行测量所得结果的接近程度，也称室间精密度。

6. 重现性条件

不同操作者使用不同仪器设备运用同一方法对相同被测物质所获得独立测定结果的条件，称为重现性条件。

7. 中间精密度

中间精密度是指在相同地点、相同检测系统、相同测量程序条件下对同一或相似被测物质在长时间段内重复测量所得结果的接近程度，也称批间精密度，其中可包含试剂批号和操作者的更换等。

8. 批

在相同条件下所获得的一组测定，称为批。

9. 均值

一组测定值中所有值的平均值，称为均值，也称为均数，计算式为

$$\overline{X} = \frac{\sum\limits_{i=1}^{n} X_i}{n} \tag{4-1}$$

10. 标准差

标准差表示一组测定数据的分布情况，即离散度，计算式为

$$S = \sqrt{\frac{n\sum\limits_{i=1}^{n} X_i^2 - \left(\sum\limits_{i=1}^{n} X_i\right)^2}{n(n-1)}} \tag{4-2}$$

11. 变异系数

将标准差以其均数的百分比来表示，即为变异系数，计算式为

$$CV = \frac{S}{\overline{X}} \times 100\% \tag{4-3}$$

（二）精密度验证方案

1. 基本要求和注意事项

试验样品要稳定，其基质组成应尽可能与临床样本相似。试验样品的浓度尽可能选择与厂商声明性能相近的浓度或接近该项目医学决定性水平（定性测定指阳性判断

值;定量测定指线性范围的下限)的浓度。推荐使用两个浓度。还应注意冰冻保存试验样品分析物的稳定性,并且严格控制冻融的时间、混匀的操作手法等。整个验证过程应使用同一批号的试剂和室内质控品。试验过程中严格按照操作规程进行检测系统的校准,按照室内质量控制程序进行常规室内质控,用于室内质控的控制品不可以作为试验样品。如果出现失控数据,则应查找原因,重做试验。在正式试验前,操作者应熟练掌握仪器的操作程序、校准程序、保养程序及检测程序等,熟悉验证方案。

2. 具体方案

具体方案参照 EP5 – A2 中的方案,采用 $2 \times 2 \times 20$ 的实验方法,即:使用 2 个浓度样本,共检测 20 天,每天检测 2 批,每批检测 2 次。每个浓度可获得 80 个可接受数据。设计合适表格记录下所有可接受试验数据(《方法学验证报告》《方法学验证原始试验数据》)。要检验批间离群值和日间离群值。常规的质控程序可检出批间或日间离群值,失控批的数据在找到原因后应删除,再重新进行一批。

3. 批内离群值

采用最初预试验获得的标准差作为批内重复测量结果的离群值的判断标准。如果重复测量的变异绝对值超出了 5.5 倍标准差,则该批数据被拒绝。发现离群值后,查找原因,并重复该批分析。如果超过 5% 的数据被拒绝同时查找不出原因,那么考虑可能是仪器性能不够稳定,应该联系厂家。

4. 精密度计算方式

1)批内精密度 S_r 按式(4-4)计算。

$$S_r = \sqrt{\frac{\sum_{i=1}^{n}\sum_{j=1}^{2}(X_{ij1} - X_{ij2})^2}{4I}} \tag{4-4}$$

式中　I——总的运行天数,通常为 20 天;

　　　i——样本例数;

　　　j——每日的批次(1 或者 2);

　　　X_{ij1}——第 i 日第 j 批第 1 次的结果;

　　　X_{ij2}——第 i 日第 j 批第 2 次的结果。

在使用上述公式时每批都需要两个结果。在试验过程中有不超过 10% 的评价日只有 1 批结果,其结果的统计学计算仍然有效,否则应增加试验天数直至达到要求。

2)批间精密度 S_{rr} 按式(4-5)和式(4-6)计算。

$$S_{rr}^2 = A^2 - \frac{S_r^2}{2} \tag{4-5}$$

$$A = \sqrt{\frac{\sum_{i=1}^{n}(\overline{X}_{i1} - \overline{X}_{i2})^2}{2I}} \tag{4-6}$$

式中　I——总的运行天数,共两个批次,两个批次同时操作共计 20 天;

　　　i——样本例数;

$\overline{X}_{i1}$——第 i 日第 1 批检测结果的均值；

$\overline{X}_{i2}$——第 i 日第 2 批检测结果的均值。

如果 S_{rr}^2 为负数将取值为 0，表明批间变异是由批内变异导致的。

3）试验方案：依据 EP15 - A 方案，根据厂家声明的批内精密度与总精密度的比例不同，方案可分为三种：

对于批内精密度小于 2/3 总精密度，试验方法：使用两个浓度样本，连续检测 5 天，每天检测 1 批，每批每个浓度重复检测 4 次。每个浓度可获得 20 个可接受数据。

对于批内精密度大于 2/3 总精密度，试验方法：使用两个浓度样本，连续检测 3 天，每天检测 1 批，每批每个浓度重复检测 3 次。每个浓度可获得 9 个可接受数据。

对于批内精密度与总精密度相对关系未知，试验方法：使用两个浓度样本，连续检测 5 天，每天检测 1 批，每批每个浓度重复检测 4 次。每个浓度可获得 20 个可接受数据。

4）同样，设计合适表格记录下所有可接受试验数据，通过公式计算精密度。

此时，批内精密度 S_r 可按式（4-7）计算。

$$S_r = \sqrt{\frac{\sum_{d=1}^{D} \sum_{i=1}^{n} (X_{di} - \overline{X}_d)^2}{D(n-1)}} \tag{4-7}$$

式中　D——总天数（3 天或 5 天）；

　　　n——每批重复测量次数（3 次或 4 次）；

　　X_{di}——每天每次的结果；

　　$\overline{X}_d$——1 天中所有结果的均值。

总精密度 $S_总$ 按式（4-8）和式（4-9）计算。

$$S_总 = \sqrt{\frac{n-1}{n} S_r^2 + B} \tag{4-8}$$

$$B = \frac{\sum_{d=1}^{D} (\overline{X}_d - \overline{\overline{X}})^2}{D-1} \tag{4-9}$$

式中　D——总天数（3 天或 5 天）；

　　　n——每批重复测量次数（3 次或 4 次）；

　　$\overline{X}_d$——某天中所有结果的均值；

　　$\overline{\overline{X}}$——所有结果的均值。

最后比较计算出的精密度与厂家声明的精密度，不同浓度的变异系数是否均小于 5%，是否均在可接受的范围内，是否符合本室要求。由试验数据统计的批内精密度与厂家声明的批内精密度比较，验证厂家所声明的批内精密度。具体精密度验证方案需根据检测仪器通量进行调整。

四、检测限

（一）定义

检测限指样品中被测物能被定量测定的最低值。

（二）分子诊断检出限性能验证方案

1. 样本

定值标准物质（如国际标准物质、国家标准物质和制造商标准物质）。对于报告特定基因型的方法，所选参考材料应包括所有突变类型。当测试对象同时含有不同比例的不同基因型时，应设置多个梯度，主要从两个方面进行评估：最终扩增反应系统的总核酸浓度和突变序列的比例。

2. 判断标准

使用定值标准物质的样本梯度稀释至厂家声明的检测限浓度，可重复测定 5 次或在不同批内对该浓度样本进行 20 次重复测定（如测定 5 天，每天测定 4 份样本）。稀释液可根据情况选用厂家提供的稀释液或阴性血清，该阴性血清除被验证的目标物必须是阴性外，所含干扰物质浓度必须在厂家声明的范围之内。如果是 5 次重复检测，必须 100% 检出靶核酸；如果是 20 次重复检测，必须至少检出 18 次靶核酸。

3. 具体案例

（1）新型冠状冠病毒检测限验证　将 20 份不同临床阳性样本稀释至 62500 拷贝/mL、12500 拷贝/mL、2500 拷贝/mL、500 拷贝/mL、100 拷贝/mL 5 个浓度梯度，利用新型冠状病毒 2019 – nCoV 核酸检测试剂盒（荧光 PCR 法）进行 3 次重复检测，初步确定最低检测限范围；用 3 批生产的试剂盒对稀释至 1500 拷贝/mL、700 拷贝/mL、500 拷贝/mL、300 拷贝/mL、150 拷贝/mL 5 个浓度梯度的 20 份不同临床阳性样本用 3 批试剂盒进行 20 次重复检测，进一步确定最低检测限；另取 25 份不同临床阳性样本稀释至最低检测限水平，用连续 3 批生产的试剂盒进行 20 次重复检测，以验证其最低检测限。结果在 62500 拷贝/mL、12500 拷贝/mL、2500 拷贝/mL、500 拷贝/mL 4 个浓度水平上，样本阳性检出率均为 100%，在 100 拷贝/mL 浓度水平上，样本阳性检出率 ≤55%，初步判断最低检测限在 500 拷贝/mL ~ 100 拷贝/mL 之间；经 20 次重复检测，1500 拷贝/mL、700 拷贝/mL、500 拷贝/mL 3 个浓度水平对样品的阳性检出率 ≥95%，300 拷贝/mL、150 拷贝/mL 两个浓度水平对样品的阳性检出率均 <95%，确定最低检测限为 500 拷贝/mL；25 份稀释至最低检测限浓度水平的阳性样品，阳性检出率均达 95% 以上。

（2）流感病毒检测限验证　建议使用培养后病毒原液的梯度稀释液进行最低检测限确定，每个梯度的病毒稀释液重复 3 ~ 5 份，每份进行不少于 20 次的重复检测，将具有 90% ~ 95% 阳性检出率的病毒水平作为最低检测限。通过制备至少 5 份最低检测限浓度水平的病毒稀释液对 90% ~ 95% 的检出率进行确认。建议采用半数组织培养感染量（50% tissue culture infectious dose，TCID50）、空斑形成单位（plaque forming units，PFU）法或拷贝/mL 的方式进行病毒浓度确认，并采用上述方式作为病毒浓度的表示方式。在进行最低检测限的确认时，参与研究的甲型流感病毒各亚型和乙型流感病毒应至少包括不同来源的两个具有代表性的病毒株的系列稀释梯度。流感最低检测限的验证应在最低检测限或接近最低检测限的病毒浓度，至少采用 3 个病毒进行验证，并且采用具有时间和区域特征性的流感病毒亚型。

五、干扰

1）干扰物质是可能对检测结果产生影响的物质。对病原体核酸检测来说，主要是影响聚合酶活性或干扰核酸扩增的物质，包括内源性和外源性两类。内源性干扰物质包括血红蛋白、胆红素、甘油三酯、病理代谢物、药物或可能摄入的食品、营养保健品等。外源性干扰物质包括标本采集过程中污染的护肤品、手套滑石粉、乙醇、漱口水等。

2）除上述的准确度、精密度、检测下限等性能验证指标外，厂商在性能确认时所建立的性能指标（例如干扰等）可不强制要求验证。如果需要验证，可参照实验室自建方法（LDT）的要求，通过向含有医学决定水平待测物的样本中加入高浓度的潜在干扰物质，然后与不含干扰物的成对待测物样本进行平行双管重复检测比较，采用配对 t 检验统计分析。

3）除上述性能验证指标外，模板 RNA 的数量和质量决定了后续实时荧光 RT - PCR 扩增性能的好坏。因此，实验室在使用商品化试剂盒开展临床检测前，需要验证核酸提取试剂的回收率和纯度。例如，将含有 SARS - CoV - 2 核酸的临床或模拟样本平均分为两份，其中一份（A）加入一定体积（小于总体积 10%）已知浓度的SARS - CoV - 2 核酸（或模拟的核酸序列），另一份（B）加入同体积的核酸洗脱液，按试剂盒要求提取核酸，分别测定 A 和 B 提取的核酸量，按核酸提取产率 $= \dfrac{A - B}{\text{加入核酸量}} \times 100\%$ 计算核酸提取产率，重复测定 3 次计算平均值。并用分光光度计测定 A260/280 比值。核酸提取产率应不低于核酸提取试剂厂家声明或实验室的最低要求，核酸纯度 A260/280 比值应为 1.8 ~ 2.0。

第二节 快速核酸检测的过程

一、样本采集、接收、保存及核酸提取

（一）样本采集

正确的采集、处理与运送样本是检验成功的关键，样本的采集与处理的规范化是准确、及时地提供微生物感染信息的基础。若样本采集或处理失当，则会导致检测结果错误或者无意义，造成临床误诊或者延误突发公共卫生事件的处理。快速核酸检测的标准化必须从样本采集与处理的标准化开始，科学合理地采集、运送、保存样本是

保证检验结果的前提。进行核酸检测的样本要使用灭菌人造纤维拭子和塑料棒，不得使用棉拭子和木制拭子等含有核酸扩增抑制剂的材料。

1. 用于核酸检测的样本种类

样本分为环境样本、临床样本、产品样本、动物及媒介昆虫类样本，分别用于进行卫生学评价、食源性疾病溯源、传染病原体检测、传染病传染源追踪、传播途径确认、自然疫源地监测、突发公共卫生事件的溯源，以及消毒后效果评价等。样本分类见表 4-2。

表 4-2　样本分类

样本种类	样本名称
环境样本	水、土壤、空气以及各类物品
临床样本	1）血液样本：常见为血清或血浆样本；可置于 2℃~6℃ 短期保存；长期保存需在 -20℃ 或 -80℃ 下冷冻贮藏 2）尿液样本：可分为前段尿、中段尿、末端尿 3）呼吸道样本：上呼吸道样本包括咽拭子、鼻拭子、鼻咽抽取物等；下呼吸道样本主要是痰和支气管分泌物，包括支气管刷检物、支气管灌洗液和支气管肺泡灌洗液等 4）粪便样本：分为粪便、直肠拭子（适于排便困难的患者或婴幼儿） 5）眼结膜样本：眼结膜拭子 6）疱疹液样本 7）组织样本 8）唾液样本
产品样本	食品、化妆品、涉水产品、消毒及卫生用品
动物及媒介昆虫类样本	各种宿主动物的血液、排泄物、尸解及各类昆虫类样本，不同的传染病采集的标本媒介和采集部位不同

2. 样本采集原则

（1）防护原则　采样要按照生物安全防护级别进行样本采集，避免造成人员感染和样本污染。采集的样本均按照感染性标本做好必要的防护措施，按照不同等级进行包装和运输。采集时备急救包，在产生溢洒和泄漏时使用。从事高致病性病原检测样本采集的技术人员，必须为经过生物安全培训的专业人员，具有与采集病原微生物样本所需要的生物安全防护水平相适应的设备，包括个人防护材料、器材和防护设施等。

1）一般防护：穿工作服、戴外科口罩、认真执行手卫生。

2）一级防护：穿工作服、隔离衣，戴工作帽及医用防护口罩，接触体液、分泌物、排泄物时应佩戴手套。

3）二级防护：穿工作服、隔离衣，必要时穿鞋套、戴手套，必须佩戴医用防护口罩（每 4h 更换一次或感到潮湿时更换），进行可能产生喷溅的操作时，应戴护目镜或防护面具。

4）三级防护：除二级防护外，还应加戴面罩或全面型呼吸防护器。

（2）采集原则　采样之前与专业实验室进行有效的沟通，针对不同实验室检测流程、检测项目，对样本种类、采集、运送要求进行确认，获得专业的指导与支持。试验结果与检测样本质量直接相关，按照要求采集标本后要尽快运送到实验室。采集样本时需有效控制外界污染或干扰，必要时对采样器材进行评估，尤其是核酸检测容易造成污染，可以随机挑选 1 个~2 个器皿，作为空白对照随样本一起保存和送检，采集两个以上样本时要采取措施防止交叉污染。尽快妥善保存（冷藏或者冷冻）样本，防止病原微生物核酸降解。

3. 样本容器

所有采样用具、容器均需严格灭菌。并以无菌操作采集，避免由于采样过程不规范对样本造成污染，每个样本用单独容器包装。容器必须符合国家规定，可承受运送过程中产生的温度和压力变化。

（二）样本运送

临床核酸检验常采用的标本类型有血液、骨髓、咽拭子、尿液、粪便、痰液、生殖道标本等。实验室应针对不同的标本类型设置不同的标本运送流程，相关的物流运输和院内转运环节应有运送、交接记录，以确保标本的安全、无污染、无降解。主要注意以下几点：

1）标本一经采集，原则上都应由经过专门训练的医务人员尽可能快地运送至检测实验室，或者由专用的气动物流运输系统运输。

2）所有临床标本在采集后送至实验室之前，均应暂放在 2℃~8℃ 临时保存。标本运输容器应当防水、防破损、防泄露、耐高（低）温和高压。

3）运输容器和包装材料上应有相关规定的生物危害标识、警示语和提示语。

4）送往外院或委托实验室的标本，按照生物安全要求，须使用专用的标本转运箱密闭运输，如果是短途运输，那么需要使用低温冷藏运输设备（转运箱加冰块）密闭运输；如果是长途运输，那么需要冷冻（转运箱加干冰）密闭运输，运输时间应根据待检项目标本储存条件和标本稳定性决定。

5）需航空运输标本包装应符合最新版国际民航组织《危险品航空安全运输技术细则》规定的分类包装要求。

6）对于疑为高致病性病原微生物的标本，应按照《病原微生物实验室生物安全管理条例》和各医疗卫生机构制定的生物安全管理规定的相关要求进行传染性标识、运送和处理。

7）新型冠状病毒核酸检测标本的运送，在转运箱封闭前，须使用 75% 乙醇或 0.2% 含氯消毒剂喷洒消毒。涉及外部标本运输的，应按照 A 类感染性物质进行三层包装。疑似或确诊患者标本应标示有特殊标识，并进行单独转运。

（三）样本的接收

1. 样本包装的要求

（1）联合国对感染性物质的运输分类　根据病原体的感染性和感染后对个体或群体的危害程度不同，联合国对感染性物质的运输分类分为 A 类和 B 类。A 类：指人感染后发病的可能性大，传染性强，对人群危害性大的烈性感染性物质。高度怀疑具有严重危害性的感染性物质也属于 A 类。B 类：除 A 类外，仅具有一般危险性，引起感染的机会较少的感染性物质。

运输高致病性病原微生物菌（毒）种或样本的容器或包装材料应当达到民航组织文件 Doc9284《危险品航空安全运输技术细则》的 PI602 分类包装要求规定的 A 类包装标准，符合防水、防破损、防外泄、耐高温、耐高压的要求，并应当引用中华人民共和国国家卫生健康委员会（简称国家卫健委）规定的生物危险标签、标识、运输登记表、警告用语和提示用语。

（2）对高致病性病原微生物菌（毒）种或样本运输容器或包装材料的要求

1）高致病性病原微生物在运输过程中采用三层包装系统，由内到外分别为主容器、辅助容器和外包装。

2）高致病性病原微生物菌（毒）种或样本应正确盛放在主容器内，主容器要求无菌、不透水、防泄漏。

3）辅助容器是在主容器外的结实、防水和防泄漏的第二层容器，它的作用是包装及保护主容器。多个主容器装入一个辅助容器时，必须将它们分别包裹，防止彼此接触，并在多个主容器外面衬以足够的吸收材料。

4）辅助容器必须用适当的衬垫材料固定在外包装之内，在运输过程中避免其受外界影响，如破损、浸水。

5）在使用冰、干冰或其他冷冻剂进行冷藏运输时，冷冻剂必须放在辅助容器和外包装之间，内部要有支撑物固定，当冰或干冰消耗以后，仍可以把辅助容器固定在原位置上。如果使用冰来制冷，那么外包装必须不透水；如果使用干冰来制冷，那么外包装必须能够排放二氧化碳气体，防止压力增加造成容器破裂。

6）外包装是在辅助容器外的一层保护层，外包装具有足够的强度，并按要求在外表面贴上统一标识。

（3）不合格样本及处置办法　包装不符合要求，出现遗撒，编号不唯一或者无编号，未用无菌容器、容器溢漏或破裂等现象，应立即进行消毒处理，并将样本进行高压销毁，重新采样送检。

（4）意外事件报告与处理　样本采集和运输过程中发生意外事件，要按照国家/地方规定的时限和程序及时报告，采取有效措施进行预防和控制感染。高致病性病原微生物菌（毒）种在运输、储存中被盗、被抢、丢失、泄漏时当事人或者发现者应当采取必要的控制措施，2h 内向相关单位及其主管部门报告。

（5）注意事项　样本标签必须唯一，样本编号应可追溯。样本采集应使用专用拭子与运送管。按照生物安全要求，送检单一式两份。

2. 样本交接

标本接收人员按检验项目要求核对标本状态，对符合要求的标本做好标本的接收登记，登记内容包括样本标识、接收时间、接收人等信息。不符合检验要求的标本应拒收并记录。

（1）标本合格标准　所有标本标识明确并具有唯一性，可被追溯至检验项目申请单。

1）全血标本：EDTA（乙二胺四乙酸）抗凝；标本量合适；专用容器；无凝血与溶血发生。

2）血清标本：标本无溶血、无脂血，标本量合适，专用容器。

3）尿液：标本量合适；专用容器；无污染物。

4）拭子：专用拭子和容器。

（2）新型冠状病毒核酸检测标本交接　严格执行查对和双签制度，不符合要求的样本一律退回，并有书面记录。收样人员将样品转运箱运至试验区，佩戴手套、穿一次性手术衣并戴好医用外科口罩；在清洁区打开外包装箱喷洒消毒后，将标本转运桶取出，检查有无液体渗漏现象；确保无渗漏后，放置于自封袋内，在自封袋内喷洒75%乙醇或0.2%含氯消毒剂后，封好自封袋，在自封袋上标记样本受理编号，放置于样本暂存实验室的4℃冰箱内暂存待检。如发现渗漏应立即用吸水纸覆盖，然后喷洒0.55%含氯消毒剂进行消毒处理，不得继续检测操作，按照意外事故妥善处理。

3. 样本保存

样本应保存在带螺旋盖的封闭容器中，核酸样本应根据样本运送时间的长短来选择运送的温度和条件。24h内送检一般2℃～8℃下保存，超过24h选择－20℃或－80℃下冷冻贮藏。样本保存要严格管理，样本进出和销毁要有记录。高致病性菌（毒）种和样本应当设专人管理，专库或者专柜单独储存，按照国家规范要求进行严格的安全保管制度，双人双锁，建立档案并由专人负责。

4. 样本存放

1）送检标本不能立即检验的应根据检验项目对标本的要求采取相应的处理，如离心、转移、分装等，并根据要求将标本储存在相应条件的待检区域，24h内无法检测的标本则置于－70℃或更低温度下，可保存6个月（暂定）；如无－70℃保存条件，待测样本可于－20℃冰箱保存10天；样本冻融次数不可超过3次。

2）检测完毕的标本应按要求存放在相应的区域，如2℃～8℃冷藏、－20℃±5℃冷冻或－70℃冷冻保存，避免标本的反复冻融以备需要时复检，存放人员应做好标识。存放标本应按日期存放，便于查取。保存时间按各检验项目的要求执行。

5. 新型冠状病毒核酸检测标本的存放

（1）处理前的标本保存　能在24h内检测的标本可置于4℃保存；24h内无法检测的标本则应置于－80℃或更低温度下保存（或于－20℃冰箱暂存）。血清可在4℃存放3天，－20℃以下可长期保存。应当设立专库或专柜单独保存标本。标本运送期间应避免反复冻融。

（2）报告发出后的标本保存　处理后的原始标本保存于－80℃冰箱。保存标本的冰箱要有专人管理，确保标本的真实性及初复检的一致性。填好新冠病毒肺炎核酸检测标本保存单，以便于查找。

（3）阳性标本存放　对确需保存的，应当尽快指定具备保存条件的机构按照相对集中原则进行保存，或送至国家级菌（毒）种保藏中心保藏。

6. 废弃样本处置

到保存期的标本、容器以及检验过程中接触标本的污染废物应按《医疗卫生机构医疗废物管理办法》和《医疗废物管理条例》的相关规定由卫生员在实验室高压消毒处理后交专门机构按照生物安全有关要求及时处理。新冠病毒核酸检测标本，如果检测结果为阴性，那么剩余标本及核酸可在结果报告发出 24h 后装入专用密封废物转运袋中进行压力蒸汽灭菌处理，随后随其他医疗废物一起转运出实验室进行销毁处理；阳性标本无须保存的，由相关机构按照生物安全有关要求及时处理。

（四）样本前处理及核酸提取

1. 样本前处理

各实验室需结合自己的工作特点对各类标本进行试验前的处理，以用于后续的核酸检测。前处理步骤应在生物安全柜内进行，并应依据《新型冠状病毒肺炎病毒核酸检测专家共识》增加病毒灭活步骤。

（1）全血/骨髓　取全血或骨髓 1mL 至干燥玻璃管中，加入生理盐水 1mL 轻摇混匀；取干燥玻璃管加入 500μL 淋巴细胞分离液；将稀释好的全血或骨髓用加样枪缓慢加入有淋巴细胞分离液的试管中，2000r/min 离心 5min，吸取白细胞层，加入 1.5mL 离心管，加等量生理盐水，12000r/min 离心 5min，白细胞备用。

（2）血清/血浆　取一定体积量的血清或血浆备用。如提取核酸 DNA，需加入等量 DNA 浓缩液，振荡器混匀 5s，12000r/min 离心 10min，弃上清，留取沉淀备用。

（3）拭子　向置有来自鼻、咽喉、泌尿生殖道等部位的分泌物棉拭子塑料管中，加入 1mL 灭菌生理盐水，充分振荡摇匀，挤干棉拭子；吸取全部液体转至 1.5mL 离心管中，12000r/min 离心 5min，弃上清，留取沉淀备用。

（4）刮片　向装有疱疹、溃疡等部位刮片的玻璃管加入 1mL 灭菌生理盐水，充分振荡，尽可能将刮片细胞洗脱；吸取全部液体转至 1.5mL 离心管中，12000r/min 离心 5min，弃上清，留取沉淀备用。

（5）脑脊液　将脑脊液混匀后取 1mL 至 1.5mL 离心管中，12000r/min 离心 5min；弃上清，往沉淀中加入 1mL 灭菌生理盐水，振荡摇匀，12000r/min 离心 5min；弃上清，留沉淀备用。

（6）痰液　取适量痰液于无菌容器中，加入 4 倍体积的质量分数为 4% 的 NaOH 溶液，室温放置 30min 液化；取液化后标本 1.0mL 至 1.5mL 离心管中，12000r/min 离心 5min，弃上清，往沉淀中加入灭菌生理盐水 1mL 混匀，12000r/min 离心 5min。重复一次，弃上清，留沉淀备用。

（7）粪便　取适量粪便于无菌容器中，加入 1mL 灭菌生理盐水，充分振荡摇匀，吸取全部液体转至 1.5mL 离心管中，12000r/min 离心 5min；弃上清，留沉淀备用。

（8）尿液/乳汁/疱疹液/肺灌洗液/支气管灌洗液　取待测标本 1mL，12000r/min 离心 5min，弃上清，留沉淀备用。

（9）新型冠状病毒核酸检测标本前处理　使用含胍盐等灭活型采样液的标本，无须进行灭活处理，可直接进行核酸提取；而使用非灭活型采样液的标本，痰液（加入痰液液化剂液化 30min 后）/咽拭子/肺泡灌洗液等标本加入裂解液（含胍盐）静止 10min，完成病毒灭活后备用，以上所有操作必须在生物安全柜中完成。

2. **核酸提取**（详细内容参见本书第一章第四节）

核酸提取是指完全裂解病毒后，使其 RNA 释放出来，通过一系列的洗涤等操作，洗去杂质获得纯度较高的核酸。核酸提取的质量与数量决定着后续核酸检测结果的准确性。

1）离心吸附柱式法提取核酸。可采用上海翊圣生物科技有限公司的 MolPure® Viral DNA/RNA Kit 病毒 DNA/RNA 提取试剂盒。其离心吸附柱中采用新型硅基质材料，配合该公司独特的裂解液配方，可最大限度地回收高纯度病毒核酸。该试剂盒适用于血、尿、咽拭子、粪便、组织灌洗液、动物组织等多样本中病毒 DNA/RNA 的提取。

2）磁珠法提取核酸。可采用赛默飞世尔科技公司的 MagMAX 系列提取试剂盒。它依据与硅胶膜离心柱相同的原理，运用纳米技术对超顺磁性纳米颗粒的表面进行改良和表面修饰后，制备成超顺磁性氧化硅纳米磁珠。该磁珠能在微观界面上与核酸分子特异性地识别和高效结合。利用二氧化硅包被的纳米磁性微球的超顺磁性，在 Chaotropic 盐（盐酸胍、异硫氰酸胍等）和外加磁场的作用下，能从血液、动物组织、食品、病原微生物等样本中分离出 DNA 和 RNA。

3）一步法免提取核酸释放剂。使用专用快速核酸提取释放剂，不需要核酸提取步骤，在室温下可将样本中的细胞和病毒快速分解，并清除样本中的核酸酶，保证核酸的有效释放。该释放剂主要成分为酶、微球、三羟甲基氨基甲烷、曲拉通－100 等，适用于细胞、病毒、微生物等样品类型的核酸（DNA 和 RNA）快速裂解释放，一步操作，简单快捷。裂解产物可直接与 PCR 反应液混合进行核酸扩增检测，检测过程中，经 75℃10min 的加热反应，使蛋白变性，核酸完全游离，保证 PCR 高效扩增，实现"样品进、结果出"的闭管检测。一步法免提取核酸释放剂体现了检测的快速、安全性等一系列优势，避免了提取过程中样本的交叉感染，实现了多应用与现场快速核酸检测。

4）对核酸提取的总量和质量应进行检测和质控。

二、快速核酸检测过程及管理

核酸扩增方法参见本书第一章。

（一）快速核酸定量检测过程

（1）核酸检测原理 以 SARS－CoV－2 为例，SARS－CoV－2 属 RNA 病毒，需要先反转录为 cDNA，再进行扩增检测，通过荧光定量 PCR 所得到的样本循环数（C_t 值）的大小，可以判断患者样本中是否含有 SARS－CoV－2。C_t 值与病毒核酸浓度有关，病毒核酸浓度越高，C_t 值越小。不同生产企业的产品会依据自身产品的性能确定本产品的阳性判断值。

（2）扩增程序设置 不同厂商试剂盒的扩增程序不同，应该参照厂商提供的试剂盒说明书进行扩增程序设置。

（3）配制 PCR 反应体系　按照试剂盒说明书配制 PCR 反应体系，并将足量核酸加至 PCR 反应体系中。配制好的反应体系应使用掌上离心机将液体全部甩至管底，再上机。

（4）上机核酸扩增　将扩增体系放入 PCR 扩增仪，核对扩增程序是否与试剂盒说明书要求相符，启动扩增程序，并记录扩增结果。依据设定好的程序进行扩增反应，扩增结束后进行结果判定。

（二）快速核酸检测管理

（1）严格按标准操作程序进行　快速核酸检测应根据试剂盒说明书建立完备的包含检测全过程的标准操作程序 SOP 文件，包括但不限于标本采集、运送、保存，标本前处理，核酸提取（适用时），扩增检测，结果报告和解释，仪器设备维护，室内质量控制和复检流程等。在开展临床检测前，实验室应对整个快速核酸检测系统（包括推荐的标本采样管、核酸提取试剂以及核酸检测试剂）进行性能验证。

（2）人员要求　快速核酸检测实验室人员需要通过临床基因扩增检测实验室上岗培训，取得相应的资质，且经过 2019 - nCoV 快速核酸检测的基本培训和工作能力的评估后持证上岗。

（3）应进行室内质量控制　每次开机先检测弱阳性和阴性质控品，质控合格后，开始临床检测。开机检测达到 24h，或者未达到 24h 但连续检测标本数达到 50 个，均应再次检测弱阳性质控品。实验室应常态化参加国家级或省级临床检验中心组织的 2019 - nCoV 核酸检测室间质量评价。

（4）结果分析和报告要求　实验室根据试剂盒说明书进行结果分析和解释。详细内容参见本章第三节。

（5）安全管理要求　2019 - nCoV 快速核酸检测需在生物安全风险评估的基础上，采取必要的个体防护措施，包括佩戴手套、口罩，穿隔离衣和防护服等。

三、检测质量管理

各医疗卫生机构实验室应当加强快速核酸检测设备的质量控制。应选用扩增检测试剂盒指定的配套核酸快检设备。

（一）室内质控

实验室应按照《国家卫生健康委办公厅关于医疗机构开展新型冠状病毒核酸检测有关要求的通知》（国卫办医函〔2020〕53 号）的要求规范开展室内质控。每天试验最少需要进行两次阴性对照和阳性对照的测试，建议随第一次和最后一次试验进行，以此作为当天试验的质控。至少有 1 份弱阳性质控品（第三方质控品，通常为检测限的 1.5 倍~3 倍）、1 份阴性质控品。一旦出现阳性结果，对阳性标本采用另外 1~2 种更为灵敏且扩增不同区域的核酸检测试剂对原始标本进行复核检测，复核阳性方可报告。

（二）室间质评

实验室应常态化参加国家级或省级临床检验中心组织的室间质评。对检测量大以及承担重点人群筛查等任务的实验室，要适当增加室间质评频率。不按要求参加室间质评的、室间质评结果不合格的或检测结果质量问题突出的，不得开展核酸检测。

（三）性能验证

在用于临床标本检测前，实验室应对由核酸检测试剂、核酸快检设备等整个快速检测系统进行必要的性能验证，包括推荐的标本采样管、核酸提取试剂以及核酸检测试剂和扩增仪等。验证所用标本的保存液应当与推荐的标本采样管中的保存液相同，如果是核酸提取和扩增检测非一体化的平台，应使用试剂盒推荐的核酸提取试剂。

性能验证可以使用已知浓度的包装有相应病毒 RNA 序列的假病毒阳性质控品和阴性临床标本。性能指标包括但不限于精密度（至少要有重复性）和最低检测限。建议选用高灵敏的试剂（检测限≤500 拷贝/mL）。快速检测一般通量较小，实验室如果配备了多台快速检测仪器，应对仪器、操作人员、不同检测批的重复性进行验证。对快速检测试剂和实验室正在使用的常规核酸检测试剂应比较检测限的差异。可对阳性质控品进行梯度稀释，每个梯度重复不少于 5 次，进行核酸提取和检测，以 100% 检出的最低浓度为检测限。

第三节　快速核酸检测的结果分析与解读

一、概述

结果分析与解读是整个核酸检测过程的最后环节。快速核酸检测的结果分析主要包括对原始数据的分析、试验结果有效性判断，以及试验结果的判读和复检三方面内容。原始数据分析涉及基线调整、阈值设定和 C_t 值分析，这是整个 PCR 结果分析的前提基础。完整配套的实验室质量控制系统可保障试验结果的有效性，根据阴性、阳性对照及内标参数判断本批次检测是否有效，试验结果应依据厂商说明及实验室自建规则进行判读和判断是否复检。

二、基本概念

（一）基线（baseline）

在 PCR 扩增反应最初的十几个循环里，荧光信号变化不大，是接近直线的一条线，是用来确定背景的荧光信号强度的参比对照，相当于 PCR 指数扩增期以前的荧光强度水平。基线根据分析后的起始（start）C_t 值和结束（end）C_t 值设置，一般在反应开始 3 个循环后荧光信号较为稳定，所以起始 C_t 值设置在 3~15，结束 C_t 值设置在 5~20，基线设置不当会导致分析错误。图 4-1 所示为有问题的自动基线设置，应该改为手动设置基线，基线应选择比较平坦的区域，以刚好超过正常阴性对照品扩增曲线的最高点、扩增信号出现的前一个循环设置基线结束 C_t 值。如图 4-1 中的 C_t 值为 27，将其设置为 20，即可得到正常曲线。

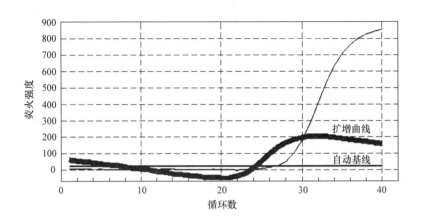

图4-1 有问题的自动基线设置

（二）荧光阈值

荧光阈值是荧光定量 PCR 非常重要的参数，它是在荧光扩增曲线上人为设定的一个值，可以设定在荧光信号指数扩增阶段的任意位置上，仪器可自动计算。手动设置的原则是荧光阈值要大于样本的荧光背景值和阴性对照的荧光最高值，同时要尽量选择进入指数期的最初阶段，并且保证回归系数大于 0.99，一般荧光阈值的设置是基线荧光信号标准偏差的 10 倍。荧光阈值如图 4-2 所示。阈值应设定于指数扩增期的初期，使阴性和阳性结果判定更为清晰。

（三）C_t 值

在 PCR 扩增过程中，C_t 值是荧光信号达到由本底指数增长阶段的拐点即阈值时所对应的循环次数。其由扩增反应体系中模板的初始浓度决定，病毒核酸浓度越高，C_t 值越小。扩增曲线如图 4-3 所示，在结果分析里可以准确读取 C_t 值。

（四）扩增曲线

扩增曲线是反映 PCR 循环次数和荧光强度的曲线，定量 PCR 仪每次 PCR 扩增都会自动记录荧光强度的变化。

（五）内标

内标分为两种，即内源性内标和外源性内标。内源性内标采用的是人的管家基因，存在于人的基因组中，可以监测核酸检测的全流程，包括取样、样本提取、PCR 过程。管家基因，是指所有细胞中均要稳定表达的一类基因，其产物是维持细胞基本生命活动所必需的。管家基因表达水平受环境因素影响较小，而且是在个体各个生长阶段的大多数或几乎全部组织中持续表达或变化很小，因此常存在于生物细胞核的常染色质中。外源性内标采用的是非人源基因作为内标，在提取之前加入，监测核酸检测的样本提取、PCR 过程，不能监测取样过程。

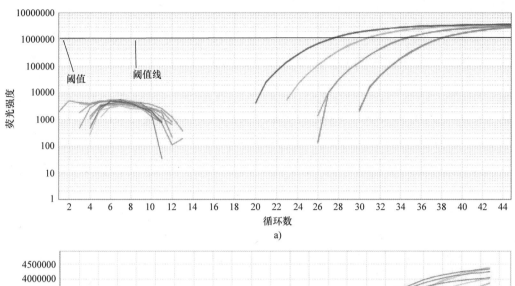

a)

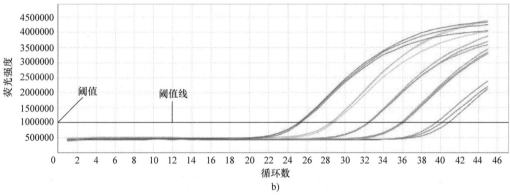

b)

图 4-2 荧光阈值

a）对数图谱　b）线性图谱

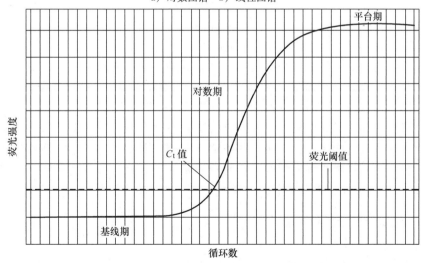

图 4-3 扩增曲线

三、结果分析及报告解读

实验室工作人员应该仔细阅读试剂说明书，深入了解新冠病毒核酸检测试剂选择扩增区域 ORF1a、ORF1b、N、E、M 的生物学机制，并对结果进行判断分析。同时能够通过 RCR 的基本原理，结合反应过程曲线进行有效的数据分析，特别是对异常结果曲线的分析。对存在抑制物、基线设置不合适，反应体系蒸发、翘尾，电压光源不稳定等异常曲线进行分析，进而选择重新采集标本进行提取扩增还是原管复查进行判断。

（一）结果有效性判读

阴性、阳性质控品，内标结果是对该批次试验是否有效的基本判断。试验结束后应首先对阴性、阳性质控品结果进行分析，这是判断该批次结果是否有效的前提。

1）阴性对照就是本底，是肯定不会检测到的一组对照，也就是说不加模板，起排除干扰的作用。如果阴性对照能检测出扩增，那就很有可能是 PCR 反应预混液或者水被污染了。

2）阳性对照就是试验应该出现的结果，是肯定能检测到的一组对照，用来对照待检样本结果。一般是目的基因的纯 mRNA 片段，用来验证本次试验的引物、体系等没问题。如果待检样本组没出结果，就可以排除引物设计等因素。

3）内对照结果分析：内对照分为外源性内对照和内源性内对照。

为避免在标本采集、核酸提取以及 PCR 反应等环节中可能产生的假阴性结果，一般试剂盒通常会加入内对照与靶核酸同时扩增以控制体系。内源性内对照，一般指 RNaseP 等人源基因，这些基因普遍存在于人体各器官组织细胞中，与病毒结构相似，因此可用于监测是否采集到了细胞以及整个试验操作过程的准确性。但值得注意的是，人基因组和病毒提取效率有一定差别，因此，内源性内对照并不能完全监控提取过程存在的问题。外源性内对照常使用 MS2 噬菌体，在核酸提取前加入临床样本中可以检测从核酸提取到产物分析的全过程。与内源性内对照相比，外源性内对照并不能监控样本采集质量，需提前制备好并作为试剂盒的一个组分。

一般的试剂盒说明书都会给出内标的判定规则。如果内对照无扩增曲线，则提示试验环节存在问题，该标本试验无效（并不是该次试验无效）；如果在同一模板中，内对照阳性，但目的基因阴性，可说明不是模板的问题。复查时可再次对样本进行提取，同时将第一次提取的模板与该次提取模板进行 PCR。若再次提取依然无扩增曲线，而前次模板有扩增曲线且 C_t 值符合说明书要求，那么基本可判断是提取环节出现问题；若两次均无扩增曲线，则可基本判断为采样不合格，需重新采样；若两次均有扩增曲线且 C_t 值符合说明书要求，大概率为第一次加样"漏孔"。

（二）试验结果分析与解读

1. 试剂盒的设计方式

不同厂家试剂盒的设计方式不同，一般结果判读都依据所用检测系统说明书进行，以 SARS-CoV-2 快速检测为例，不同 SARS-CoV-2 核酸检测试剂盒阴性结果判读基本一致，即所有靶区域扩增阴性、内标阳性时即判为阴性。但阳性结果判读规则各不相同，PCR 反应过程中，内对照是否为阳性是对该标本结果是否有效的基本判断。但 ORF1ab 基因和 N 基因同时阳性时，即 FAM 和 VIC 通道 C_t 值≤40，且有明显的扩增曲线，可判样品为 SARS－CoV－2 阳性，无关内对照结果如何。有一些试剂盒，内对照和靶区域扩增没有体系竞争关系，判读为阳性结果时同时也需要内对照结果为阳性。不同试剂针对的把区域数目和类型不同，判读阳性规则略有不同，也会间接导致复检要求不同。试验过程中应警惕并排除第三章第三节所述污染导致假阳性的情况。

2．报告形式

报告形式：检出、未检出和可疑。

1）当快速检测结果为阳性时，报告为检出。

2）当快速检测结果为阴性时，报告为未检出。但须在报告中对结果进行解释：此情况可能由于快速检测方法的局限性或病毒载量低于检测限，应结合临床分析。当结合临床表现高度怀疑 SARS－CoV－2 感染时，建议临床重新采集标本，利用常规 PCR 方法进行复查，结果以常规 PCR 方法检测结果为准。

3）当快速检测结果为"可疑"时，可口头报告为"可疑"，建议临床重新采集多部位样本，利用常规 PCR 方法进行复查，结果以常规 PCR 方法检测结果为主。建议在报告单上标注方法学为"快速核酸检测法"。在开展新冠病毒快速核酸检测前，应与临床医生或报告对象进行沟通，对所选用的快速检测系统的性能、适用人群以及场景进行解释。

3．扩增结果判读规则

以新型冠状病毒检测为例，应按照以下规则进行判读、复检并出具报告。

（1）判读为"检出"的条件　需满足以下任一条：

1）ORF1ab 和 N 基因同时阳性时，判定为阳性。

2）若仅 ORF1ab 或 N 基因其中之一检测结果阳性时，需重新提取原标本的核酸进行复查，复查后 ORF1ab 或 N 基因仍为阳性时，判定为阳性。

（2）判读为"可疑"结果的处理　当出现以下两种情况时为"可疑"：

1）两个位点的 C_t 值位于阳性 C_t 值和阴性 C_t 值之间或其中 1 个位点判读为阳性，另 1 个位点的 C_t 值位于阳性 C_t 值和阴性 C_t 值之间（具体请参考试剂盒说明书）。

2）两个位点中的 1 个位点为阴性，另 1 个位点的 C_t 值位于阳性 C_t 值和阴性 C_t 值之间。

（3）判读为"未检出"结果的处理　当两个位点扩增结果无反应时，可报告"未检出"，无症状和密切接触（简称密接）史人员可直接审核；疑似患者此情况可能是病毒载量低于检测限，应结合临床分析。当临床体征及其他检查高度怀疑 2019－nCoV 感染时，建议重新采集标本或更换部位采集标本再次检测。

（4）复检规则　对于"可疑"阳性结果，建议对标本重新进行一次核酸检测。建议做复孔，并与该标本前一次提取的核酸同时扩增检测，结合两次检验，两个位点可判断为"阳性"则可报告"检出"，否则应报告"可疑"。

当报告为"可疑"时，实验室应考虑以下措施：

1）更换不同厂家的试剂盒重复试验或采用敏感度更高的方法，如数字 PCR 方法进一步确定。

2）建议临床重新采集标本或更换部位采集标本再次检测。

（5）假阴性结果分析及处理　假阴性即临床高度疑似 COVID－19（临床症状和影

像学支持），而新冠病毒核酸检测结果多次或始终阴性。其可能原因如下：

1）患者体内病毒载量低，样本中的病毒量达不到试剂的最低检测限。

2）所使用的病毒核酸检测试剂灵敏度不够高。

3）实验室未严格遵循临床基因扩增检验的质量管理，如样本灭活以后未及时进行核酸提取、核酸提取程序未用标准程序等。

4）样本的质量问题，是否规范采集、是否采集到含病毒的细胞。

5）病毒在流行过程中发生基因突变，可能导致假阴性。

6）与疾病进程有关，疾病不同阶段不同检测样本的阳性率不同。

7）试验人员样本处理、报告发放检测流程错误，所采集样本中病毒载量高于所用检测试剂的检测限，而实验室确没有检出。

8）PCR抑制物存在。

排除原因后，应进行再次复检。

（6）核酸快检结果报告时限　实验室接收样本后，应当立即进行检测。对于发热门诊、急诊患者，在3h内报告核酸检测结果；对于普通门诊、住院患者及陪护人员等人群，原则上在12h内报告结果；对于"愿检尽检"人群，一般在24h内报告结果。医疗机构应当为受检者出具检测报告，并告知其查询方式，不得以任何理由不出具检测报告。

（7）SARS-CoV-2快速核酸检测报告格式　医疗机构应当按照《新型冠状病毒核酸检测报告单》的参考样式出具检测报告（见表4-3），在卫生健康行政部门的规定下，互认检测结果。医疗机构可采用纸质、快递、网络或信息化系统等多种形式，发放核酸检测报告，并注意保护个人隐私。发现核酸检测阳性结果时应按相关要求在12h内报告。

对于疑似阳性结果应立即使用剩余RNA分别采用快速核酸检测仪和常规PCR方法复检（快速核酸检测仪和常规PCR方法的核酸提取过程不同），若复检结果仍为阳性，需考虑重新采集样本采用常规PCR扩增进行复检，仍阳性则要进行其他确认，如试验平行操作验证并排除实验室污染的可能性。

（8）SARS-CoV-2阳性结果的认定　SARS-CoV-2的社会影响极大，对于实验室检出SARS-CoV-2的阳性结果应由卫生健康行政部门批准的确认实验室进行阳性样本确认检测；非确认实验室的结果阳性，须立即联系当地的疾控中心进行核酸结果的确认检测。实验室确认阳性病例需满足以下两个条件中的一个：

1）同一份标本中新冠病毒核酸两个靶标（ORF1ab、N）实时荧光RT-PCR检测结果均为阳性。如果出现单个靶标阳性的检测结果，则需要重新采样，重新检测。如果仍然为单靶标阳性，判定为阳性。

2）两种标本实时荧光RT-PCR同时出现单靶标阳性，或同种类型标本两次采样检测中均出现单个靶标阳性的检测结果，可判定为阳性。

3）核酸检测结果为阴性不能排除新冠病毒感染，需要间隔1天后再次采样检测以确认。同时需排除可能产生假阴性的因素，包括：样本质量差，比如口咽等部位的呼吸道样本；样本收集的过早或过晚；没有正确地保存、运输和处理样本；技术本身存在的原因，如病毒变异、PCR抑制等。阳性判断标准：ORF1ab和N基因C_t值≤40，且有明显的S形扩增曲线。

表 4-3　新型冠状病毒核酸检测报告单

新型冠状病毒核酸检测报告单

（参考样式）

医疗机构名称：

姓名：　　　　　　性别：　　　　　　　　　　年龄：

联系电话：　　　　人员类型：　　　　　　　ID 号/住院号：

病区/床号：　　　　送检科室：　　　　　　　申请医师：

标本类型：　　　　标本编号：

检验项目	检测结果	参考区间	检测方法
新型冠状病毒核酸检测	阴性		如实时荧光 PCR 法

声明：

　　1）本检测结果可能受到采样时间、采样部位及方法学局限性等因素影响，结果需结合临床进行分析。

　　2）此报告仅对本次送检标本负责。

　　签发时间：（此处加盖医疗机构公章）

采样时间：　　　　　　　接收时间：　　　　检验人：　　　　审核人：

联系地址：　　　　　　　联系方式：

填表说明：

1）人员类型包括发热门诊、普通门诊、急诊、住院患者、陪护人员，本院职工，院外采样人员，其他机构送检等。

2）发热门诊、普通门诊、急诊、住院患者需填写 ID 号、住院号、病区/床号、送检科室、申请医师。

快速核酸检测仪的质量控制 5

第一节　快速核酸检测仪的风险管理

一、风险管理概述

风险管理（risk management）起源于美国保险业，是伴随着项目从计划、实施到完成而存在的一系列降低风险的举措。项目在实施过程中存在某些不确定的风险，可能会导致不良后果。为了降低这些不良后果造成的影响，风险管理被引入到项目管理中，帮助降低决策错误概率，避免造成损失，确保项目顺利完成。

由于风险管理的理念与临床医学检验实验室的最终目标是一致的，因此 2000 年后，ISO（国际标准化组织）、JCI（国际医疗卫生机构认证联合委员会附属机构）、CLSI（美国临床和实验室标准协会）等组织先后颁布文件，建议将风险管理引入临床医学实验室。其中，ISO 15189：2021《医学实验室 – 质量和能力的专用要求》的 4.14.6，有关于风险管理的明确条款，即"当检验结果影响患者安全时，实验室应评估工作过程和可能存在的问题对检验结果的影响，应修改过程以降低或消除识别出的风险，并将做出的决定和所采取的措施形成文件"。

在快速核酸检测仪的质量控制中，也应当遵循以上要求，全面、经济、合理地评估风险来源，制定出避免风险、降低风险导致不良事件的严重程度、减少风险导致不良事件的数量的措施文件，并将其程序化。快速核酸检测仪的风险管理流程如图 5-1 所示。在日常检测工作中予以实施，起到识别、评估、控制、监测风险和调查结果的作用，使检测质量的风险降到可接受程度，使不良事件发生率和影响最小化。

二、风险来源分析

在快速核酸检测的全流程中，检验前、中、后不同阶段均存在一定的风险。由于快速核酸检测仪基于基因扩增技术，该技术的敏感度远高于常规生化、免疫等检测技

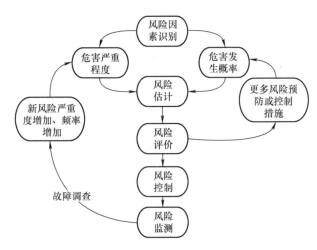

图 5-1　快速核酸检测仪的风险管理流程

术，因此快速核酸检测仪的风险管理应覆盖核酸检测的全流程。对于检验前阶段，主要的风险有申请项目错误、患者识别错误、诊断信息错误、患者准备不当、标本采集、运送及保存不当等；对于检验中阶段，仪器故障或失准、人员操作错误和方法学错误是造成不良事件的主要原因；对于检验后阶段，检验结果的评价和发放、标本灭菌不当造成实验室污染和暂存待复检标本间的交叉污染是风险的主要来源。近年来，由于电子病历的普及，尤其是人脸识别和信息联网等技术的推广，医疗机构已经逐渐建立起了软硬件一体化解决方案，如 LIS（laboratory information system），能很好地减少或避免申请项目错误、患者识别错误、发放检验结果错误等大部分人为因素导致的不良事件。

（一）标本采集、运送及保存环节风险

根据 2002 年临床化学杂志报道的临床反馈不满意检验结果，60% 的案例可追溯到检验标本质量不合格。标本的质量直接影响了检验的结果，而影响标本质量的因素有很多，主要涉及耗材、采集人员、设备，甚至是病人本身。这些因素中存在的风险并非能轻易察觉，可能导致的不良事件也并非能及时发现，有些环节出现的问题甚至是不可复现的，需要依靠体系管理来解决。

对于不同品牌的快速核酸检测仪，其检验的标本种类不尽相同。对于不同种类的标本，其对应的采集量、采集方式、运送及保存方法也会存在很大区别，其各环节中引入的风险种类和导致不良事件的严重程度也不尽相同。标本采集、运输及保存不当，是检验前阶段中可能造成不良事件的风险最高的因素。

1. 标本采集

快速核酸检测仪能检测的标本种类较多，有血液、痰液、口腔内分泌物等。对于不同的病原体，采集的标本类型不同，其培养的效果是不同的。尽管在理想条件下，PCR 扩增反应管内仅需存在一个分子病原体核酸就能检测出来，但为了确保在扩增反应中，扩增量不会低于方法学和仪器的检测限，导致结果呈现假阴性，选择适合的标本类型进行检测是非常重要的。而对不同的标本类型，采集操作方式也有所不同。标本采集操作不当，会影响检验结果的准确性，还可能导致医患间交叉感染，尤其是对于 COVID-19 这类传染性强、重症率高、潜伏期长的病毒，甚至可能造成公共卫生事件。

某些快速核酸检测仪需要使用鼻、咽、肛拭子标本。在拭子采集过程中，采集人员的手法、经验和患者对鼻、咽、肛部异物的耐受程度不同，使得采集过程不尽顺利，标本由此可能混入采集人员的头发、表皮细胞等，导致核酸扩增受到不良影响，检验结果呈现假阳性。

标本的采集材料如棉签、拭子等均应为一次性使用以降低风险。对于使用血液标本的快速核酸检测仪，采血管的类型选择错误会导致管内添加物如抗凝剂或分离胶对标本造成不良影响，进而影响检验结果；而采集血液的过程如打开采血管盖等操作对医务人员也会造成感染的风险。对于拭子，可将其置于适量的生理盐水中，充分振荡洗涤后，室温静置 5min~10min，待大块状物下沉后，取上清液立即离心，离心后的沉淀物既可用来提取核酸。某些不用提取核酸就可进行扩增检测的快速核酸检测仪则无需对拭子有特别的操作要求，仅需注意如果不立即开展检测，则应置于温度不高于 -70℃的冰箱中进行保存。

无论使用何种标本，正确的标本采集量都是检验结果正确性的重要保证。ISO 15189：2012 医学实验室质量和能力要求的评估和审核指出：实验室应定期评审血液、尿液、其他体液、组织和其他类型标本的采集量，以确保采集量不会过多或过少。采集量过少可能会导致检验结果呈现假阴性，且当标本需要复检时，标本量不足会使得检验无法进行；采集量过大则可能导致外源非相关 DNA 增多，影响检测结果。在检测 COVID-19 时，快速核酸检测仪多用于初筛，对检验结果的正确度要求更加严苛。若由于标本采集量不足导致假阴性结果，则可能造成严重的不良事件。

2. 标本运输

标本运输过程是核酸检测工作必不可少的流程，也是风险控制的重点之一。快速核酸检测仪通常放置于核酸实验室中，距离核酸采集点有一定距离。完成采集的标本在转运至核酸实验室的途中，容易被环境温度破坏质量，也容易出现泄漏、混淆或者二次污染。

不同的快速核酸检测仪对标本送样温度和时间有着不同的要求。对于 DNA 标本，要求保存在 2℃~8℃，并在 8h 内送检项目；对于 RNA 标本，则要求室温下 10min 左右，在专用运送箱中放置不超过 4h。此外，对于血液标本，运送过程中还需注意标本振动、标本管的放置朝向、避光等。

按照《病原微生物实验室生物安全管理条例》，采集到的样本均需放置于专用运送箱中，运送箱应符合防水、防破损、防外泄、耐高（低）温、耐高压的要求，尤其是其应当拥有较好的保温性能，最好能使用带数显温度计的运送箱，随时监控箱内温度，避免标本在运送过程中变质。

3. 标本保存

由于 RNA 易受 RNA 酶的作用而迅速降解，因此标本运送至实验室后，应尽快开始试验，减少标本保存时间。目前，随着新冠病毒肺炎区域排查逐渐增多，万人通量检测方案逐步施行，在检测过程中多使用"五混一"或"十混一"的检测方案。一旦发现弱阳性标本，则需使用荧光定量 PCR 仪进行复查。因此，良好地保存标本，避免标本间发生交叉污染，避免保存容器发生破损导致泄漏，有助于降低风险。

（二）仪器异常情况分析

1. 仪器故障

与长期固定在核酸检测实验室的普通 PCR 仪不同，快速核酸检测仪通常有移动的需求。尽管快速核酸检测仪的结构较为简单，但内部的元器件很精密。部署于核酸检测移动方舱或车载核酸检测实验室内的快速核酸检测仪，在移动的过程中易被颠簸，而导致加热模块受损，使仪器故障。当仪器被移动至新位置后，需重新开机，并连接计算机，确认仪器的可用性，避免出现需要紧急检测时无法使用仪器的情况。

在运输过程中，快速核酸检测仪应参照仪器说明书控制运输条件，如温度、湿度、紫外线、震动和冲击等，也应避免和腐蚀性试剂或待测标本放在一起运输。此外，运输箱上应贴有表示向上、易碎物品、生物风险和体外诊断医疗器械等内容的标识（见表 5-1），以降低搬运人员带来的风险。

对于车载平台，随车发电机的供电不够稳定是非常大的风险。在核酸检测车上，通常还配置了冰箱、供水供气系统、生物安全防护系统等大功率用电设备。当这些设备启动时，不稳定的电压可能会对使用中的快速核酸检测仪的电路造成损害。因此，建议将快速核酸检测仪的电源连接到具有稳压功能的不间断电源（UPS）上，降低车载供电系统引入的风险。此外，应保证良好的接地。

表 5-1　快速核酸检测仪应张贴于运输箱外包装上的标识

名称	标识	解释
向上	↑↑	表明运输包装件的正确位置是竖直向上的
易碎物品	🍷	运输包装件内装易碎品，因此搬运时应小心轻放
怕雨	☂	包装件怕雨淋

（续）

名称	标识	解释
查阅使用说明书		表示用户需要查阅使用说明书
生物风险		表示存在与医疗器械相关的潜在生物风险
体外诊断医疗器械	**IVD**	表示体外诊断医疗器械

实验室的湿度对快速核酸检测仪的影响也非常大。当湿度过大时，仪器的整机性能和寿命会受到相当大的影响。因此，按照快速核酸检测仪说明书规定的检测环境条件，控制环境湿度，可以降低仪器故障的概率。

2. 仪器正确度偏离

除去人为因素，快速核酸检测仪的正确度偏离主要来源于实验环境及仪器漂移。实验环境温度过高或过低，会影响仪器的温控性能，影响扩增的稳定性，从而影响检测结果的准确性和重现性。

仪器产生漂移的主要原因是仪器内置的传感器性能不稳定。这种稳定性随时间而变化的特性需要通过室内质控和计量校准来监控，避免检验结果的正确度随仪器的漂移而偏离。室内质控不能消除漂移，但可以检测仪器准确度的改变，以提高本实验室常规工作中批间和日间标本检测的一致性。快速核酸检测仪的检验人员应当重视室内质控和计量校准以降低仪器正确度偏离的风险。

（三）人员操作引入风险

1. 仪器维护

与传统 PCR 仪大多采用"抽屉"进样方式不同，目前市面上的快速核酸检测仪大多采用上开盖进样方式。这种进样方式的优点在于结构简单，活动部件少，降低了仪器故障率；但缺点是灰尘易落在孵育池内壁，影响孵育池的温度控制，进而影响检测结果。因此，正确的仪器维护方法是风险控制所必需的。

维护人员在操作时应使用干布擦拭设备，以保持快速核酸检测仪表面清洁。若仪器附带有清洁孵育池的专用设备，则应使用其清洁孵育池内壁；若厂家没有提供，则可用配套的样品杯压住百洁布，对孵育池进行清洁。

每次使用完仪器后，应使用专用设备如取杯器，逐一将模块中的样品杯从模块中取出，同时将模块上盖盖好，勿将其置于打开状态。如果仪器不是每天使用，最好在仪器工作结束 0.5h 后，用仪器布罩将仪器罩严，避免灰尘和水分进入仪器内部。

此外，可使用 75% 乙醇对仪器表面进行擦拭消毒，也应避免仪器表面被酸性或碱性实验液体浸蚀。

2. 仪器设置与操作

传统 PCR 仪为了使用复杂功能、多种耗材和试剂，以及设置自定义检测程序等，其检测设置与操作流程较为复杂。而快速核酸检测仪则通常为专机专用，配套的耗材、试剂与方法是高度关联且固定的，一般无须专门设置。仪器的设置与操作严格按照仪器说明书即可，但须将其流程进行文件化，制作成 SOP 文档。有条件的实验室可以将SOP 张贴于仪器后方的墙上，以降低人员在仪器设置与操作时产生的风险。

（四）检验方法引入风险

方法学引入的风险主要来源于方法学的选择。和传统 PCR 仪不同的是，快速核酸检测仪的试剂和耗材在研发时就考虑到了"专机专用"。检验实验室在新建检测项目时，只需选择仪器生产厂家和型号即可，具体的检测项目对应了厂家配套的试剂和耗材。这些试剂和耗材是仪器生产厂商研究方法学及其实现方式的结果，其研发和生产过程已经考虑到了风险控制，因此检验实验室使用这些试剂和耗材开展检测工作就能降低风险。

但是，检验实验室依然需要对新开展的检验方法进行性能确认与评价，这是由于即使生产厂家能很好地控制风险，但当实验室运行厂家的检测方案时，依然有许多影响因素可能导致检测性能的改变。在选择快速核酸检测仪时，应从预期用途、临床诊断效能和方法学效能等方面进行比较。若某种检测仪在检测时，其灵敏度和特异性明显优于另一种检测仪，则说明前者的漏诊率和误诊率均低于后者，在购买时应尽量选择前者，以降低检验结果出错的风险。另外，测量不确定度、检测成本、检测速度、空间需求、试剂保存条件等都是需要引入性能确认与评价的指标。

第二节 快速核酸检测仪质量控制的相关标准和技术规范

快速核酸检测仪是在常规核酸检测技术的基础上，对常规核酸检测技术的原理及反应过程等进行了一定的改进和优化，从而满足了核酸检测的快速化需求。温度是快速核酸检测仪的一个重要参数，根据检测过程中温度是否变化，可大致分为变温快速核酸检测仪和恒温快速核酸检测仪两大类。

快速核酸检测仪发展迅速，目前在国外和国内未直接检索到针对该类产品发布的标准和技术规范，最具有针对性的仅有由中国医学装备协会基因检测分会、中国医学装备协会现场快速检测（POCT）装备技术分会、国家医学检验临床医学研究中心、国家卫生健康委能力建设和继续教育中心检验医学专家委员会分子学组以及北京市医学检验质量控制和改进中心联合发布的《新型冠状病毒核酸快速检测临床规范化应用专家共识》（以下简称专家共识）。

该专家共识中的声明内容包括 2019 - nCoV 核酸快速检测的定义，实验室总体要求，标本的采集、运送和保存，标准操作程序及性能验证，室内质量控制和室间质量评价，结果分析和报告，以及实验室安全管理。针对仪器设备，专家共识建议：实验室应当配备包括生物安全柜在内的开展 2019 - nCoV 核酸快速检测所需的仪器设备。试剂厂家应提供其试剂配套的快速检测仪器的维护和校准详细说明文件，特别是小型化（或便携式）检测仪器移动后的校准程序和/或对检测系统重新进行性能验证的程序。实验室应建立快速核酸检测设备使用、维护和校准程序，并在日常工作中按照程序进行维护和定期校准，以保证仪器设备的正常运行。在专家共识的描述中，将快速核酸检测仪视为试剂的配套设备，其维护和校准由试剂厂家提供说明。首先，由厂家即第一方对设备进行校准缺乏公正性；其次，无法有效保证校准过程的溯源性。专家共识中也并没有给出相应的校准方法及技术指标，快速核酸检测仪的校准仍缺乏统一、规范的指导。

针对室内质量控制和室间质量评价，专家共识建议：实验室应进行室内质量控制。每次开机先检测弱阳性和阴性质控品，质控合格后，开始临床检测。开机检测达到 24h，或者未达到 24h 但连续检测标本数达到 50 个，均应再次检测弱阳性质控品。实验室应常态化参加国家级或省级临床检验中心组织的 2019 - nCoV 核酸检测室间质量评价。

该专家共识有很强的应用针对性，主要针对新冠病毒核酸的快速检测。但实际上，快速核酸检测仪在其他领域的应用也不断拓展，也同样需要质量控制相关标准和技术规范。

为更全面地为快速核酸检测仪的质量控制提供相关标准、规范的指导，本节简要介绍与快速核酸检测仪质量控制具有相关性的国内外标准和技术规范。

一、国际相关标准及内容简介

（一）国外主要相关标准

1. ISO 22174：2005《食物和动物饲料的微生物学 - 食物病原体检测用聚合酶链式反应（PCR） - 一般要求和定义》

ISO 22174：2005 给出了核酸序列（DNA 或 RNA）体外扩增的一般要求，适用于使用聚合酶链反应（PCR）对食品和从食品中获得的分离物进行食源性病原体检测。

2. ISO/TS 20836：2005《食物和动物饲料的微生物学 - 食物病原体检测用聚合酶链式反应（PCR） - 热循环仪的性能测试》

ISO/TS 20836：2005 规定了 PCR 仪性能试验的生化和物理方法，提供了热循环仪的安装、性能和维护的基本要求。尽管热循环仪是坚固的技术设备，但它们确实需要定期维护。它们的冷却/加热元件（珀耳帖效应或其他技术）的使用寿命有限。冷却/

加热元件的正常运行取决于冷却/加热设备的质量以及正确使用和保养。除了概述规定的维护计划的要求外，还描述了通过生化或物理方法确定热循环仪性能的程序（见标准附件 A 和 B）。对其中能够与快速核酸检测仪原理及应用相符合的部分，可部分参考该标准进行性能的确定以进行质量控制。

二、国内标准及相关内容简介

（一）相关国家标准

GB/T 37868—2019《核酸检测试剂盒溯源性技术规范》对核酸检测试剂盒中试剂组分标称特性值和量值的溯源性进行了规范。核酸检测试剂盒是一类应用于聚合酶链式反应、分子杂交、序列检测等技术，以核酸为检测目标物的产品。适用于研发、生产、应用过程中核酸检测试剂盒中试剂组分标称特性值和量值的溯源性的建立。

（二）相关行业标准

1. YY/T 1173—2010《聚合酶链反应分析仪》

该标准规定了聚合酶链反应分析仪的术语和定义，分类和命名，要求，试验方法，标识、标签和使用说明书，包装、运输和贮存等内容。适用于对核酸样本进行扩增、检测、分析的 PCR 仪。

变温类的快速核酸检测仪同样是基于聚合酶链式反应（PCR）的，因此该行业标准的部分内容可参考用于快速核酸检测仪的质量控制。该行业标准对设备的升温速度、降温速度、模块控温精度、温度准确度、模块温度均匀性、温度持续时间准确度、荧光强度检测重复性、荧光强度检测精密度、不同通道荧光干扰、样本检测重复性、样本线性、荧光线性的试验方法及技术指标给出了要求。但该标准主要是针对传统 PCR 仪的，部分参数并不适用于快速核酸检测仪。试验方法上，如独立模块控温的快速核酸检测仪不需要检测模块温度均匀性、荧光强度检测精密度等，样本线性、荧光线性的试验方法的描述也需要每一浓度平行测试 3 孔，与快速核酸检测仪有所差异；在技术指标上，如温度要从 50℃升至 90℃，平均升温速度应不小于 1.5℃/s，最大升温速度应不小于 2.5℃/s，并不适用于快速核酸检测仪升温速度的性能评价。

因此，对快速核酸检测仪进行质量控制时，可部分参考该行业标准，同时有必要结合快速核酸检测仪的原理、应用及技术特性制定更加适合快速核酸检测仪的检测方法来提高质控可靠性。

2. SN/T 2102.1—2008《食源性病原体 PCR 检测技术规范 第 1 部分：通用要求及定义》和 SN/T 2102.2—2008《食源性病原体 PCR 检测技术规范 第 2 部分：PCR 仪性能试验要求》

标准对相关通用要求及定义做了规定，确立了 PCR 仪的安装、使用、维护的基本要求，规定了 PCR 仪性能试验的生化和物理方法。PCR 仪的制冷/加热元件都有规定的使用寿命，其正常功能的发挥不仅取决于设计的质量，也取决于正确的使用和维护。本标准适用于 PCR 仪的生化和物理性能试验。主要内容包括性能试验：生化试验法

（测量温度准确度的 PCR 方法）、物理试验法、试验报告和非正常情况的记录、安全要求等。

其中生化实验法采用的是琼脂糖凝胶方法来进行 PCR 仪退火温度控制准确度的试验，并不适用于快速核酸检测仪。性能试验的物理方法仅对 PCR 仪运行过程中温度的准确度进行测试，实验方法更侧重于布点的选取，非独立模块的快速核酸检测仪可参考其试验方法中测温点选取的原则，如考虑有代表性位置、重点考虑临界位置、区域等分等。同样，该标准更多地适用于用于食源性病原体检测的 PCR 仪，快速核酸检测仪的质控应有选择性地部分借鉴该标准中提出的生化试验法和物理试验法对设备进行质量控制。

3. 管理规范

《医疗机构临床基因扩增检验实验室管理办法》针对实验室质量管理，规定医疗机构临床基因扩增检验实验室应当按照《医疗机构临床基因扩增检验工作导则》开展实验室室内质量控制，参加卫生部临床检验中心或指定机构组织的实验室室间质量评价。国家卫健委临床检验中心或指定机构应当将室间质量评价结果及时通报医疗机构和相应省级卫生行政部门。

三、相关技术规范及内容介绍

（一）相关国家技术规范

JJF 1527—2015《聚合酶链反应分析仪校准规范》适用于模块加热的聚合酶链式反应（PCR）分析仪计量性能的校准，对于其他类型的 PCR 仪，可参照该规范。

规范中对仪器设备及标准物质进行了详细的规定，要求温度校准装置由若干个（通常为 15 个）精密温度传感器、数据采集分析模块组成，测温范围为 0～120℃，温度校准装置测量不确定度≤0.1℃，且需要通过计量检定。该温度校准装置更多地针对传统的高通量 PCR 仪，不适用于快速核酸检测仪。标准物质规定应采用国内外有证标准物质，包括：质粒 DNA 标准物质、核糖核酸标准物质，其特征量值（拷贝数≥10^9拷贝/μL，相对扩展不确定度≤5%）。该标准物质同样可以用于快速核酸检测仪的质量控制，但是由于快速核酸检测仪的特点是将核酸提取及扩增整合到同一台设备中，该标准物质为质粒 DNA 标准物质、核糖核酸标准物质，不涉及提取过程，不能对快速核酸检测仪提取阶段的可靠性进行检测，用于快速核酸检测仪的质控，仍存在一定欠缺。

规范中规定校准项目包括温度示值误差、温度均匀性、升降温速度校准、定量 PCR 仪样本示值误差、样本线性。同上文 YY/T 1173—2010《聚合酶链反应分析仪》相似，部分参数的校准方法并不完全适用于快速核酸检测仪，快速核酸检测仪可部分参考该规范的方法进行质量控制。

（二）相关地方技术规范

JJF（苏）222—2019《实时荧光定量 PCR 仪校准规范》、JJF（津）04—2020《实

时荧光定量 PCR 仪校准规范》适用于实时荧光定量 PCR 仪的校准，其他类型 PCR 仪相同原理部分可参照该规范执行。

　　规范主要内容包括：概述、计量特性、校准条件、校准设备和试剂（PCR 扩增光学模拟器、标准物质、荧光染料、移液器）、校准项目（温度示值误差、温度均匀性校准、温度波动度、温度过冲量、平均升降温速度、光学系统物理方法项目、光学系统生物化学方法项目）和校准方法、校准条件、校准结果表达等。

　　上述两个地方技术规范与国家校准规范 JJF 1527—2015 的主要区别体现在以下两点：

　　1）增加了用物理方法校准荧光定量 PCR 仪光学特性的方法和技术指标，部分方法和技术指标也适用于快速核酸检测仪，如 C_t 值精密度等。

　　2）增加了仪器主要计量性能指标，为设备校准结果的确定提供了一定的参考。快速核酸提取仪可部分参考该指标制定质控，如期间核查的判定规则等。对于差异较大的，如平均升温速度，可参考快速核酸检测仪厂家指标来制定。

　　快速核酸检测仪只有符合相关标准和技术规范的要求，才能保障其安全性和有效性。在目前快速核酸检测仪专用标准和技术规范缺乏的情况下，需要结合上述标准和技术规范的适用部分对设备进行质量控制。

第三节　快速核酸检测仪的质量监测

　　快速核酸检测仪检验容易受到扩增产物的污染，与在核酸提取过程中样品间的交叉污染均可导致假阳性结果的出现。同时，也会因为试剂和耗材的质量不过关、仪器设备的维护校准不到位或操作不规范，出现假阴性或假阳性结果。为确保快速核酸检测仪检验报告质量符合要求，必须对检验的各个环节和步骤加以监控，以避免假阳性或假阴性结果的出现，同时实验室应当按照《医疗机构临床基因扩增检验工作导则》开展实验室室内质控，参加中华人民共和国国家卫生健康委员会临床检验中心或指定机构组织的实验室室间质量评价。

一、日常核查

　　快速核酸检测仪需按规定每年进行计量校准，在校准间隔为了保障仪器的准确可靠，还需进行日常核查工作。通过日常核查，若发现在用仪器设备的状态与试验工作的要求完全符合，则为试验结果的准确性提供保障，而且在计量有效期内的使用具有持续性；若发现仪器设备异常，则应及时与厂家取得联系，进行维修处理。

　　快速核酸检测仪的日常核查可选用标准物质：质粒 DNA、RNA。

　　核查方法：加入阴性质控品和阳性质控品验证仪器是否正常。

　　此外，使用者还需建立快速核酸检测仪设备使用记录（见表 5-2），用于记录日常使用过程中监测到的设备状态。

表5-2　快速核酸检测仪设备使用记录

日期	起止时间	检测项目及编号	设备状态			使用者
			测定前	测定中	测定后	

注：检测设备的状态若检查正常，则在表中设备状态栏中填写"正常"；若检查不正常，则应在表中进行简单描述，同时在设备维修记录中进行详细描述。

二、室内质控

室内质量控制（简称室内质控）是实验室质量保证体系中的重要组成部分，是由实验室的工作人员采用一系列统计学的方法，连续地评价本实验室测定工作的可靠性，判断检验报告是否可发出的过程。它是为了检测、控制本实验室测定工作的精密度，并检测其准确度的改变，提高常规测定工作的批间、批内标本检测结果的一致性、稳定性，对于保证试验结果的可靠性具有重要意义。依据《医疗机构临床实验室管理办法》的相关规定，快速核酸检测仪需要严格开展室内质控。室内质控的基本要求：每一批检测应至少有一个弱阳性室内质控品。实验室结合检测系统的混样方式及检测下限，C_t值（实时监测扩增过程的荧光信号达到指数扩增时的循环周期数）与原始扩增模板数量呈负相关，可通过其与原始模板的函数关系来计算原始模板的数量，评价室内质控模式的可行性，监控室内质控体系的运行情况。

统计学质量控制就是在日常常规测定临床标本的同时，连续测定一份或数份含一定浓度分析物或阴性的质控样本，然后采用统计学方法，分析判断每次质控样本的测定结果是否偏出允许的变异范围，进而决定常规临床标本测定结果的有效性。由此可见，统计学质量控制是室内质量控制工作的核心。

快速核酸检测仪检验与其他临床检验一样，产生的检验误差有两类，一类是系统误差，一类是随机误差。系统误差通常表现为质控物测定均值的漂移，是由操作者所使用的仪器设备、试剂、标准品或校准物出现问题而造成的，这种误差可以通过严格管理仪器设备、试剂、标准品或校准物的方式加以控制，是可以排除的。而随机误差则表现为测定标准差的增大，主要是由试验操作人员的操作等随机因素所致，它的出现难以完全避免和控制。统计学质控的功能就是采用统计学方法发现误差的产生及分析误差产生的原因，采取措施予以避免。因此，在开展统计学质量控制前，应对可以控制的误差产生因素尽可能地加以控制，这不但是做好室内质控的前提，也是保证常规检验工作质量的先决条件。

对于快速核酸检测仪实验室来说，要想持续有效地进行统计学质量控制，必须要有稳定可靠的质控品和切实可行的室内质控数据的统计学判断方法。

（一）质控品

在室内质控过程中重复测定的稳定样品称为质控品（又称为质控物）。一般来说，快速核酸检测仪实验室理想的质控品应具有以下条件：

1）基质与待测标本一致。

2）所含待测物浓度应接近试验的决定性水平。

3）有很好的稳定性。

4）靶值或预期结果已定。

5）无已知的生物传染危险性。

6）单批可大量获得。

7）价格低廉。

一般在室内质控中，要求实验室采用两个不同浓度水平的质控品，浓度一高一低，形成一个控制范围。室内质控浓度应尽可能接近试剂与系统最低检测限。根据最低检测限，制作标准曲线选择相应浓度值。

在快速核酸检测仪检验的室内质控中，质控样本的设置、数量及排列顺序常是实验室技术人员感到困惑的问题。从理论上来说，为最大可能地检出试验的随机误差和系统误差，应每隔一份或几份临床标本插入一份质控样本。但在实际工作中，从成本效益考虑，只能设置数量有限的室内质控样本。立足于国内目前的实际情况，一般来说，如果标本量不是特别大，小于 30 份，则定性测定有一份接近临界值的弱阳性质控样本和一份阴性质控样本即可。阳性和阴性质控样本的设置数量可随检测标本数的增加而按比例适当增加，如临床标本数量达到 50~60 份，则可将阳性和阴性质控样本的数量增加一倍。可根据临床标本数量的增加，相应增加质控样本的数量。

定性检验项目，每次试验应设置阴性、弱阳性和（或）阳性质控品。如果为基因突变、基因多态性或基因型检测，那么应包括最能反映检测情况的突变或基因型样品，每批检测的质控品至少应有一种基因突变或基因型。定量检验项目，每次试验应设置阴性、弱阳性和阳性质控品。阴性质控品包括阴性血清样品、检验过程中带入的空管和仅含扩增反应液的 PCR 反应管。阴性血清样品主要监测实验室以前扩增产物的"污染"、由检验操作导致的样品间交叉污染（如强阳性样品气溶胶经加样器所致的污染、强阳性样品经操作者的手所致的污染、核酸提取阶段微量离心管盖遇高温崩开所致的污染），以及扩增反应试剂的污染。核酸提取中带入的空管主要监测核酸提取过程中的实验室污染（在整个检验过程中，开口放置于核酸提取的操作台面区域内，最后以水为基质进行扩增）。仅含扩增反应液的 PCR 反应管用来监测试剂的污染。阳性质控样品包括强阳性质控样品和临界阳性样品两种。对于定量检测，每次检验必须同时进行高、低值质控血清和阴性质控血清定量检测；对于定性检测，每次检验必须同时进行阳性、弱阳性和阴性质控样品定性检测（包含样品预处理、DNA 提取等步骤），同时还应设置试剂空白对照。可以购买也可以自制高、低值质控血清，将测定的阳性血清样品按高低值分类后进行混合分装，−80℃冰箱冷冻保存。自制情况下必须保证指标方法的规范性。

（二）质控图

质控图是质量控制图的简称，是对检验过程质量加以设计、记录从而评估检验过程是否处于控制状态的统计图，一般是以质控品的检测结果作为 y 轴、相应的检测时间（批次）作为 x 轴绘制的统计图。

Levey − Jennings 质控图方法，也称 Shewhart 质控图，是由美国的 Shewhart 于 1924 年首先提出，并用于工业产品的质量控制。20 世纪 50 年代初，Levey − Jennings 将其引入临床检验的质量控制。经 Henry 和 Segalove 的改良，即为目前常用的 Levey − Jennings 质控图。

按常规方法每天插入一份高、低值质控血清和阴性质控血清进行定量测量，连续 20 天后分别计算高、低值质控血清的均值、标准差和变异系数，高值质控以强阳性血清测定值为宜，低值质控以临界阳性血清测定值为宜，制作 Levey − Jennings 质控图，如图 5-2 所示。

质控图的绘制：连续测定 20 天质控数值，计算其均值（X）和标准差（S），以 X 为中心线，以质控值超过 $X \pm 2S$ 为警告限，超过 $X \pm 3S$ 为失控限，作图建立一个质控框架，如图 5-3 所示。

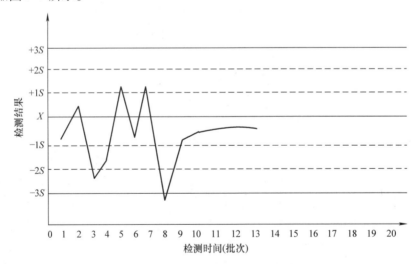

图 5-2　Levey − Jennings 质控图

（三）质控结果判读

1）当阴性质控样品为阳性时，不管阳性率测定比值为何，均为失控，所有阳性样品须重新测定，并增加一倍阴性质控样品。

2）如果阴性质控样品为阴性，某次测定阳性比值超出 $X + 3S$ 则为失控，为 1 + 3S

规则。本次检验结果为阴性的报告根据阳性质控样品的情况，决定是否可以发出，所有阳性结果报告不能发出，需查找出现阳性比值增高的原因，并在增加一倍阴性质控样品的情况下重新检测样品。

3）曲线向上漂移：多提示出现污染，可能是由于样品或产物泄露、试剂被污染导致。

4）用直接概率计算法对每天的日常患者样品结果中阳性率出现的概率进行计算，如果这种结果出现的概率小于5%，那么可判为失控。

5）可根据二项式分布、泊松分布或污染间交叉污染的概率计算判读检验结果是否失控。

（四）失控原因分析

实验室人员需认真分析失控原因，并做好记录。阳性质控样品失控的常见原因是核酸提取的偶然误差，如核酸提取中的丢失、有机溶剂的去除不彻底、样品中扩增抑制物的残留和所用耗材（如离心管等）有 PCR 抑制物等。其次有可能是仪器的问题，如扩增仪孔间温度的不一致性、孔内温度与所示温度的不一致性等。最后应检查扩增的试剂，有无 Taq 酶或反转录酶的失活、探针的纯度及标记效率和核酸提取试剂的效率是否符合要求等。阴性质控最常见的失控原因是扩增产物的污染和核酸提取过程中样品的交叉污染。

（五）注意事项

样品数量如小于30，可选择弱阳性和阴性质控品各一份进行质控，样品数量增加，质控频次相应按比例增加。每批次测定的质控品均匀分散于样品中，随样品一同进行核酸提取。质控品在扩增仪中的位置不应为固定位置，应在每次扩增检测时进行相应的顺延，保证在一定的时间内可以尽可能地监测每一个孔的扩增有效性。质控品测定在控才可发出报告。如果失控，应迅速查找原因，去除诱因后复测样品，合格后方可发出报告。

（六）室内质控标准操作程序示例

1. 目的
了解本次试验是否有效、试验条件是否正常、试验结果是否可靠。

2. 适用范围
快速核酸检测仪实验室的室内质控。

3. 操作人员
具有快速核酸检测仪操作资质的实验室相关工作人员。

4. 质量控制的基本要求
1）必须使用经国家卫健委批准或注册，中国食品药品检定研究院审批检定合格、在有效期内且保存条件符合要求的核酸检测试剂盒。

2）按照 SOP 中规定的要求进行操作，对影响检验的因素，均应按试剂盒说明书的要求操作，以保证质量控制的可靠性。

3）试验前必须检查待检标本的质量，如标本不符合要求必须重新采集标本。

4）每次检验，试剂盒内部对照的结果必须在允许的范围内，否则应视为无效。

5）内部对照质控品的使用。内部对照质控品的使用是指每个试剂盒内厂方提供的阴性和阳性对照质控品。内部对照对每一次试验的质量控制措施来说是必要的，是质量控制的基础。每一次检测必须使用内部对照，而且内部对照只能在该批号生产的试剂盒中使用。

6）具体操作。每批次试验均需阳性对照、阴性对照和空白对照，并且与检测标本一起操作，试验结束时填报《快速核酸检测仪实验室内部质量控制记录》。内部对照质控品检测值在允许范围内，本次试验有效。

三、室间质评

室间质量评价（简称室间质评）通过比对、能力验证、盲样检测等方式能够有效考察各实验室测量结果的一致程度，可以有效推动医疗机构间的结果互认，达到医疗机构间检查结果互认共享制度。室间质评可由特定的组织机构向多个实验室同时发放同一质控品，要求在一定时间内完成标本检测，由外部独立机构收集、分析和反馈实验室检测结果，评定实验室常规工作的质量，观察测定的准确性，建立起各实验室检测结果间的可比性。

室间质量评价是一项技术要求很高的工作，对组织者工作条件、能力及质量体系建立都有一定要求。一般流程为室间质量评价提供者预先设定条件，组织多个实验室对相同被测物品进行校准/检测，然后综合评价。实验室应常态化参加国家级或者省级临床检验中心组织的室间质评。对检测量大以及承担重点人群筛查等任务的实验室，要适当增加室间质评频率。

（一）室间质量评价的程序设计

室间质量评价的程序设计主要包括以下几个方面：①确定质评方案，定期发放质评样本；②要求参加质评实验室报告结果的单位要一致，以便于统计；③报告要清楚、简洁；④要求参评实验室在测定室间质量评价样本时，要以与常规样本完全相同的方式测定；⑤对测定方法、试剂及仪器等归纳总结；⑥对参评实验室的测定要有评价；⑦室间质量评价报告要迅速及时。

用于质量评价的样本应符合下面几个条件：①样本基质与临床患者标本应尽量一致；②样本浓度与试验的临床应用相适应；③在样本发放的条件下稳定；④不存在不可避免的传染危险性。

在快速核酸检测仪室间质量评价的程序设计中，质量评价样本的靶值确定是一个非常关键的部分，其在某种程度上，决定了参评实验室质量评价成绩的好坏。但必须注意的是，靶值并不是绝对的，尤其是定性测定，与当时所用公认较好的测定方法的测定下限有直接关系。快速核酸检测仪室间质量评价样本的靶值，在定性测定时，应为明确的阴性或阳性，应采用当时多家较好的试剂盒检测确认。

对特定参评实验室的评分根据其与其他实验室得分之间的关系，可分为绝对评分和相对评分两种模式。绝对评分就是根据已定的靶值对参评实验室测定的每份质量评价样本计分，然后再计算该次质量评价的总分，以得分的高低评价参评实验室的水平。相对评分则是将参评实验室质量评价得分与所有参评实验室的平均分进行比较，观察其得分在全部参评实验室中所处的位置。

（二）室间质量评价标准操作程序示例

1. 目的

室间质评（EQA）是实验室质量控制体系中的重要部分，是保证患者检验结果和其报告的准确性和可靠性，以及各实验室间结果的可比性的重要手段。

2. 适用范围

国家卫健委或省（市）临床检验中心下发的核酸检测室间质评检测。

3. 职责

1）实验室人员均须熟知并遵守本程序，具体项目由实验室主管执行。

2）实验室负责人监督落实。

4. 操作程序

1）质控标本的接受和验收：收到质控标本后由相关人员登记、签字，根据质控标本的有关说明对标本的数量、批号、包装进行验收，并将质控标本按要求置于 -20℃ 保存在标本制备区。

2）质控标本的检测按常规临床标本对待，若需要，检测前先根据说明对质控物进行复溶。

3）室间质评标本必须按实验室常规工作进行，由进行常规工作的人员测试，工作人员必须使用实验室的常规检测方法和试剂，不得特殊对待。检测结果须在截止日期前上报。

4）实验室检测 EQA 标本的次数必须与常规检测病人标本的次数一样（即 1 次）。EQA 样本的检测在国家卫健委临床检验中心规定的时间内进行，检测结果也必须在截止日期前上报。

5）室间质评的检测结果和反馈结果均记录于室间质评记录表，根据反馈结果分析室间质评的状态，如有超出控制的情况，应查找原因，并采取相应的措施。

6）严禁与其他实验室交流室间质评的检测结果。

第四节 快速核酸检测仪操作、防护及数据保存的安全管理

对快速核酸检测仪的安全使用进行规范管理，目标就是使每一位涉及快速核酸检测仪使用或管理的人员建立相对完整的安全管理意识。通过制度的建立能够培养团队合作的态度以及个人的责任意识，并在此基础上建立完整的快速核酸检测仪仪器的安全使用和维护管理制度。本节所指"安全"主要涉及仪器的操作安全、使用人员的防护安全及试验数据的保存安全。

一、总体要求

快速核酸检测仪的安全管理应包括设备的使用和防护条例、人身防护设备的管理规定、仪器的操作规程（包括无人值班时）、教学设备的安全管理（如果涉及）以及与快速核酸检测仪配套使用的相关设备的使用安全等。设备使用单位应依据快速核酸检测仪的用途设置试验数据的保存路径、访问权限等。

快速核酸检测仪使用单位应定期对快速核酸检测仪在内的关键设备进行安全风险评估，不定期对实验室进行安全检查。使用单位应制订快速核酸检测仪在内的关键设备的培训计划并严格实施。培训内容应至少包含且不限于技术、操作、安全等方面的知识。

从事高致病性病原微生物相关试验活动的实验室，还应当对实验室工作人员进行健康监测，每年组织对其进行体检，并建立健康档案；必要时，应当组织实验室工作人员进行预防接种。

二、快速核酸检测仪的操作安全及使用人员的防护安全

（一）基本要求

快速核酸检测仪应当在生物安全二级及以上实验室使用，并应在生物安全风险评估的基础上，采取适当的个体防护措施，包括手套、口罩和隔离衣等。开展新冠病毒核酸检测的实验室应当制订实验室生物安全相关程序文件及实验室生物安全操作失误或意外的处理操作程序，并有记录。

（二）试验前的安全要求

应使用0.2%含氯消毒剂或75%乙醇进行桌面、台面及地面消毒。消毒液需每天新鲜配制，不超过24h。转运至实验室的标本转运桶应在生物安全柜内开启。转运桶开启后，使用0.2%含氯消毒剂或75%乙醇对转运桶内壁和标本采集密封袋进行喷洒消毒。取出标本采集管后，应首先检查标本管外壁是否有破损、管口是否泄漏或是否有管壁残留物。确认无渗漏后，推荐用0.2%含氯消毒剂喷洒、擦拭消毒样品管外表面（此处不建议使用75%乙醇，以免破坏标本标识）。如发现渗漏应立即用吸水纸覆盖，并喷洒0.55%含氯消毒剂进行消毒处理，不得对标本继续检测操作，做好标本不合格记录后需立即进行密封打包，压力蒸汽灭菌处理后销毁。

（三）快速核酸检测仪的使用要求

快速核酸检测仪的使用应严格依据仪器的操作规范以及使用说明书进行。

（四）试验结束后的清洁要求

需对实验室环境进行清洁，消除可能的核酸污染。

1）实验室空气清洁。实验室每次检测完毕后，可采用房间固定和/或可移动紫外线灯进行紫外线照射2h以上。必要时可采用核酸清除剂等试剂清除实验室残留核酸。

2) 工作台面清洁。每天试验后，使用0.2%含氯消毒剂或75%乙醇进行台面、地面清洁。

3) 转运容器消毒。转运及存放标本的容器使用前后需使用0.2%含氯消毒剂或75%乙醇进行擦拭或喷洒消毒。

4) 塑料或有机玻璃材质物品清洁：使用0.2%含氯消毒剂、过氧乙酸或过氧化氢擦拭或喷洒消毒。

5) 实验室还应准备：对讲机五部、计算机一台、打印机一台、A4纸、剪刀、镊子、记号笔、中性笔、宽胶带、长尾文件夹。

三、快速核酸检测仪试验数据的保存安全

各类型快速核酸检测仪使用试验室应按自身实际需求制定试验数据的管理制度。其中，三级、四级实验室的试验数据管理应满足实验室认可的相关标准要求。二级以上医疗机构应当在卫生健康行政部门的统筹下，做好标本采集、核酸检测、检测报告的信息对接工作。建立统一的信息采集扫码程序，信息应至少包括姓名、性别、年龄、身份证号、联系电话，做到标本采集的个人信息与医疗机构信息系统顺利对接，各医疗机构间应做到信息互通、互采、互认。

第五节 快速核酸检测仪的计量与期间核查

一、快速核酸检测仪的计量

快速核酸检测仪是在常规核酸检测技术的基础上，对常规核酸检测技术的原理及反应过程等进行了一定的改进和优化，从而实现了核酸检测的快速化需求。温度是快速核酸检测仪的一个重要参数。根据检测过程中温度是否变化，可大致分为变温快速核酸检测仪和恒温快速核酸检测仪两大类。有关该技术原理和应用方面较详细的介绍，已在本书前面章节有详细的表述，本节不再展开讲解。

快速核酸检测仪发展迅速，目前在国内还没有针对该类产品发布的计量检定规程或校准规范，基于其原理及应用范围，相关性较高的标准及计量技术规范包括：YY/T 1173—2010《聚合酶链反应分析仪》、JJF 1527—2015《聚合酶链反应分析仪校准规范》、JJF（浙）1124—2016《基因扩增仪（聚合酶链反应分析仪）校准规范》、JJF（苏）222—2019《实时荧光定量PCR仪校准规范》、JJF（津）04—2020《实时荧光定量PCR仪校准规范》等。这些计量检定规程或校准规范对计量特性及相应计量方法的描述不尽相同，且对快速核酸检测仪的适用性有限。

由于目前快速核酸检测仪的计量还处于较为空白的状态，计量机构及厂家仅能部分参考上述相关计量检定规程或校准规范的部分条款对快速核酸检测仪的部分参数进行计量，规范性和统一性有待提高。本节不详细展开快速核酸检测仪的具体计量方法，仅对变温及恒温快速核酸检测仪涉及的术语和定义、计量特性进行介绍。

计量特性是指能影响测量结果的可区分的特性，快速核酸检测仪的计量特性包括温度、时间和荧光等相关参数。

1. 温度偏差

控温装置（如加热模块）的设定温度值与测量点实际测量的温度平均值之差，称为温度偏差。

2. 温度均匀度

同一循环中，同一温控装置（如加热模块）工作区域内不同孔之间的实测最高温度值与最低温度值之差，称为温度均匀度。

3. 平均升温速度

快速核酸检测仪模块升温过程中，被测升温阶段平均单位时间上升的平均温度值，称为平均升温速度。

4. 平均降温速度

快速核酸检测仪模块降温过程中，被测降温阶段平均单位时间上升的平均温度值，称为平均降温速度。

5. 阈值循环数 C_t

实时监测过程中，反应耗材内的荧光信号到达阈值时所经历的循环数，称为阈值循环数 C_t。

6. C_t 值重复性

对单个检测模块在同一荧光条件下重复 C_t 值测量，其测量值的一致性，称为 C_t 值重复性。

7. C_t 值精密度

对多个检测模块在同一荧光条件下重复 C_t 值测量，其测量值的一致性，称为 C_t 值精密度。

8. 温度持续时间准确度

模块设定恒温时间与实际测量得到的恒温时间插值的相对示值误差，称为温度持续时间准确度。

二、快速核酸检测仪的期间核查

快速核酸检测仪是直接影响检测结果的设备，目前尚无快速核酸检测仪的计量技术规范，使用者应关注计量技术规范的发布与实施，如有相应计量技术规范应按要求进行计量。在没有计量技术规范的条件下，仍需要保证快速核酸检测仪检测结果的准确性和可靠性，使用者可定期对快速核酸检测仪进行期间核查，以确保设备性能可靠。

期间核查是通过技术手段监控测量设备性能状态的一种有效途径，是实验室、检验机构、标准物质生产者、能力验证提供者等合格评定机构为保证结果准确而常用的质量控制手段之一。从定义上，期间核查是指在两次相邻的校准时间间隔内，当需要时，按照规定的时间和程序，使用简单并具有相当可信度的方法测试可能造成不合格的测量设备、参考标准、基准、传递标准或工作标准以及标准物质（参考物质）的某些参数，确定其是否保持原有状态而进行的检查。也就是说，期间核查实质上是核查系统效应对测量仪器示值的影响是否有大的变化。期间核查的目的是在两次校准（或检定）之间的时间间隔期内保持测量仪器校准状态的可信度。

期间核查的目的是验证其功能或计量特性能否持续满足规范或规定要求，正确合理地进行期间核查，能够有效监控测量设备的状态、保证测量结果的质量。期间核查与计量校准或检定并不相同，期间核查是在两次校准或检定之间，是在实际工作的环境条件下，对预先选定的同一核查标准进行定期或不定期的测量，考察测量数据的变化情况，来确认其校准状态是否继续可信。期间核查是由本实验室人员使用自己选定的核查标准按照自己制订的核查方案进行的。核查不能够代替校准或检定。核查只是在使用条件下考核测量仪器的计量特性有无明显变化，由于核查标准一般不具备高一级计量标准的性能和资格，这种核查不具有溯源性。期间核查的方法，只要求核查标准的稳定性高，并可以考察出示值的测量过程综合变化情况即可。期间核查还可以为制订合理的校准间隔提供依据或参考。

（一）期间核查涉及的条款

在国际标准 ISO/IEC 17025：2017《检测和校准实验室能力的通用要求》、国家标准 JJF 1069—2012《法定计量检定机构考核规范》、认可准则 CNAS – CL01：2018《检测和校准实验室能力认可准则》、行业标准 RB/T 214—2017《检验检测机构资质认定能力评价　检验检测机构通用要求》、军用实验室认可标准 GJB 2725A—2001《测试实验室和校准实验室通用要求》、行业标准 SN/T 4095.1—2015《实验室仪器设备期间核查管理规范》等文件中，对期间核查均有相关具体要求。

1. ISO/IEC 17025：2017 涉及的条款

标准中 6.4.4：当设备投入使用或重新投入使用前，实验室应验证其符合规定要求。

标准中 6.4.10：当需要利用期间核查以保持设备性能的信心时，应按程序进行核查。

标准中 7.7.1：实验室应有监控结果有效性的程序。记录结果数据的方式应便于发现其发展趋势，如可行，应采取统计技术审查结果。实验室应对监控进行策划和审查，适当时，监控应包括但不限于以下方式：测量设备的期间核查。

ISO/IEC 17025：2017 与 ISO/IEC 17025：2005 相比，期间核查扩展至所有设备，即校准测量设备与非校准测量设备。同时，测量设备的期间核查已作为实验室确保结果有效性的 11 种内部质量监控方式之一。

2. RB/T 214—2017 涉及的条款

标准中 4.4.3：当需要利用期间核查以保持设备的可信度时，应建立和保持相关的程序。

标准中 4.4.4：若设备脱离了检验检测机构的直接控制，应确保该设备返回后，在使用前对其功能和检定、校准状态进行核查，并得到满意结果。

标准中 4.4.5：设备出现故障或异常时，检验检测机构应采取相应措施，如停止使用、隔离或加贴停用标签，直至修复并通过检定、校准或核查表明能正常工作为止。

3. GJB 2725A—2001 涉及的条款

标准中5.5.2：实验室用于抽样、测试、校准或检定的设备及其软件应达到所要求的准确度，并符合测试、校准或检定的相应技术规范。对结果有重要影响的仪器的关键量或值，应制定校准或检定计划。设备（包括抽样的设备）首次使用前和日常使用中，应进行校准、检定、核查，以证实能够满足实验室的技术规范和相应标准的要求。

标准中5.5.9：无论什么原因，当设备脱离实验室的直接控制，实验室应确保该设备返回后，在使用前对其功能及校准状态进行检查并符合要求。

标准中5.5.10：需要用周期内的核查来保持设备校准状态的可信度时，应按规定的检查方法执行。

标准中5.6.3.3：实验室应按照规定的程序和计划对参照标准、主标准、传递标准或工作标准以及标准物质进行核查，以保持校准状态的可信度。

4. SN/T 4095.1—2015 涉及的条款

SN/T 4095.1—2015《实验室仪器设备期间核查管理规范》规定了期间核查的通用要求，适用于实验室仪器设备的期间核查，包括期间核查的管理要求和技术要求。其中技术要求包含一般要求、期间核查程序、记录管理。该标准还给出了部分设备期间核查参考使用测量标准列表及需期间核查的设备示例。

（二）期间核查注意事项

快速核酸检测仪的使用者应根据所在实验室需遵循的要求，对快速核酸检测仪制定期间核查计划，并按计划进行期间核查。

（1）进行期间核查应考虑的内容　使用机构对快速核酸检测仪进行期间核查时，应考虑以下方面：

1）检测/校准方法的要求：可选择参加实验室间比对；使用有证标准物质；与相同准确度等级的另一台设备或几台设备的量值进行比较；在资源允许的情况下，可进行高等级的自校准等一种或多种方法。

2）设备的稳定性。

3）设备的使用寿命和运行状况。

4）设备的校准周期。

5）设备历次校准的结果及变化趋势。

6）质量控制结果。

7）设备的使用范围（或参数）、使用频率和使用环境。

8）设备的维护保养情况。

9）是否具备实施期间核查的资源或配置期间核查资源的成本。

10）测量结果的用途及与结果相关的风险大小。

（2）期间核查的文件　在实施期间核查的过程中，期间核查的文件应至少包括以下内容：

1）被核查对象的范围。

2）实施期间核查活动的部门和相关人员的职责。实施期间核查的人员应熟悉核查设备的状态，包括检定或校准周期、维修状况、日常使用情况等，并具备数据分析处理能力。

3）实施期间核查的工作流程。

4）实施期间核查的作业指导文件。

（3）期间核查程序

1）编制期间核查计划。实验室在执行期间核查前，应根据期间核查作业指导书编制期间核查计划。计划应该包括仪器设备名称、型号规格、编号、期间核查的日期或频次、核查项目、核查方法、评定依据、执行人等，核准后发布实施。核查频次依据实际情况来确定，但两次检定/校准之间应至少核查一次。

2）期间核查的实施。实验室应按期间核查计划和作业指导书组织实施，收集数据、进行核查结果的评价，填写记录表格。

3）结果处理。实验室对一台设备实施期间核查后，应对核查数据进行分析和评价。期间核查的结果记录应能够便于发现其发展规律，可以采用质控图进行结果登记。

期间核查实施后有以下三种结果：符合要求，可继续正常使用；不符合要求，中止使用/降级使用，加贴标识，查找原因，按照有关规定进行更换部件、维修保养等，直到经验证设备相关功能恢复正常方可投入使用，并对之前该设备涉及的检测报告进行分析；有风险趋势，提醒设备使用人员，查找原因，可按照有关规定进行更换部件、维修保养等，并修订年度期间核查计划，对该设备加严核查。

（4）作业指导文件　作业指导文件的内容应明确具体，便于操作人员的理解和实施，通常应包括以下内容：

1）被核查对象，包括设备的名称和型号等信息。

2）核查内容（设备具体的功能或计量特性）。

3）核查标准，包括名称、唯一性编号、计量特性（如参考值和测量不确定度）等信息。

4）核查的环境要求，确保环境条件不影响核查结果的有效性。

5）核查步骤。

6）核查时机或频次。

7）核查结果的判据及采取的应对措施。

8）核查的记录表格。必要时，期间核查作业指导文件在发布实施前，机构应对其可行性和有效性进行确认。

（5）期间核查频次　制定期间核查频次时应考虑以下内容：

1）仪器的稳定性。仪器性能不够稳定或试验时对其性能稳定程度了解不够，应在适当的时间安排期间核查。

2）仪器设备的校准周期及上次校准的结果。实验室识别出校准周期较长的仪器设备或上次校准结果不是很理想的、临近失效期的仪器设备，应在适当的时间安排期间核查。

3）仪器设备的使用状况和频次。当仪器设备使用频次较高或波动、漂移较大时，应考虑安排期间核查。

4）仪器设备的使用条件。当仪器设备脱离实验室直接控制后返回的，或者是第一次投入使用的，应考虑在适当时间安排期间核查。

5）仪器设备操作人员的熟练程度。人员的熟练程度不高时，引发仪器设备故障的概率就会升高，有时甚至会影响仪器设备的稳定性，此时应考虑安排期间核查并缩小期间核查的间隔。

6）仪器设备的使用环境。当仪器设备的使用环境较为恶劣或使用环境发生剧烈变化时，会影响仪器设备的使用状况，应考虑安排期间核查。

（6）期间核查记录管理　设备期间核查过程中应做好记录，相关材料应纳入设备档案中，包括引用的技术依据、示意图、测量不确定度评定示列、质控图、对核查的结果所进行的评价、发现的潜在故障、保证设备正常使用所采取的维护保养和维修等措施的证明材料等。

目前，快速核酸检测仪主要分为变温快速核酸检测仪和恒温快速核酸检测仪两大类，均需要对其控温系统及荧光检测结果进行期间核查。根据其特性不同，期间核查的参数有所区别。下面分别给出变温类和恒温类快速核酸检测仪的期间核查方法。

（三）快速核酸检测仪的期间核查方法

1. 变温快速核酸检测仪的期间核查方法

（1）范围　本核查规程适用于基于变温 PCR 技术的快速核酸检测仪的期间核查。

（2）概述　本核查规程以快速核酸检测仪温度专用校准装置测定快速核酸检测仪控温系统的准确性、温度均匀性（如适用）、升降温速度等指标；以快速核酸检测仪光学专用校准装置测定快速核酸检测仪 C_t 值重复性指标；以阴性对照品和阳性对照品测定快速核酸检测仪阴性符合率和阳性符合率，以综合判定是否符合仪器技术标准。

（3）制订依据　JJF 1527—2015《聚合酶链反应分析仪校准规范》、JJF（浙）1124—2016《基因扩增仪（聚合酶链反应分析仪）校准规范》、JJF（苏）222—2019《实时荧光定量 PCR 仪校准规范》、厂家说明书。

说明：可根据所属领域增加或减少制订依据。目前，快速核酸检测仪尚无专用校准规范，变温类快速核酸检测仪基于 PCR 技术，现有 PCR 仪规范仅有部分可参考用于快速核酸检测仪的期间核查。因此，本案例以 JJF 1527—2015《聚合酶链反应分析仪校准规范》、JJF（浙）1124—2016《基因扩增仪（聚合酶链反应分析仪）校准规范》、JJF（苏）222—2019《实时荧光定量 PCR 仪校准规范》结合厂家说明书为制订依据进行期间核查规程的编写。

（4）被核查设备　被核查设备为快速核酸检测仪，型号为 Flash 20，制造厂商为卡尤迪生物科技（北京）有限公司。

（5）核查标准　核查标准见表 5-3。

表5-3 核查标准

名称	编号	型号规格	技术指标
快速核酸检测仪温度专用校准装置		计量芯 Pro8X - T	$U = 0.06℃$，$k = 2$
快速核酸检测仪光学专用校准装置		计量芯 Pro8x - L	320nm ~ 780nm
阴性对照品			
新型冠状病毒（SARS - CoV - 2）假病毒核酸标准物质	GBW（E）091132	ORF1ab: 2.0×10^2 拷贝 1/μL N: 2.0×10^2 拷贝/μL E: 2.1×10^2 拷贝/μL	ORF1ab: $U_{rel} = 20\%$，$k = 2$ N: $U_{rel} = 20\%$，$k = 2$ E: $U_{rel} = 18\%$，$k = 2$

注：U 是扩展不确定度；k 是包含因子；U_{rel} 是相对扩展不确定度。

（6）核查的环境条件要求　温度：10℃ ~40℃；相对湿度：15% ~75%。

（7）核查项目

1）温度核查项目：温度偏差、温度均匀性（非独立模块的快速核酸检测仪适用，独立模块的快速核酸检测仪不进行此项核查）、平均升温速度、平均降温速度；温度核查点：30℃、50℃、60℃、70℃、90℃、95℃。

2）光学核查项目：C_t 值重复性

3）检测结果核查项目：阴性符合率、阳性符合率。

（8）核查频次　每个计量检定周期内至少应做一次期间核查，也可根据设备的使用频率制订核查频次。

（9）核查方法

1）温度核查。根据核查点要求，将快速核酸检测仪按照表5-4设置温度核查程序，将快速核酸检测仪温度专用校准装置启动完成后放置于快速核酸检测仪加热模块中，记录整个数据采集过程并保存。

表5-4 快速核酸检测仪温度核查设置程序表

步骤	设定温度点/℃	设定温度持续时间/min
1	30	1
2	95	3
3	30	2
4	90	3
5	50	3
6	70	3
7	60	3
8	30	1

对于独立模块的快速核酸检测仪，如图 5-3 所示，可分别对每个独立模块单独进行核查，每个模块独立计算；对于非独立模块的快速核酸检测仪，将其作为一个整体核查温度，可按照均匀分布的方式进行布点，以 8 通道、16 通道快速核酸检测仪为例，其温度传感器建议布点如图 5-4 所示。

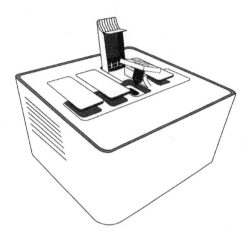

图 5-3　独立模块的快速核酸检测仪

温度偏差按照式（5-1）计算：

$$\Delta T_d = T_s - \overline{T}_c \qquad (5\text{-}1)$$

$$\overline{T}_c = \frac{1}{n} \sum_{i=1}^{n} T_i \qquad (5\text{-}2)$$

式中　ΔT_d——温控装置工作区域内的温度偏差（℃）；

　　　T_s——温控装置工作区域内的设定温度值（℃）；

　　　$\overline{T}_c$——该模块所有温度传感器测量值的平均值（℃）；

　　　T_i——第 i 个温度传感器的测定值（℃）。

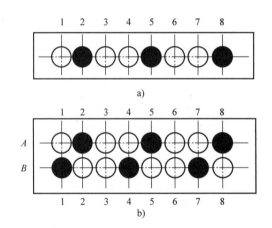

图 5-4　非独立模块的快速核酸检测仪的温度传感器建议布点

a）8 通道快速核酸检测仪布点　b）16 通道快速核酸检测仪布点

温度均匀性（非独立模块的快速核酸检测仪适用，独立模块的快速核酸检测仪不涉及此项核查）按照式（5-3）计算：

$$\Delta T_u = T_{max} - T_{min} \qquad (5\text{-}3)$$

式中　ΔT_u——温度均匀度（℃）；

　　　T_{max}——所有温度传感器测定值的最大值（℃）；

　　　T_{min}——所有温度传感器测定值的最小值（℃）。

仪器从 30℃升温至 95℃时，计算仪器从 50℃升温至 90℃的平均升温速度，平均升温速度按照式（5-4）计算：

$$v_{UT} = \frac{T_B - T_A}{t}$$ (5-4)

式中　v_{UT}——平均升温速度（℃/s）；

　　　T_A——50℃温度点的测量值（℃）；

　　　T_B——90℃温度点的测量值（℃）；

　　　t——从T_A到达T_B的时间（s）。

仪器从95℃降温至30℃时，计算仪器从90℃降至50℃段的平均降温速度，平均降温速度按照式（5-5）计算：

$$v_{DT} = \frac{T_B - T_A}{t}$$ (5-5)

式中　v_{DT}——平均降温速度（℃/s）；

　　　T_A——50℃温度点的测量值（℃）；

　　　T_B——90℃温度点的测量值（℃）；

　　　t——从T_B到达T_A的时间（s）。

2）光学核查。将快速核酸检测仪按照表5-5设置光学核查程序，选择 FAM/ROX/HEX/CY5 部分或全部通道进行核查。将快速核酸检测仪光学专用校准装置启动完成后放置于快速核酸检测仪中，完成整个光学核查过程。

光学专用校准装置可同时进行温度及光学项目核查。光学部分可按照程序发光并被快速核酸检测仪检测生成扩增曲线及 C_t 值。

表5-5　快速核酸检测仪光学核查设置程序表

步骤	设定温度点/℃	设定温度持续时间/min	备注
1	30	1	
2	95	1	预热程序
3	30	1	
4	30	1	温度控制程序
5	95	3	
6	30	2	
7	90	3	
8	50	3	
9	70	3	
10	60	3	
11	30	1	
12	85	10s	重复 32 个循环，光学扩增程序
13	60	30s，荧光采集	

对于独立模块的快速核酸检测仪，可分别对每个独立模块单独进行核查，每个模

块测量 6 次，记录 C_t 值，按照式（5-6）计算 C_t 值重复性：

$$\text{RSD}_{C_t} = \frac{1}{\overline{C}_t} \sqrt{\frac{\sum_{i=1}^{n} (C_{ti} - \overline{C}_t)^2}{n-1}} \times 100\% \qquad (5\text{-}6)$$

式中　RSD_{C_t} ——该模块的 C_t 值重复性；

　　　C_{ti} ——该模块第 i 次测得的 C_t 值；

　　　$\overline{C}_t$ ——该模块 n 次测得的 C_t 值的平均值；

　　　n ——测量次数，此处 $n = 6$。

对于非独立模块的快速核酸检测仪，可将其作为一个整体进行核查，记录不同孔生成的 C_t 值，按照式（5-7）计算 C_t 值精密度：

$$\text{RSD}_{C_{tl}} = \frac{1}{\overline{C}_{tm}} \sqrt{\frac{\sum_{l=1}^{m} (C_{tl} - \overline{C}_{tm})^2}{m-1}} \times 100\% \qquad (5\text{-}7)$$

式中　$\text{RSD}_{C_{tl}}$ ——仪器的 C_t 值精密度；

　　　C_{tl} ——仪器第 l 孔测得的 C_t 值；

　　　$\overline{C}_{tm}$ ——仪器 m 个孔测得的 C_t 值的平均值；

　　　m ——测量孔数，按图 5-4 布点，8 通道仪器 $m = 3$，16 通道仪器 $m = 6$。

3）检测结果的核查。

阴性符合率核查：将阴性质控品四个放入到快速核酸检测仪中，选择 FAM/ROX 通道进行检测。通过检测结果 C_t 值，判断目标通道是否均有阳性扩增，是否均为阴性。

阳性符合率核查：将阳性质控品稀释为四个阳性样本，选择 FAM/ROX 通道进行检测。通过检测结果 C_t 值，判断目标通道是否均有阳性扩增，是否均为阳性。

（10）核查结果的判定及处理

1）核查结果的判定。

温度偏差结果：若 30℃、50℃、60℃、70℃时温度偏差≤0.5℃，90℃时温度偏差≤0.6℃，95℃时温度偏差≤0.8℃，则温度偏差的核查结果符合要求，否则不符合要求。

温度均匀性结果：若 30℃、50℃、60℃、70℃时温度均匀性≤1.0℃，90℃、95℃时温度均匀性≤1.5℃，则温度均匀性的核查结果符合要求，否则不符合要求。

平均升温速度结果：快速核酸检测仪升温速度较传统 PCR 仪有极大提升，现有的 PCR 仪相关规范对平均升温速度的技术指标不适用于快速核酸检测仪。因此在核查时，可依据厂家说明书或厂家声明参数，若平均升温速度满足厂家说明书，则平均升温速度的核查结果符合要求，否则不符合要求。

平均降温速度结果：快速核酸检测仪降温速度较传统 PCR 仪有极大提升，现有的

PCR 仪相关规范对平均降温速度的技术指标不适用于快速核酸检测仪。因此在核查时，可依据厂家说明书或厂家声明参数，若平均降温速度满足厂家说明书，则平均降温速度的核查结果符合要求，否则不符合要求。

C_t 值重复性结果：若各通道 C_t 值重复性≤3%，则 C_t 值重复性的核查结果符合要求，否则不符合要求。

C_t 值精密度结果：若各通道 C_t 值精密度≤3%，则 C_t 值精密度的核查结果符合要求，否则不符合要求。

阴性符合率：若阴性对照品全部检测结果均为阴性，即阴性符合率为100%，则核查结果符合要求，否则不符合要求。

阳性符合率：若阳性对照品全部检测结果均为阳性，即阳性符合率为100%，则核查结果符合要求，否则不符合要求。

说明：核查结果判定原则，可根据核查规程所依据的文件或实验室的实际使用要求进行制定。

2）核查结果的处理：若核查结果符合要求，可继续使用；若核查的检测项目结果接近临界要求值时，应加大核查频次或采取其他有效措施（如校准）做进一步验证以规避风险。

（11）示例　基于 PCR 技术的变温快速核酸检测仪期间核查记录示例见表5-6。

表5-6　基于 PCR 技术的变温快速核酸检测仪期间核查记录示例

快速核酸检测仪期间核查记录				
被核查设备	型号		编号	制造厂/商
	Flash 20			卡尤迪
核查标准	名称	编号	型号规格	技术指标
	快速核酸检测仪温度专用校准装置		计量芯 Pro8X – T	$U = 0.06℃$，$k = 2$
	快速核酸检测仪光学专用校准装置		计量芯 Pro8X – L	320nm ~ 780nm
	阴性对照品			
	新型冠状病毒（SARS – CoV – 2）假病毒核酸标准物质	GBW（E）091132	ORF1ab：2.0×10^2 拷贝/μL N：2.0×10^2 拷贝/μL E：2.1×10^2 拷贝/μL	ORF1ab：$U_{rel} = 20\%$，$k = 2$ N：$U_{rel} = 20\%$，$k = 2$ E：$U_{rel} = 18\%$，$k = 2$
核查条件	温度：10℃ ~ 40℃；相对湿度：15% ~ 75%。			

（续）

核查记录					
核查项目：温度准确性、升降温速度，C_t 值重复性， 阳性符合率、阴性符合率				核查时间： 年 月 日	
环境条件		温度：25.5℃			湿度：41%
核查项目		核查结果			

核查项目	模块编号	设定温度/℃	平均温度/℃	温度偏差/℃	平均 升温速度/（℃/s）	平均 降温速度（℃/s）
温度准确性 升降温速度	模块1	30	29.81	0.19	8.31	3.55
		50	49.88	0.12		
		60	60.19	−0.19		
		70	70.16	−0.16		
		90	90.27	−0.27		
		95	90.40	−0.40		

核查项目	模块编号	FAM（Orf1 ab）C_t	ROX（N）C_t	结论
阴性符合率	模块1			阴性
				阴性
				阴性
				阴性

核查项目	模块编号	FAM（Orf1 ab）C_t	ROX（N）C_t	结论
阳性符合率	模块1	20.85	19.49	阳性
		19.94	19.62	阳性
		20.58	20.16	阳性
		20.84	20.09	阳性

核查项目	模块编号	通道	测量次数	C_t	平均值	重复性 （RSD）
C_t 值重复性	模块1	FAM	1	23.25	23.20	0.69%
			2	22.99		
			3	23.12		
			4	23.41		
			5	23.08		
			6	23.33		
		ROX	1	23.15	23.10	0.97%
			2	23.08		
			3	23.45		
			4	22.98		
			5	22.86		
			6	23.05		

（续）

核查记录							
核查项目：温度准确性、升降温速度，C_t 值重复性，阳性符合率、阴性符合率					核查时间：　年　月　日		
环境条件		温度：25.5℃				湿度：41%	
核查项目	核查结果						
	模块编号	通道	测量次数	C_t		平均值	重复性（RSD）
C_t 值重复性	模块1	HEX	1	22.96		23.10	1.35%
			2	22.6			
			3	23.3			
			4	23.52			
			5	23.08			
			6	23.11			
		CY5	1	23.46		23.19	0.69%
			2	23.14			
			3	23.05			
			4	23.18			
			5	23.26			
			6	23.02			
	模块编号	核查点	核查项目	技术指标		结论	
核查结果判定	模块1	30℃、50℃、60℃、70℃	温度偏差/℃	≤0.5		☑符合 □不符合	
		90℃		≤0.6			
		95℃		≤0.8			
		50℃~90℃	平均升温速度/（℃/s）	≥7.0（厂家说明书要求）		☑符合 □不符合	
		90℃~50℃	平均降温速度/（℃/s）	≥1.5（厂家说明书要求）		☑符合 □不符合	
		FAM/ROX通道	阴性符合率	阴性符合率100%		☑符合 □不符合	
		FAM/ROX通道	阳性符合率	阳性符合率100%		☑符合 □不符合	
		FAM/ROX/HEX/CY5通道	C_t 值重复性	≤3%		☑符合 □不符合	
核查结果的处理							
☑继续使用　　□停止使用，查找原因							
核查人				复核			

注：1. 表中以模块1为例核查，模块2、3、4可参考增加表格进行同样核查记录。

　　2. 技术指标可根据实验室试验要求或依据规范选择。

　　3. 可根据实验室条件增加或减少核查项目。

2. 恒温快速核酸检测仪的期间核查方法

（1）范围 本核查规程适用于基于核酸恒温扩增技术的快速核酸检测仪的期间核查。

（2）概述 本核查规程以快速核酸检测仪温度专用校准装置测定快速核酸检测仪控温系统的温度准确度、平均升温速度、温度持续时间准确度等指标；以阴性对照品和阳性对照品测定快速核酸检测仪的阴性符合率和阳性符合率，以综合判定是否符合仪器技术标准。

（3）制定依据 厂家说明书、厂家SOP。

说明：可根据所属领域增加或减少制订依据。目前，快速核酸检测仪尚无专用校准规范，基于核酸恒温扩增技术的快速核酸检测仪尚无可直接依据的国家标准、行业标准或其他技术规范。本期间核查方法针对仪器特性，以厂家说明书、厂家SOP为制订依据进行期间核查规程的编写。

（4）被核查设备 被核查设备为核酸扩增检测分析仪，型号为UC0104，制造厂商为杭州优思达生物技术有限公司。

（5）核查标准 核查标准见表5-7。

表5-7 核查标准

名称	编号	型号规格	技术指标
恒温快速核酸检测仪温度专用校准装置		计量芯 Pro9X-T	$U = 0.06℃$，$k = 2$
阴性对照品			
新型冠状病毒（SARS-CoV-2）假病毒核酸标准物质	GBW（E）091132	ORF1ab：2.0×10^2拷贝/μL N：2.0×10^2拷贝/μL E：2.1×10^2拷贝/μL	ORF1ab：$U_{rel} = 20\%$，$k = 2$ N：$U_{rel} = 20\%$，$k = 2$ E：$U_{rel} = 18\%$，$k = 2$

（6）核查的环境条件要求 温度：10℃~40℃；相对湿度：15%~75%。

（7）核查项目

1）温度核查项目：温度准确度、平均升温速度、温度持续时间准确度。温度核查点：45℃、90℃，时间核查点：600s。

2）检测结果核查项目：阴性符合率、阳性符合率。

（8）核查频次 每个计量检定周期内至少应做一次期间核查，也可根据设备的使用频率制订核查频次。

（9）核查方法

1）温度核查。基于核酸恒温扩增技术的快速核酸检测仪普遍为独立模块分别控制，温度核查时可对每个模块逐个或同时进行核查。温度核查示意图如图5-5所示。在"温控系统"界面按照核查点设置仪器温度。以模块1为例，将恒温快速核酸检测仪温度专用校准装置放入快速核酸检测仪模块1中，该专用装置可同时对模块1的上

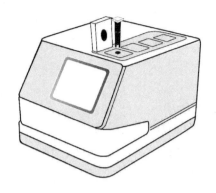

图 5-5　温度核查示意图

部区、中部区和下部区温度进行测量和记录。放入后，扫描上部、中部和下部测温二维码，启动设备，进行温度测试并记录全程温度数据。同理操作仪器的其他待核查模块。

中部区、上部区及下部区45℃、90℃核查点的温度示值误差按照式（5-8）计算：

$$\Delta T_{\mathrm{d}} = T_{\mathrm{s}} - \overline{T}_{\mathrm{c}} \tag{5-8}$$

式中　ΔT_{d}——该工作区域内的温度示值误差（℃）；

　　　T_{s}——该工作区域内的设定温度值（℃）；

　　　$\overline{T}_{\mathrm{c}}$——该工作区域温度平稳阶段测温传感器测量值的平均值（℃）。

上部区核查仪器从45℃升至90℃时的升温速度，平均升温速度按照式（5-9）计算：

$$v_{\mathrm{up}} = \frac{T_B - T_A}{t} \tag{5-9}$$

式中　v_{up}——上部区平均升温速度（℃/s）；

　　　T_A——上部区45℃温度点时实测温度值（℃）；

　　　T_B——上部区90℃温度点时实测温度值（℃）；

　　　t——从T_A到达T_B的时间（s）。

中部区核查仪器从45℃升至70℃时的升温速度，平均升温速度按照式（5-10）计算：

$$v_{\mathrm{mid}} = \frac{T_D - T_C}{t} \tag{5-10}$$

式中　v_{mid}——中部区平均升温速度（℃/s）；

　　　T_C——中部区45℃温度点时实测温度值（℃）；

　　　T_D——中部区70℃温度点时实测温度值（℃）；

　　　t——从T_C到达T_D的时间（s）。

下部区核查仪器从45℃升至60℃时的升温速度，平均升温速度按照式（5-11）计算：

$$v_{\text{lower}} = \frac{T_F - T_E}{t} \tag{5-11}$$

式中　v_{lower}——下部区平均升温速度（℃/s）；

　　　T_E——下部区45℃温度点时实测温度值（℃）；

　　　T_F——下部区60℃温度点时实测温度值（℃）；

　　　t——从T_E到达T_F的时间（s）。

温度持续时间准确性按照式（5-12）计算：

$$温度持续时间准确性 = \frac{t_m - t}{t} \times 100\%$$

式中　t_m——各区域实测记录的时间平均值；

　　　t——各区域设置的恒温时间。

2）检测结果的核查。

阴性符合率核查：将阴性质控品四个放入到快速核酸检测仪中，选择待核查通道如FAM、CY5进行检测。通过检测结果，判断目标通道是否均有阴性扩增，是否均为阴性。

阳性符合率核查：将阳性质控品稀释为四个阳性样本，选择待核查通道如FAM、CY5进行检测。通过检测结果，判断目标通道是否均有阳性扩增，是否均为阳性。

（10）核查结果的判定及处理

1）核查结果的判定。

平均升温速度：若上部区试管块从45℃升至90℃的平均升温速度≥0.8℃/s，中部区试管块从45℃升至70℃的平均升温速度≥0.5℃/s，下部区试管块从45℃升至60℃的平均升温速度≥0.5℃/s，则平均升温速度核查结果符合要求，否则不符合要求。

控温精度：若上部区、中部区、下部区试管块控温精度均≤0.5℃，则控温精度核查结果符合要求，否则不符合要求。

温度准确性：若上部区、中部区、下部区试管块温度准确性均≤0.5℃，则温度准确性核查结果符合要求，否则不符合要求。

温度持续时间准确度：若上部区、中部区、下部区试管块温度持续时间准确度均≤±10%，则温度持续时间准确度核查结果符合要求，否则不符合要求。

阴性符合率：若阴性对照品全部检测结果均为阴性，即阴性符合率为100%，则核查结果符合要求，否则不符合要求。

阳性符合率：若阳性对照品全部检测结果均为阳性，即阳性符合率为100%，则核查结果符合要求，否则不符合要求。

说明：核查结果判定原则可根据核查规程所依据的文件或实验室的实际使用要求进行制订。

2）核查结果的处理：若核查结果符合要求，可继续使用；若核查结果接近临界要求值，则应加大核查频次或采取其他有效措施（如校准）做进一步验证，以规避风险。

（11）示例　基于恒温核酸扩增技术的快速核酸检测仪期间核查记录示例见表5-8。

表5-8　基于恒温核酸扩增技术的快速核酸检测仪期间核查记录示例

快速核酸检测仪期间核查记录				
被核查设备	型号		编号	制造厂/商
	UC0104			优思达
核查标准	名称	编号	型号规格	最大允许误差
	恒温快速核酸检测仪温度专用校准装置		计量芯 Pro9X – T	$U = 0.06℃$，$k = 2$
	阴性对照品			
	新型冠状病毒（SARS – CoV – 2）假病毒核酸标准物质	GBW（E）091132	ORF1ab：2.0×10^2拷贝/μL N：2.0×10^2拷贝/μL E：2.1×10^2拷贝/μL	ORF1ab：$U_{rel} = 20\%$，$k = 2$ N：$U_{rel} = 20\%$，$k = 2$ E：$U_{rel} = 18\%$，$k = 2$
核查条件	温度：10℃~40℃；相对湿度：15%~75%。			

核查记录				
核查项目：温度示值误差、平均升温速度、温度持续时间准确度；阳性符合率、阴性符合率			核查时间：　年 月 日	
环境条件	温度：24℃		湿度：45%	
核查项目	核查结果			
温度示值误差	模块编号	核查点	上部	中部	下部
		45℃	0.27℃	0.32℃	0.16℃
		90℃	0.33℃	0.29℃	0.25℃
平均升温速度	模块1	45℃~90℃	1.20℃/s		
		45℃~70℃		0.81℃/s	
		45℃~60℃			1.09℃/s
温度持续时间准确度		600s	-1.17%	2.50%	3.89%

（续）

核查记录				
核查项目：温度示值误差、平均升温速度、温度持续时间准确度；阳性符合率、阴性符合率			核查时间： 年 月 日	
环境条件		温度：24℃	湿度：45%	
核查项目	核查结果			

阴性符合率	模块编号		核查结果	结论
	模块1	FAM 通道	全部正常扩增，曲线平滑，出阴性结果	阴性
		CY5 通道	全部正常扩增，曲线平滑，出阴性结果	阴性

阳性符合率	模块编号		核查结果	结论
	模块1	FAM 通道	全部正常扩增，曲线平滑，出阳性结果	阳性
		CY5 通道	全部正常扩增，曲线平滑，出阳性结果	阳性

核查结果判定	模块编号	核查点	核查项目	技术指标	结论
	模块1	45℃、90℃	温度偏差	≤0.5℃	☑符合 □不符合
		上部 45℃~90℃	平均升温速度	≥0.8℃/s	☑符合 □不符合
		中部 45℃~70℃		≥0.5℃/s	
		下部 45℃~60℃		≥0.5℃/s	☑符合 □不符合
		1200s	温度持续时间准确度	≤±10%	☑符合 □不符合
		FAM/CY5 通道	阴性符合率	阴性符合率100%	☑符合 □不符合
		FAM/CY5 通道	阳性符合率	阳性符合率100%	☑符合 □不符合

核查结果的处理	
☑继续使用 □停止使用，查找原因	
核查人	复核

注：1. 表中以模块1为例核查，模块2、3、4可参考增加表格进行同样核查记录。

2. 可根据实验室条件增加或减少核查项目。

第六节　快速核酸检测仪异常使用情况案例分享

建立良好的质量控制体系，是确保检测结果准确可靠的基础。但在实际检测过程中，由于检测人员工作经验、仪器操作熟练度及对质量控制体系的理解存在差异，可能导致检测结果不理想。本节通过介绍实际发生的质控失效案例，进一步提升检测人员对质量控制体系的认识，从而提高检测结果质量。

一、案例分析

（一）仪器性能异常案例

案例1：高温报警

散热器温度过高是导致仪器报警最常见的原因。标识牌（校准证或其他）遮挡仪器散热孔、仪器放置间距过小、使用环境灰尘过多都会导致散热器温度过高。因此在使用仪器时，应保证仪器散热孔处无遮挡，散热孔与物体间距应大于30cm；仪器不应摆放过密，仪器间距应大于50cm；仪器尽可能在室内使用，室内环境应洁净通风且避免强光直射，室内温度应控制在10℃～30℃，相对湿度为20%～85%，如果某实验室冬天温度过低、夏天温度过高，且室内没有温度调节系统，那么会导致仪器频繁报警；仪器严禁在有热源或爆炸性环境中使用。

案例2：仪器异常退出

使用过程中仪器异常退出界面，可能是适配器插头与仪器插座接口没有锁紧或连接不牢固；连接时产生火花或异响是由适配器插头与仪器紧固螺钉接触后短路造成，建议先把适配器插头与仪器插座连接好后，再连接220V电源。若计算机电量充足但无法正常开机，可以拔下电源线，按住电源键15s后松开，重复三次（释放静电）后再尝试开机，若还未正常开机，则考虑是计算机故障，需返厂维修。

案例3：仪器温控异常导致检测失败

仪器控温性能异常导致温度没有达到设定反应温度，取出耗材后发现蜡块没有正常浮起。该设备正常控温分为三个温区，在上部区温度应为95℃。温度反应正常时，检测完成后蜡块会浮起。若发现蜡块未浮起现象，则可基本判定设备的控温性能已经失常，需要联系厂家对控温系统进行维修。

案例4：通信错位无法连接下位机

仪器发生通信错位无法连接下位机时，应检查升级开关所处状态，将升级开关从"升级"状态调整到"Normal"状态即可恢复连接。

仪器USB（通用串行总线）接口未直接连接计算机而是通过HUB（集线器）连接，也会导致仪器驱动无法识别，发生计算机与仪器无法连接的情况。此时应重启仪器和计算机，重新插拔仪器端和计算机端的通信线缆，确保线缆正常连接，更新驱动程序。若没有该驱动，则安装驱动后重启软件与仪器。若以上方法均无效，则考虑通信板故障，需返厂维修。

案例 5：无法启动试验（软件报错）

单击启动试验后出现软件报错，在确认仪器与计算机均处于正常工作状态后，通过以下方法排除系统问题：重启计算机和仪器，多次启动实验，如果时而可正常启动时而无法启动，那么应考虑系统问题，或将仪器连接到另一台确定可以正常启动试验的计算机上；如果可以正常启动试验，那么也应考虑系统问题，建议进行降级操作。排除系统问题后，可对每个模块独立启动试验，观察启动试验情况。若某个模块多次无法启动试验，则考虑硬件故障，需返厂维修。

案例 6：无法结束试验

若试验倒计时完成后，"剩余时间"长时间显示"即将结束"或者倒计时不变化，仪器对应模块的指示灯常亮，则应重启仪器和软件，重新启动试验。观察软件右下角对应模块的实时温度是否与其他模块升降温一致，若温度变化相差较大，则考虑硬件问题，应联系厂家技术支持。

案例 7：配套软件出现错误警告弹窗

使用过程中，若仪器出现错误报警弹窗，显示模块温度异常，则是因为仪器模块温度升高，导致热保护。此时应重启仪器和软件，并重新连接 USB 线缆，待仪器降温后重新启动试验。若仪器降温后情况没有改善，需关闭仪器并联系厂家技术支持。

案例 8：检测失败

检测失效指无法完成检测或未能获得检测结果，一般由操作人员对仪器的操作流程不熟悉引起。例如在某次检测过程中，试验人员在倒计时过程中单击了终止按钮，提前终止实验，检测未完成。

案例 9：环境光源对仪器影响

快速核酸检测仪通过检测荧光强度进行定量分析，使用不当导致自然光泄露会对仪器光路造成干扰。例如在某次试验中，试验人员忘记放下遮光盖，导致外界自然光进入了分析仪内，仪器感光器误将部分自然光识别成荧光，造成曲线异常跳动。此外，操作时未将 PCR 反应管插到孔底也会导致荧光曲线异常。

（二）仪器维护不当案例

案例 1：阳性样本污染

对快速核酸检测仪器的清洁和消杀工作，应严格按照公司或实验室仪器保养 SOP 执行。通过对快速核酸检测仪器一日一次或者多次清洁和消杀工作，确保仪器不被污染，影响检测结果。河南某县级医院在疫情平稳期，检测需求下降，检测人员疏于对仪器的维护，在某次做完阳性对照试验后，未按照质控程序规定的清洁周期对仪器进行清洁和消杀。在后续样品检测中，多个样本结果出现阳性，在对样本进行复测时，发现这些样本均为阴性。经过排查，发现由于阳性样本对照试验中样本泄露，导致仪器污染，在进行污染治理后，仪器恢复正常。

案例 2：消毒方法不当引起屏幕失灵

一些触屏仪器在使用过程中，会有触屏失灵或屏幕产生水印的状况。经过技术人员跟踪分析发现，试验人员采用了喷洒方式对屏幕消毒，消毒液进入屏幕导致触屏内部损坏。针对屏幕、机器外壳消毒应采用无尘布蘸消液擦拭表面的方法。除此之外，存储数据过多也会导致屏幕失灵。

案例3：维护不当引起曲线异常或仪器损坏

日常维护清洁，用乙醇或消毒剂浸泡过的湿布清理仪器表面即可，长期直接用乙醇喷洒仪器的检测通道孔，会导致液体进入仪器内部，造成仪器内部生锈腐蚀，影响检测结果甚至引发仪器故障。

案例4：消毒方法不当引起曲线异常

部分实验室在试验中发现，试管锥孔内（或其他形状反应孔）有消毒液等异物残留会产生荧光曲线异常的现象。不能对仪器试管锥孔喷洒消毒液，应采用脱脂棉或无尘布蘸75%医用乙醇（不可用其他消毒液）擦拭锥孔内部的方法进行消毒，蘸乙醇的脱脂棉或无尘布潮湿即可，不能饱和滴液，擦拭过程中锥孔壁不能有划痕漏白。

（三）耗材保存不当案例

案例：耗材储存温度不当

检测使用的耗材包括采样管、反应管、反应试剂等，以上耗材应与使用仪器配套，且严格按照生产厂家规定的温度环境下保存；使用过程中应确保试剂处于有效期内，及时处理过期试剂。例如某次检测过程中，试验人员误将需要2℃~8℃冷藏的采样管储存在常温实验室中，导致试验失败。

（四）耗材不匹配案例

案例1：细胞保存液与扩增试剂不匹配

由于不同仪器厂家生产的快速核酸检测仪的反应机理不相同，因此，试验时必须特别注意耗材与检测仪器、保存液和反应试剂的匹配问题。若需更换耗材和试剂，应同仪器生产商确认，并进行匹配性试验。江苏某人民医院发热门诊，因采用的细胞保存液与扩增试剂无法匹配，造成核酸检测失败。某检测机构采用了不匹配的保存液，导致提取过程卡磁珠，影响提取扩增，导致结果无效。如果必须采用新型号保存液时，那么可将科室使用的病毒保存液交由实验室或者仪器生产商做适配性研究，若有明显的不适配，则建议更换病毒保存液。

案例2：仪器与试剂不匹配

仪器和试剂的匹配是结果正确性的根本保障，若试剂的荧光强度高于仪器检测范围，则荧光曲线超量程；若试剂的荧光强度低于仪器的检测范围，则表现为无荧光信号。当出现以上荧光曲线异常的情况时，可能由于仪器和试剂不匹配导致。此外，试剂配置不当也会导致荧光曲线异常。

（五）采样失败案例

案例1：未采到有效成分

由于扩增体系采用人源性内标，某些地区在进行大规模核酸筛查时，由于部分采样人员采样方法不正确，没有采到有效样本，导致内标无扩增，结果显示无效。此外，忘记加核酸提取液，也会导致该现象。

案例2：提取操作失败

应当保证试剂条装载的四连管底部没有气泡，否则会造成提取失败，使得反应管没有足够量的反应体系。例如，某些型号的仪器在试验过程中，快速体系需要加入 $1\mu L \sim 2\mu L$ 的酶到反应管，加液量很小，需要注意贴反应管内壁注入。提取完成后需要将反应管瞬时离心，并且观察液体量是否足够。需要将反应管装载在准确的位置。有些实验室在操作过程中，未严格按照操作手册操作，造成仪器无法正确采集荧光信号。

（六）环境污染案例

案例1：实验室环境污染

2020年，某地区由于长时间内没有新冠病毒肺炎病例，当地一家三甲医院新冠病毒检测人员放松警惕，未按规定定时开展实验室环境样本检测工作。在一次日常核酸检测时，发现了大量阳性结果，由于检测结果不符合一般突发传染性疾病的发展规律，因此怀疑结果异常。经过对环境样本采样分析后发现环境样本均为阳性，在对试验环境和仪器重新消杀后，对可疑样本重新采样检测，结果显示样本均为阴性。经过对仪器、试剂、操作程序等影响因素的排查，判定结果为实验室消毒不彻底，导致环境中残存阳性核酸污染样本。

案例2：实验室气溶胶污染

2021年，北京某医院开展核酸检测时，发现阳性结果，用同一实验室内另一台快速核酸检测仪复测同样是阳性结果。但送至其他实验室做平行样检测结果为阴性，经疾控中心复测最终确定为阴性。该医院对导致假阳性的结果进行追溯，测试后判定结果为实验室存在气溶胶污染，导致假阳性结果的出现。

二、经验与总结

快速核酸检测过程中各个环节都可能会影响检测结果的准确度，如试剂质量、采样方式、样品质量、操作人员、仪器性能等。为了获得准确的检测结果，核酸检测实验室应根据自身具体情况，制订完整、合理和科学的技术操作规程、生物安全防护管理制度、结果质量保证措施、质控方案和结果报告规范等。核酸检测实验室必须保证仪器、试剂、人员、环境处于可控状态，保证仪器的工作环境能够满足仪器的设计要求，保证仪器能够按照要求进行定期保养、维护、期间核查、校准，保证仪器的状态良好。检测所用试剂应和使用仪器匹配，试剂应在规定的环境条件中保存，并且注意保存期限。定期对采样和试验人员进行充分和有效的培训，仪器使用及维护人员应熟悉操作方法和操作要点。实验室环境能够符合相关要求，保证无泄漏，定期消毒，并定期开展防止气溶胶污染、防止环境污染的培训。根据以往的试验数据统计，试验技术人员操作不当为测试结果无效的主要原因。常见异常原因汇总见表5-9。希望试验人员能够避免类似错误，提高检测有效性。

表5-9　常见异常原因汇总

异常类型	现象	原因	解决措施
仪器性能异常	高温报警	仪器散热孔遮挡；仪器距离过小；房间内温度过高	需要给仪器留有足够的空间；仪器旁边不要有异物；保持实验室内温度合适
	异常退出	仪器电源接触不良；计算机或软件故障	更换仪器电源；重装软件或更换计算机
	开机有火花或异响	电源短路	维修或更换电源模块；检查内部电路
	仪器无法通信	升级开关档位有误；集线器无法识别驱动	保证仪器状态正常；重新安装驱动程序
	无法启动实验	计算机系统有问题；硬件错误	对计算机系统进行升级或降级；更换计算机；返场维修
	无法结束实验	硬件错误	重启仪器；返厂维修
维护不当	阳性污染	未按时消毒或消毒不彻底	按照 SOP 要求定期消毒，保证消毒质量；定期开展防止气溶胶等污染的培训
	屏幕失灵	消毒液进入触摸屏	采用擦拭方法进行表面消毒
	仪器内部锈蚀	消毒液进入仪器内部	采用擦拭方法进行表面消毒
	荧光曲线异常	消毒液残留在锥孔内；锥孔内有划痕	应采用脱脂布棉或无尘布蘸75%医用乙醇（不可用其他消毒液）擦拭锥孔内部的方法进行消毒，蘸乙醇的脱脂布棉或无尘布潮湿即可，不能饱和滴液
试剂保存不当	结果异常或无扩增结果	试剂未按要求温度保存；试剂超过保质期使用	试剂应按照出厂要求放置在相应的环境中，定期检查试剂保质期限
试剂耗材不匹配	无检测结果	保存液与反应液不匹配	使用仪器厂商推荐的试剂，如需更换试剂，应做匹配性试验
	荧光曲线异常	试剂荧光强度高于或低于仪器要求	更换试剂
采样失败	内标无扩增	未采集到有效标本；未加反应液；保存液中有杂质，堵塞通道	按照要求进行有效采样；确保操作流程正确；确保采样器无纤维脱落；发现保存液中有杂质时可离心后取上清液进行后续试验
	荧光信号异常	反应管内有气泡；反应管未离心或离心不充分；反应管加样量不够；反应管装载不到位	按照操作规范进行加样、离心、装载操作
	样本假阳性	采样过程污染	严格按照流程采样
环境污染	假阳性	环境阳性样本污染	按照规定定期对环境进行消毒

参 考 文 献

［1］ DOHNO C, NAKATANI K. Control of DNA hybridization by photoswitchable molecular glue ［J］. Chemical Society Reviews, 2011, 40 (12): 5718 – 5729.

［2］ 谷志远, 赵亚力. 现代医学分子生物学 ［M］. 北京: 人民军医出版社, 2004.

［3］ MULLIS K B, FALOONA F A. Specific synthesis of DNA in vitro via a polymerase – catalyzed chain reaction ［J］. Methods Enzymol, 1987, 155: 335 – 350.

［4］ 姜文灿, 岳素文, 江洪, 等. TaqMan 探针法实时荧光定量 PCR 的应用和研究进展 ［J］. 临床检验杂志, 2015, 4 (1): 797 – 805.

［5］ 吕建新. 分子生物学 ［M］. 北京: 高等教育出版社, 2010.

［6］ NAVARRO E, SERRANO – HERAS G, CASTAÑO M J, et al. Real – time PCR detection chemistry ［J］. Clinica Chimica Acta. 2015, 15 (439): 231 – 250.

［7］ 林佳琪, 苏国成, 苏文金, 等. 数字 PCR 技术及应用研究进展 ［J］. 生物工程学报, 2017, 33 (2): 170 – 177.

［8］ 汪琳, 罗英, 周琦, 等. 核酸恒温扩增技术研究进展 ［J］. 生物技术通信, 2011, 22 (2): 296 – 302.

［9］ BAI Z, XIE H, YOU Q, et al. Isothermal cross – priming amplification implementation study ［J］. Lett Appl Microbiol, 2015, 60 (3): 205 – 209.

［10］ WHITESIDES G M. The origins and the future of microfluidics ［J］. Nature, 2006, 442 (7101): 368 – 373.

［11］ 潘柏申, 尚红, 陈文祥. POCT 临床应用建议 ［J］. 中华检验医学杂志, 2012 (1): 10 – 16.

［12］ GUBALA V, HARRIS L F, RICCO A J, et al. Point of care diagnostics: status and future ［J］. Analytical Chemistry, 2012, 84 (2): 487 – 515.

［13］ 唐时幸, 李文美. 核酸检测 POCT 应用的现状与发展 ［J］. 中华检验医学杂志, 2014, 37 (11): 824 – 827.

［14］ XU G, HU L, ZHONG H, et al. Cross priming amplification: mechanism and optimization for isothermal DNA amplification ［J］. Scientific Reports, 2012, 2 (246).

［15］ 马亮, 崔淑娟, 韩呈武, 等. 核酸快速检测系统在新型冠状病毒检测中的应用评价 ［J］. 中华预防医学杂志, 2021, 55 (2): 219 – 225.

［16］ VAN RIE A, PAGE – SHIPP L, SCOTT L, et al. Xpert (®) MTB/RIF for point – of – care diagnosis of TB in high – HIV burden, resource – limited countries: hype or hope? ［J］. Expert Review of Molecular Diagnostics, 2010, 10 (7): 937 – 946.

［17］ ULRICH M P, CHRISTENSEN D R, COYNE S R, et al. Evaluation of the Cepheid GeneXpert system for detecting Bacillus anthracis ［J］. Journal of Applied Microbiology, 2006, 100 (5), 1011 – 1016.

［18］ PORITZ M A, BLASCHKE A J, BYINGTON C L, et al. FilmArray, an automated nested multiplex PCR system for multi – pathogen detection: development and application to respiratory tract infection ［J］. PLoS One, 2011, 6 (10): e26047.

［19］ BISSONNETTE L, BERGERON M G. The GenePOC platform, a rational solution for extreme point – of – care testing ［J］. Micromachines (Basel), 2016, 7 (6): 94.

[20] SPIZZ G, YOUNG L, YASMIN R, et al. Rheonix CARD（®）technology：an innovative and fully automated molecular diagnostic device［J］. Point Care, 2012, 11（1）：42－51.

[21] LEE H H, DINEVA M A, CHUA Y L, et al. Simple amplification－based assay：a nucleic acid－based point－of－care platform for HIV－1 testing［J］. The Journal of Infections Diseases, 2010, 201（Supplement_1）：S65－S72.

[22] NIE S, ROTH R B, STILES J, et al. Evaluation of alere i influenza A&B for rapid detection of influenza viruses A and B［J］. Journal of Clinical Microbiology, 2014, 52（9）：3339－3344.

[23] GRANATO P A, UNZ M M, WIDEN R H, et al. Clinical evaluation of the iCubate iC－GPC assay for detection of gram－positive bacteria and resistance markers from positive blood cultures［J］. Journal of Clinical Microbiology, 2018, 56（9）：e00485－18.

[24] LING L, KAPLAN S E, LOPEZ J C, et al. Parallel validation of three molecular devices for simultaneous detection and identification of influenza A and B and respiratory syncytial viruses［J］. Journal of Clinical Microbiology, 2018, 56（3）：e01691－17.

[25] GIBSON J, SCHECHTER－PERKINS E M, MITCHELL P, et al. Multi－center evaluation of the cobas® Liat® influenza A/B & RSV assay for rapid point of care diagnosis［J］. Journal of Clinical Virology, 2017, 95：5－9.

[26] 凌利芬, 陆学东, 汤一苇. 血流感染的实验室诊断进展研究［J］. 中华医院感染学杂志, 2018, 28（14）：2234－2240.

[27] 刘全忠. 生殖道沙眼衣原体感染研究的挑战：临床与检验［J］. 国际流行病学传染病学杂志, 2020, 47（5）：392－397.

[28] 宋煊, 周英. 生殖道沙眼衣原体感染快速检测方法的应用进展［J］. 国际流行病学传染病学杂志, 2020, 47（5）：427－430.

[29] GAYDOS C A, VAN DER PL B, JETT－GOHEEN M, et al. Performance of the cepheid CT/NG xpert rapid PCR test for detection of chlamydia trachomatis and neisseria gonorrhoeae［J］. Journal of Clinical Microbiology, 2013, 51（6）：1666－1672.

[30] GOLDENBERG S D, FINN J, SEDUDZI E, et al. Performance of the genexpert CT/NG assay compared to that of the aptima AC2 assay for detection of rectal chlamydia trachomatis and neisseria gonorrhoeae by use of residual aptima samples［J］. Journal of Chinical Microbiology, 2012, 50（12）：3867－3869.

[31] KRÕLOV K, FROLOVA J, TUDORAN O, et al. Sensitive and rapid detection of chlamydia trachomatis by recombinase polymerase amplification directly from urine samples［J］. The Journal of Molecular Diagnostics, 2014, 16（1）：127－135.

[32] MELENDEZ J H, HUPPERT J S, JETT－GOHEEN M, et al. Blind evaluation of the microwave－accelerated metal－enhanced fluorescence ultrarapid and sensitive chlamydia trachomatis test by use of clinical samples［J］. Journal of Chinical Microbiology, 2013, 51（9）：2913－2920.

[33] FIFER H, ISON C A. Nucleic acid amplification tests for the diagnosis of neisseria gonorrhoeae in low－prevalence settings：a review of the evidence［J］. Sexually Transmitted Infections, 2014, 90（8）：577－579.

[34] 杨潮, 马秋艳, 郑玉红, 等. 新型冠状病毒传播途径［J］. 中华预防医学杂志, 2020（4）：374－377.

[35] 王华庆. 严重呼吸系统综合征、甲型 H1N1 大流行性流感、新型冠状病毒肺炎流行病学和临床

学特征比较及启示［J］. 中华预防医学杂志，2020，54（7）：713-719.

［36］ZHEN W, SMITH E, MANJI R, et al. Clinical evaluation of three sample - to - answer platforms for detection of SARS - CoV - 2［J］. Journal of Clinical Microbiology, 2020, 58（8）：e00783 - 20.

［37］RUDOLPH D L, SULLIVAN V, OWEN S M, et al. Detection of acute HIV - 1 infection by RT - LAMP［J］. PLoS One, 2015, 10（5）：e0126609.

［38］NYAN D C, ULITZKY L E, CEHAN N, et al. Rapid detection of hepatitis B virus in blood plasma by a specific and sensitive loop - mediated isothermal amplification assay［J］. Clinical Infectious Diseases, 2014, 59（1）：16 - 23.

［39］HAN E T, WATANABE R, SATTABONGKOT J, et al. Detection of four plasmodium species by genus - and species - specific loop - mediated isothermal amplification for clinical diagnosis［J］. Journal of Clinical Microbiology, 2007, 45（8）：2521 - 2528.

［40］KARANIS P, THEKISOE O, KIOUPTSI K, et al. Development and preliminary evaluation of a loop - mediated isothermal amplification procedure for sensitive detection of cryptosporidium oocysts in fecal and water samples［J］. Applied and Environmental Microbiology, 2007, 73（17）：5660 - 5662.

［41］NIKOLSKAIA O V, THEKISOE O M, DUMLER J S, et al. Loop - mediated isothermal amplification for detection of the 5.8S ribosomal ribonucleic acid internal transcribed spacer 2 gene found in trypanosoma brucei gambiense［J］. The American Journal of Tropical Medicine and Hygiene, 2017, 96（2）：275 - 279.

［42］LAU Y L, MEGANATHAN P, SONAIMUTHU P, et al. Specific, sensitive, and rapid diagnosis of active toxoplasmosis by a loop - mediated isothermal amplification method using blood samples from patients［J］. Journal of Clinical Microbiology, 2010, 48（10）：3698 - 3702.

［43］EULER M, WANG Y, HEIDENREICH D, et al. Development of a panel of recombinase polymerase amplification assays for detection of biothreat agents［J］. Journal of Clinical Microbiology, 2013, 51（4）：1110 - 1117.

［44］ESCADAFAL C, PAWESKA J T, GROBBELAAR A, et al. International external quality assessment of molecular detection of Rift Valley fever virus［J］. PLoS Neglected Tropical Diseases, 2013, 7（5）：e2244.

［45］HOU P, ZHAO G, WANG H, et al. Development of a recombinase polymerase amplification combined with lateral - flow dipstick assay for detection of bovine ephemeral fever virus［J］. Mdecular and Cellular Probes, 2018, 38：31 - 37.

［46］ABD E W A, EI - DEEB A, EI - THOLOTH M, et al. A portable reverse transcription recombinase polymerase amplification assay for rapid detection of foot - and - mouth disease virus［J］. PLoS One, 2013, 8（8）：e71642.

［47］ABD E W A, PATEL P, HEIDENREICH D, et al. Reverse transcription recombinase polymerase amplification assay for the detection of middle east respiratory syndrome coronavirus［J］. PLoS Currents, 2013, 5.

［48］秦智伟，薛亮，高珺珊，等. 食源性病毒核酸恒温检测技术研究进展［J］. 微生物学通报，2021，48（1）：266 - 277.

［49］LIM H S, ZHENG Q, MIKS - KRAJNIK M, et al. Evaluation of commercial kit based on loop - mediated isothermal amplification for rapid detection of low levels of uninjured and injured Salmonella on duck meat, bean sprouts, and fishballs in Singapore [J]. Journal of Food Protection, 2015, 78 (6): 1203 - 1207.

[50] ARAI S, TOHYA M, YAMADA R, et al. Development of loop - mediated isothermal amplification to detect Streptococcus suis and its application to retail pork meat in Japan [J]. International Journal of Food Microbiology, 2015, 208: 35 - 42.

[51] 罗力涵, 张波. 环介导等温扩增技术及其在传染性疾病检测中的应用 [J]. 中国国境卫生检疫杂志, 2014, 37 (1): 68 - 72.

[52] DEB R, SENGAR G S, SINGH U, et al. LAMP assay for rapid diagnosis of cow DNA in goat milk and meat samples [J]. Iranian Journal of Veterinary Research, 2017, 18 (2): 134 - 137.

[53] 高威芳, 朱鹏, 黄海龙. 重组酶聚合酶扩增技术: 一种新的核酸扩增策略 [J]. 中国生物化学与分子生物学报, 2016, 32 (6): 627 - 634.

[54] 杨琳艳, 杨旭, 范冬梅, 等. 中国人群常见的药物代谢相关基因多态位点及其检测方法 [J]. 分子诊断与治疗杂志, 2017, 9 (5): 358 - 363.

[55] 姜睿姣, 张鹏飞, 朱光恒, 等. 非洲猪瘟检测技术进展 [J]. 病毒学报, 2019, 35 (3): 523 - 532.

[56] JAROENRAM W, OWENS L Recombinase polymerase amplification combined with a lateral flow dipstick for discriminating between infectious penaeus stylirostris densovirus and virus - related sequences in shrimp genome [J]. Journal of Virological Methods, 2014, 208: 144 - 151.

[57] XIA X, YU Y, WEIDMANN M, et al. Rapid detection of shrimp white spot syndrome virus by real time, isothermal recombinase polymerase amplification assay [J]. PLoS One, 2014, 9 (8): e104667.

[58] MEKURIA T A, ZHANG S, EASTWELL K C. Rapid and sensitive detection of little cherry virus 2 using isothermal reverse transcription - recombinase polymerase amplification [J]. Journal of Virological Methods, 2014, 205: 24 - 30.

[59] ZHANG S, RAVELONANDRO M, RUSSELL P, et al. Rapid diagnostic detection of plum pox virus in prunus plants by isothermal amplifyRP (®) using reverse transcription - recombinase polymerase amplification [J]. Journal of Virological Methods, 2014, 207: 114 - 120.

[60] 杨秋林, 许丽芳, 张愉快, 等. 环介导等温扩增技术检测日本血吸虫尾蚴的实验研究 [J]. 中国血吸虫病防治杂志, 2008 (3): 209 - 211.

[61] 朱海, 汪奇志, 孙成松, 等. 淡水鱼华支睾吸虫囊蚴 LAMP 检测方法的建立 [J]. 热带病与寄生虫学, 2021, 19 (4): 181 - 184, 198.

[62] ZHUO X, KONG Q, TONG Q, et al. DNA detection of paragonimus westermani: diagnostic validity of a new assay based on loop - mediated isothermal amplification (LAMP) combined with a lateral flow dipstick [J]. Acta Tropicaica, 2019, 200: 105185.

[63] FERNÁNDEZ - SOTO P, GANDASEGUI J, CARRANZA RODRÍGUEZ C, et al. Detection of schistosoma mansoni - derived DNA in human urine samples by loop - mediated isothermal amplification (LAMP) [J]. PLoS One, 2019, 14 (3): e0214125.

[64] 徐祥珍, 金小林, 李健, 等. 环介导等温扩增技术检测细粒棘球绦虫 DNA 的初步研究 [J]. 中国血吸虫病防治杂志, 2011, 23 (5): 558 - 560, 565.

[65] 张森, 邓艳, 黄燕琼, 等. 环介导等温扩增法检测棘颚口线虫方法的建立 [J]. 现代食品科技, 2016, 32 (12): 308 - 313, 297.

[66] NKOUAWA A, SAKO Y, LI T, et al. Evaluation of a loop – mediated isothermal amplification method using fecal specimens for differential detection of taenia species from humans [J]. Journal of Clinical Microbiology, 2010, 48 (9): 3350 – 3352.

[67] SAKO Y, NKOUAWA A, YANAGIDA T, et al. Loop – mediated isothermal amplification method for a differential identification of human Taenia tapeworms [J]. Methods in Molecular Biology, 2013, 1039: 109 – 120.

[68] 张勤, 王永亮, 曹晓婉, 等. 应用重组酶介导逆转录扩增技术快速登革病毒血清型鉴定 [J]. 口岸卫生控制, 2020, 25 (6): 21 – 25.

[69] 袁帅, 郑夔, 洪烨, 等. 重组酶介导扩增方法快速检测寨卡病毒 [J]. 中国国境卫生检疫杂志, 2018, 41 (3): 159 – 161.

[70] 韩鹏宇, 孙殿兴. 环介导等温扩增技术应用于口岸病原体快速检测的现状及展望 [J]. 国际流行病学传染病学杂志, 2017, 44 (3): 202 – 205.

[71] 黄芸, 徐立新, 宋小凯, 等. 旋毛虫 LAMP 检测方法的建立与应用 [J]. 中国兽医科学, 2017, 47 (4): 461 – 465.

[72] 任书华. 人口流动强度与甲型 H1N1 流感和人感染 H7N9 禽流感流行的相关性研究 [J]. 现代预防医学, 2018, 45 (3): 537 – 542, 552.

[73] 王海峰, 张玉林, 张海丽. 便携式 PCR – CE 微流体芯片分析仪控制系统设计 [J]. 仪器仪表学报, 2006, 27 (10): 1195 – 1199.

[74] CHACON – CORTES D, GRIFFITHS L R. Methods for extracting genomic DNA from whole blood samples: current perspectives [J]. Journal of Biorepository Science for Applied Medicine. 2014, 2: 1 – 9.

[75] HAWKINS T. DNA purification and isolation using magnetic particles: 5705628 [P]. 1998 – 01 – 06.

[76] OBLATH E A, HENLEY W H, ALARIE J P, et al. A microfluidic chip integrating DNA extraction and real – time PCR for the detection of bacteria in saliva [J]. Lab on a Chip. 2013, 13 (7): 1325 – 1332.

[77] PRIVOROTSKAYA N, LIU Y S, LEE J, et al. Rapid thermal lysis of cells using silicon – diamond microcantilever heaters [J]. Lab on a Chip. 2010, 10 (9): 1135 – 1141.

[78] MORONEY R M, WHITE R M, HOWE R T. Ultrasonically induced microtransport [C] //Proceedings of the IEEE Micro Electro Mechanical Systems (MEMS' 91). Nara, 1991.

[79] CULAR S, BRANCH D W, BHETHANBOTLA V R, et al. Removal of nonspecifically bound proteins on microarrays using surface acoustic waves [J]. IEEE Sensors Journal, 2008, 8 (3): 314 – 320.

[80] HUGHES D E, NYBORG W L. Cell disruption by ultrasound [J]. Science, 1962, 138 (3537): 108 – 114.

[81] WANG L T, LI Y J, LIN A, et al. A self – focusing acoustic transducer that exploits cytoskeletal differences for selective cytolysis of cancer cells [J]. Journal of Microelectromechanical Systems, 2013, 22 (3): 542 – 552.

[82] MANZ A, GRABER N, WIDMER H M. Miniaturized total chemical analysis systems: a novel concept for chemical sensing [J]. Sensors and Actuators B Chemical, 1990, 1 (1 – 6): 244 – 248.

[83] YUEN P K, KRICKA L J, FORTINA P, et al. Microchip module for blood sample preparation and nucleic acid amplification reactions [J]. Genome Research, 2001, 11 (3): 405 – 412.

［84］LEE J G, CHEONG K H, HUH N, et al. Microchip – based one step DNA extraction and real – time PCR in one chamber for rapid pathogen identification［J］. Lab on a Chip, 2006, 6（7）：886 – 895.

［85］PRINZ C, TEGENFELDT J O, AUSTIN R H, et al. Bacterial chromosome extraction and isolation ［J］. Lab on a Chip, 2002, 2（4）：207 – 212.

［86］WAINRIGHT A, NGUYEN U T, Bjornson T, et al. Preconcentration and separation of double – stranded DNA fragments by electrophoresis in plastic microfluidic devices［J］. Electrophoresis, 2003, 24（21）：3784 – 3792.

［87］HO S N, HUNT H D, HORTON R M, et al. Site – directed mutagenesis by overlap extension using the polymerase chain reaction［J］. Gene, 1989, 77（1）：51 – 59.

［88］HINDSON B J, NESS K D, MASQUELIER D A, et al. High – throughput droplet digital PCR system for absolute quantitation of DNA copy number［J］. Analytical Chemistry, 2011, 83（22）：8604 – 8610.

［89］WANG Y, COOPER R, BERGELSON S, et al. Quantification of residual BHK DNA by a novel droplet digital PCR technology［J］. Journal of Pharmaceutical and Biomedical Analysis, 2018, 159：477 – 482.

［90］GOOTENBERG J S, ABUDAYYEH O O, LEE J W, et al. Nucleic acid detection with CRISPR – Cas13a/C2c2［J］. Science, 2017, 356（6336）：438 – 442.

［91］THORSEN T, MAERKL S J, QUAKE S R. Microfluidic large – scale integration［J］. Science, 2002, 298（5593）：580 – 584.

［92］YAGER P, EDWARDS T, FU E, et al. Microfluidic diagnostic technologies for global public health ［J］. Nature, 2006, 442（7101）：412 – 418.

［93］S V, PAMULA V K, FAIR R B. An integrated digital microfluidic lab – on – a – chip for clinical diagnostics on human physiological fluids［J］. Lab on a Chip, 2004, 4（4）：310 – 315.

［94］BEEBE D J, MOORE J S, BAUER J M, et al. Functional hydrogel structures for autonomous flow control inside microfluidic channels［J］. Nature, 2000, 404（6778）：588 – 590.

［95］DELANEY J L, HOGAN C F, TIAN J, et al. Electrogenerated chemiluminescence detection in paper – based microfluidic sensors［J］. Analytical Chemistry, 2011, 83（4）：1300 – 1306.

［96］李金明, 张瑞. 新型冠状病毒感染临床检测技术［M］. 北京：科学出版社, 2020.

［97］李金明. 实时荧光 PCR 技术［M］. 2 版. 北京：科学出版社, 2016.

［98］国务院应对新型冠状病毒肺炎疫情联防联控机制医疗救治组. 关于印发新冠病毒核酸10 合 1 混采检测技术规范的通知：联防联控机制医疗发［2020］352 号［A/OL］. （2020 – 08 – 19）［2021 – 9 – 14］. http：//www. nhc. gov. cn/cms – search/xxgk/getManuscriptXxgk. htm? id = fa5057afe4314ef8a9172edd6c65380e.

［99］国务院应对新型冠状病毒肺炎疫情联防联控机制综合组. 关于进一步加快提高医疗机构新冠病毒核酸检测能力的通知：联防联控机制综发［2020］204 号［A/OL］. （2020 – 07 – 02）［2021 – 8 – 20］. http：//www. gov. cn/xinwen/2020 – 07/02/content_ 5523705. htm.

［100］国务院应对新型冠状病毒肺炎疫情联防联控机制综合组. 关于加快推进新冠病毒核酸检测的实施意见：联防联控机制综发［2020］181 号［A/OL］. （2020 – 06 – 08）［2021 – 10 – 07］. http：//www. gov. cn/xinwen/2020 – 06/08/content_ 5518067. htm.

［101］National Committee for Clinical Laboratory Standards. Point – of – Care in vitro diagnostic（IVD）testing；Approved guideline：AST2 – A［S］. NCCLS, 1999.

[102] 沈佐君，马越云，殷建华，等. 分子诊断标准化操作程序［M］. 上海：上海科学技术出版社，2020.

[103] 尚红，王毓三，申子瑜. 全国临床检验操作规程［M］. 4 版. 北京：人民卫生出版社，2014.

[104] 陈延德. 医院医疗设备招标技术参数的编制和论证［J］. 中国医疗设备，2018，31（13）：58 － 60.

[105] 国务院应对新型冠状病毒肺炎疫情联防联控机制医疗救治组. 关于印发医疗机构新型冠状病毒核酸检测工作手册（试行）的通知：联防联控机制医疗发［2020］271 号［A/OL］.（2020 － 07 － 13）［2021 － 9 － 26］. http：//www. gov. cn/xinwen/2020 － 07/13/content _ 5526514. htm.

[106] 中华人民共和国国家卫生健康办公厅，国家中医药管理局办公室. 关于印发新型冠状病毒感染的肺炎诊疗方案（试行第四版）的通知：国卫办医函［2020］77 号［A/OL］.（2020 － 01 － 27）［2021 － 11 － 15］. http：//www. gov. cn/zhengce/zhengceku/2020 － 01/28/content_ 5472673. htm.

[107] 国家卫生健康委办公厅. 国家卫生健康委办公厅关于印发新型冠状病毒实验室生物安全指南（第二版）的通知：国卫办科教函［2020］70 号［A/OL］.（2020 － 01 － 23）［2021 － 10 － 05］. http：//www. nhc. gov. cn/qjjys/s7948/202001/0909555408d842a58828611dde2e6a26. shtml.

[108] BORST A，BOX A，FLUIT A C. False － positive results and contamination in nucleic acid amplification assays：suggestions for a prevent and destroy strategy［J］. European Journal of Clinical Microbiology and Infectious Diseases，2004，23（4）：289 － 299.

[109] PORTER － JOR D N K，GARRETT C. Source of contamination in polymerase chain reaction assay［J］. Lancet，1990，335（8699）：1220.

[110] Centers for Disease Control and Prevention. CDC's Diagnostic Test for COVID － 19 Only and Supplies.（2020 － 08 － 16）［2021 － 10 － 05］https：//www. cdc. gov/coronavirus/2019 － ncov/lab/virus － requests. html.

[111] CHAN J F，YIP C C，TO K K，et al. Improved molecular diagnosis of COVID － 19 by the novel，highly sensitive and specific COVID － 19 － RdRp/Hel real － time reverse transcription － PCR assay validated in vitro and with clinical specimens［J］. Journal of Clinical Microbiology，2020，58（5）.

[112] BARON R C，RISCH L，WEBER M，et al. Frequency of serological non － responders and false － negative RT － PCR results in SARS － CoV － 2 testing：a population － based study［J］. Clin Chem Lab Med. 2020，31；58（12）：2131 － 2140.

[113] 杨有业，张秀明. 临床检验方法学评价［M］. 2 版. 北京：人民卫生出版社，2008.

[114] 冯仁丰. 临床检验质量控制技术基础［M］. 2 版. 上海：上海科学技术出版社，2007.

[115] 李金明. 实时荧光定量 PCR 技术［M］. 北京：人民军医出版社，2007.

[116] 尚红，王毓三，申子瑜. 全国临床检验操作规程［M］. 4 版. 北京：人民卫生出版社，2015.

[117] 中国合格评定国家认可委员会. 分子诊断检验程序性能验证指南：CNAS － GL039：2019［S/OL］. 北京：中国合格评定国家认可委员会，2019［2021 － 9 － 10］. https：//www. cnas. org. cn/rkgf/sysrk/rkzn/2019/04/896311. shtml.

[118] 中国合格评定国家认可委员会. 医学实验室质量和能力认可准则：CNAS － CL02：2012［S/OL］. 北京：中国合格评定国家认可委员会，2014［2021 － 12 － 11］. https：//www. cnas. org. cn/rkgf/sysrk/jbzz/2019/04/896311. shtml.

[119] 董江锴，黄青红，范娟，等. 新型冠状病毒 2019 － nCoV 核酸检测试剂盒（荧光 PCR 法）最低检测限的确定［J］. 中国生物制品学杂志，2021，34（4），410 － 414.

[120] 中国合格评定国家认可委员会. 临床免疫学定性检验程序性能验证指南：CNAS – GL038：
2019［S/OL］. 2019. https：//www. cnas. org. cn/rkgf/sysrk/rkzn/2019/04/896309. shtml.

[121] 中国医学装备协会基因检测分会，中国医学装备协会现场快速检测（POCT）装备技术分会，
国家医学检验临床医学研究中心等. 新型冠状病毒核酸快速检测临床规范化应用专家共识
［J］. 中华检验医学杂志，2021，44（8）：698 – 702.

[122] 高文博，李仲平，廖芬芳. 广州血液中心 Panther 核酸检测系统无效结果分析［J］. 深圳中西
医结合杂志，2020，30（8）：62、63.

[123] 贾彦巍. 3844 份无偿献血者血液核酸检测无效结果原因及对策分析［J］. 首都食品与医药，
2019，26（4）：63.

[124] 贾国荣. 传染病血液筛查核酸检测无效原因分析［J］. 检验医学与临床，2019，16（3）：
403 – 405.

[125] 崔晓蕾. 核酸检测无效结果及无效列表的探讨与分析［J］. 临床输血与检验，2018，20
（6）：575 – 578.

[126] 陈少彬，何子毅，陈庆恺，等. 血液筛查核酸检测结果无效原因分析［J］. 中国输血杂志，
2017，30（1）：77 – 79.

[127] 王磊. 血液病毒六混样核酸检测无效结果分析［J］. 黑龙江医药，2016，29（4）：626 – 629.

[128] 梁浩坚，许结仪，郑优荣，等. 2013—2014 年广州无偿献血者血液核酸检测无效结果分析
［J］. 广东医学，2016，37（S1）：177 – 179.